A+U高校建筑学与城市规划专业教材

建筑生态学

朱鹏飞 主编

中国建筑工业出版社

图书在版编目(CIP)数据

建筑生态学/朱鹏飞主编．—北京：中国建筑工业出版社，2010.6（2025.6重印）
A+U高校建筑学与城市规划专业教材
ISBN 978-7-112-12163-2

Ⅰ.①建… Ⅱ.①朱… Ⅲ.①建筑学－生态学 Ⅳ.①TU-05

中国版本图书馆CIP数据核字（2010）第103115号

　　建筑生态学是建筑学和生态学交叉的一门新的学科。全书共分13章，分别为建筑生态学基础、建筑生态学与"风水"学、建筑的生态空间、建筑与水环境生态系统、建筑与园林植物的生态配置、经典建筑的生态启示、建筑创作中的生态构思、建筑的生态设计、小区的生态设计、建筑施工过程中的生态管理、生态建筑、建筑的生态管理——智能建筑、建筑生态学的未来发展——健康住宅建设。

　　本书可作为高等院校建筑学、生态学、城市规划、园林景观设计、城镇建设等专业的教材，也可以作为生态学、规划类专业等相关领域的科研人员、设计人员、管理人员的参考书。

* * *

责任编辑：杨　虹
责任设计：张　虹
责任校对：王雪竹　刘　钰

A+U高校建筑学与城市规划专业教材
建筑生态学
朱鹏飞　主编

*

中国建筑工业出版社出版、发行（北京西郊百万庄）
各地新华书店、建筑书店经销
北京嘉泰利德公司制版
北京凌奇印刷有限责任公司印刷

*

开本：787×1092毫米　1/16　印张：17　字数：424千字
2011年2月第一版　2025年6月第五次印刷
定价：30.00元
ISBN 978-7-112-12163-2
(19430)

版权所有　翻印必究
如有印装质量问题，可寄本社退换
（邮政编码　100037）

广西壮族自治区科技厅优秀教材重点资助项目

本书编写人员

主　　编：朱鹏飞

副 主 编：周晓果　肖　旭

参编人员：曾丽群　王道波　卿贵华

前　言

多年来在从事农业、林业、环境保护等方面的工作实践中越来越多地发现生态学对人类生活的重大意义，便开始了生态学的研究和实践。2006年开始接触的城市规划和建筑学本科专业的培养计划的制订和实施过程中，开始思考如何将生态学的理论和技术成果系统地应用到城市规划和建筑学领域中，来形成相应的城市规划专业、建筑学专业本科生的人才培养特色。研究和实践的结果发现，由于历史的原因、科学技术进步的推进等多方面的因素，无论是生态学界还是规划、建筑学界，为了满足不断提高的人类生活的需求，都开始探索将人类在生态学的科学技术的成果应用到规划和建筑学领域中去，为人类提供优质健康的生存空间。规划生态学、建筑生态学应运而生，并有其实际的发展空间并促进人类生态文明的发展。因此在完成了《规划生态学》的编著以后，作为姐妹篇的《建筑生态学》，也终于完稿了。

本书是按照建筑生态学课程教材的方式编写的，主要内容包括第一部分建筑生态学基础、建筑生态学与"风水"学，这一部分的内容是为学生或有需要的建筑专业人员提供建筑生态学的基础理论和方法体系，同时为了避免重复，简略了基础生态学的内容，只是介绍与建筑相关的一些生态学内容，至于建筑生态学与建筑"风水"之间关系的论述是为了更好地将这两个学科之间关系的理解和认识进行比较分析，达到取长补短的目的。第二部分的内容包括建筑的生态空间、建筑的水生生态系统、园林植物的生态配置和对经典的建筑进行生态学分析，这些内容虽然还不能完全地形成建筑生态学的研究体系，但可以从各个侧面去理解建筑生态学。第三部分的内容包括建筑创作的生态构思、建筑的生态设计、小区的生态设计等内容，主要是从设计的角度，提供生态学的思考和建议。第四部分主要是建筑的生态管理，包括建设过程的生态管理和建筑的生态管理，目的是从建筑设计开始到建设和建成以后的整个过程控制管理的角度，提出生态管理的理念。最后一部分是提出建筑生态学发展的未来，主要是从健康生态建设的角度，也就是人类的根本需求的角度提出建筑生态学的未来发展目标。

本书编著过程中得到了很多专家学者的支持和鼓励，尤其是我的朋友、同事和学生，因此，虽然还不能准确地写出一个能满足时代发展和科学技术进步需要的建筑生态学的理论体系和方法体系，但我努力尝试着先把这个头开好，将自己的思想与大家分享，希望借此吸引更多的专家学者参与到这个领域的研究中来，探索出更多更好的建筑生态学的科学技术成果。当然更希望得到批评指正和意见建议，使建筑生态学这样一个新兴的学科能够得到适应时代发展需要的建设和完善。

本书是广西壮族自治区高等学校优秀教材计划项目，得到了广西教育厅和北京航空航天大学北海学院的大力支持，在此致以衷心的感谢！

朱鹏飞
2009年12月于广西北海

目 录

第一章 建筑生态学基础 ·· 1
    第一节 建筑生态学的起源与发展 ·· 2
    第二节 建筑生态学的概念 ·· 4
    第三节 建筑生态学的研究对象和研究方法 ·· 5
    第四节 建筑生态学的发展方向 ·· 7

第二章 建筑生态学与"风水"学 ·· 8
    第一节 "风水"学 ·· 10
    第二节 建筑学 ·· 17
    第三节 生态学 ·· 19
    第四节 建筑生态学与"风水"学 ·· 23

第三章 建筑的生态空间 ·· 25
    第一节 建筑的红色空间 ·· 26
    第二节 建筑的室外空间 ·· 27
    第三节 建筑的室内空间 ·· 29

第四章 建筑与水环境生态系统 ·· 38
    第一节 建筑中的水生态系统 ·· 40
    第二节 水环境与水文化 ·· 41
    第三节 水环境建设的发展趋势 ·· 46
    第四节 城市水生态系统的系统规划与设计 ·· 47
    第五节 建筑节水 ·· 52

第五章 建筑与园林植物的生态配置 ·· 55
    第一节 园林植物的生态配置概述 ·· 56
    第二节 园林植物在生态配置上的应用 ·· 62
    第三节 城市园林植物的生态配置 ·· 76
    第四节 小区园林植物的生态配置 ·· 83
    第五节 空中花园植物的生态配置 ·· 87

第六章 经典建筑的生态启示 ·· 92
    第一节 中国古建筑的生态启示 ·· 94
    第二节 中国民族建筑的生态启示 ·· 100

第三节　国外建筑的生态启示························114

第七章　建筑创作中的生态构思························126
　　　第一节　建筑的生态构思····························128
　　　第二节　建筑的生态构思过程描述····················132
　　　第三节　低技术建筑生态构思························136
　　　第四节　适度技术建筑生态构思······················140
　　　第五节　高技术建筑生态构思························142

第八章　建筑的生态设计····························146
　　　第一节　普通建筑的生态化设计······················148
　　　第二节　别墅的生态设计····························152
　　　第三节　高层建筑的生态设计························155
　　　第四节　公共建筑设计······························168

第九章　小区的生态设计····························176
　　　第一节　小区人居环境生态化设计····················178
　　　第二节　建筑小品设计······························181
　　　第三节　小区水环境的生态设计······················183
　　　第四节　雨水利用··································186
　　　第五节　节能设计··································191
　　　第六节　小区生态设计举例——以北京市碧桂园为例····193

第十章　建筑施工过程中的生态管理··················198
　　　第一节　生态建筑材料······························200
　　　第二节　施工过程中的生态管理······················211

第十一章　生态建筑································221
　　　第一节　生态建筑概述······························222
　　　第二节　生态建筑体系······························223
　　　第三节　生态建筑工程······························226
　　　第四节　生态建筑评估体系··························230

第十二章　建筑的生态管理——智能建筑··············235
　　　第一节　智能建筑··································236
　　　第二节　智能小区管理······························240

第十三章 建筑生态学的未来发展——健康住宅建设……………………248
 第一节 现代住宅………………………………………………………250
 第二节 建筑的未来——健康住宅……………………………………252
 第三节 健康住宅的设计理念…………………………………………252
 第四节 健康住宅建设指标体系………………………………………255

参考文献……………………………………………………………………262

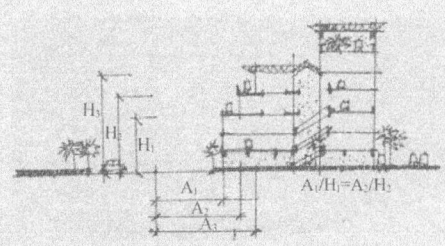

第一章 建筑生态学基础

建筑生态学

第一节 建筑生态学的起源与发展

19世纪下半叶，生态学作为生物学的分支产生了，它主要研究生物与环境之间的关系。工业革命带来的环境问题和生态危机促使生态学快速发展，生态学与其他学科的交叉使生态学的应用更加广泛，随之产生了城市生态学、建筑生态学、社会生态学、经济生态学、人类生态学、文化生态学、政治生态学等一系列新学科。

一、城市发展的生态意识

面对20世纪60~70年代以来世界范围内日益严峻的城市问题，国际社会正式提出了"生态城市"（Eco-city）的概念，以及应用生态学的原理和方法来指导城市建设，其思想渊源与理论基础是16世纪英国人莫尔（T.More）的"乌托邦"（Utopia）、18~19世纪傅立叶（C.Fourier）的"法郎吉"、欧文（R.Owen）的"新协和村"、霍华德（E.Howard）的"田园城市"以及20世纪三四十年代柯布西耶（L.Corbusier）的"光明城"和赖特（F.Wright）的"广亩城"等。如今，联合国教科文组织人与生物圈计划（MAB）已经在倡导建立城市生物保护区，英国已经开始实践。MAB还在西班牙的韦尔塔—德巴伦西亚（Huerta de Valencia）、美国佛罗里达州的大沼泽地（Everglades）组织了城市边缘地区的生物保护区研究；欧盟第五个框架研究计划提出了城郊界面人类环境管理的研究计划，包括健康、水和土地利用管理的研究；英国国际合作部近年来开展了一项城郊环境问题系统研究；联合国粮农组织（FAO）开展了城郊城市林业研究；国际发展研究中心（IRDC）、国际家畜研究所（ICRI）及泛美健康研究所（PAHO）等国际组织和研究部门都先后开展了城郊农业、人体健康与环境研究。国际科联环境问题科学委员会（SCOPE）2002年组织了一项由世界五大洲科学家参加的城乡环境问题研究，包括城乡物质代谢、土地利用、景观生态、沿海城市边缘带以及水资源与水环境等，并先后在法国、巴西、赞比亚分别召开了欧洲、美洲和非洲的城郊环境问题区域研讨会。2002年8月19~23日在深圳召开了亚洲地区生态城市问题研讨会，发表了《深圳宣言》。

这一问题也引起了国内学界的高度重视，中国科学院生态环境研究中心在城市生态理论和生态规划实践中进行了很多尝试，海南、吉林生态省建设，扬州、日照等的生态市建设，还有一系列的生态村和生态镇的建设都取得了较好的效果；重庆大学也在城市规划领域内引入生态学理论，进行了不少实践，乐山市生态市建设就是一个较为成功的案例。最近两强联合，在广州尝试了城市生态和城市规划的协同作战，在广州的生态规划导引中共同完成了非建设区和建设区的划分，为广州的未来发展设立了约束条件，指明了优化方向。最近合作完成的北京空间发展战略研究更是充分发挥了城市生态与城市规划学科合作的优势，为城市总体规划修编创造了一个范例。北京师范大学、华东师范大学、复旦大学等也都就此进行了不少探索。

二、建筑学的生态意识

人类自进入工业社会之后，尤其是近代以来，生产力迅猛发展，在征服自然、改造自然的斗争中取得了巨大的成就，人类文明有了长足的进步。但是，人类在取得成就的同时，也付出了极大的代价。出现了全球性的环境问题：大片的森林草原被破坏与毁灭、沙漠化风暴席卷全球、气候变暖、生物多样性减少等，物种的生命力在人类前进的步伐中显得如此脆弱，物种灭绝过程如同多米诺骨牌崩塌般迅速。现在一些大城市已经很难出现湛蓝天空与明媚阳光——当自然失去生态平衡，物种濒临灭亡的绝境时，大自然也会对人类进行报复。这一切的一切使人类不得不进行反思和总结，并使人类逐渐认识到大自然不是一个可以任意改造的客体，而是一个有着自身发展规律的有机整体，人类应该尊重自然，与自然进行沟通，而不是同自然展开争夺战，抢占地皮及其他有限资源。人类为了自己的明天，必须与大自然和谐共生。

由于科学、技术、社会、审美等诸多因素的共同作用，在20世纪初出现了一批建筑大师和他们的作品。建筑师们在当时真正把握住了推动建筑学向前发展的动力与契机，把建筑发展到了一个新的高度。然而到20世纪60年代后，各种各样的思潮与学派纷涌而起。所有的建筑人都在思索未来建筑的发展方略，都在找寻能够再次推动建筑真正向前发展的动力。所以，在这种历史条件下，生态建筑的产生及提出具有历史必然性。建筑学的研究对象开始从个体建筑转向群体建筑，进而转向广义建筑或称人居环境，建筑科学也从传统建筑学走向广义建筑学或人居环境科学。这从霍华德的田园城市理论到格迪斯（Patrick Geddes）的有机规划概念，再到芒福德（Lewis Mumford）的区域观与自然观、斯坦因（C.Stein）的区域城市理论，最后到道萨迪亚斯（C.A.Doxiadis）的人类聚居学得到印证。

三、建筑生态学的发展

当前，建筑业是耗能巨大的产业，如何使现代建筑在生态保护和可持续发展的意义上称得上是"生态建筑"、"绿色建筑"，同时将生态原则整合纳入到传统的建筑设计体系中去等问题已经逐步提到议事日程上来。将生态学理念融入传统的建筑学领域中，或者说建筑学充分吸收生态学的理念已经是大势所趋。在现代建筑中重视生态技术的开发与应用，使建筑与生态环境有机地融合必然成为人们追逐的方向。

建筑生态学的最终目标是要设计出生态建筑，在传统的建筑设计的基础上，生态建筑的产生与生态学理论和生态工程是密不可分的（刘先觉，2009）。

生态工程（Ecological Engineering），20世纪60年代由美国生态学家奥德姆（H T.Odum）提出，他认为"生态工程是人类用来控制以自然资源为能量基础的生态系统所使用的少量辅助性工程"。生态工程研究内容非常广泛，包括：农业生态工程、生态建筑、林业生态工程、草业生态工程、环境生态工程、水土保持生态工程等。

生态建筑作为生态工程的一个领域引起建筑界的高度重视，而建筑生态学作为一门学科从诞生至今不过40多年的历史。20世纪60年代美籍意大利建筑师保罗·索勒瑞（Paolo Soleri）把生态学（Ecology）和建筑学（Architecture）两词合并成为Arcology，即生态建筑学。即从生态学的角度来认识建筑，将生态学的理论应用到建筑设计中，以此达到与自然的和谐共生。从生态学的角度来理解，生态建筑首先应具备节能的特征，并充分考虑绿色能源的使用；其次应注重使用再生和可循环利用材料，注重环境保护，遵循可持续发展战略，而且应尊重所在地的地域环境和历史文化，与乡土有机结合，继承城市脉络。因此生态建筑又被称为绿色建筑、可持续建筑。

1969年，美国景观建筑师伊恩·麦克哈格（McHarg）的著作《设计结合自然》（Design with Nature）的出版，标志着生态建筑学的正式诞生。麦克哈格在该著作中指出：生态建筑学的目的就是结合生态学原理和生态决定因素，在建筑设计领域寻求解决人类聚居中的生态和环境问题，改善人居环境，并创造出经济效益、社会效益和环境效益相统一的效益最优化。

1977年12月，国际建协大会以1933年的《雅典宪章》为出发点，在秘鲁签署了另一个新宪章——《马丘比丘宪章》。新宪章总结了现代建筑与城市规划建设的主要经验和教训；综述了城市与区域、建筑与技术、环境与文化等面临的新问题、新对策；强调了两次大会选址的特殊含义：雅典卫城反映了人们勇于探索自然、改造自然的理性主义，而马丘比丘的高山安第斯古城遗址则表现出人们对于大自然的尊重。

1988年，中国的建筑学家吴良镛教授在希腊建筑师道萨迪亚斯所提出的"人类聚居学"的启发下，吸取中国传统文化及哲学的精华，融汇多方面的研究成果，创造性地提出了"广义建筑学"，并写成了《广义建筑学》一书，提出以城市规划、建筑与园林为核心，综合工程、地理、生态等相关学科，构建"人居环境科学"体系，以建立适宜居住的人类生活环境。

第二节 建筑生态学的概念

所谓建筑生态学或称生态建筑学（Arcology）是建立在研究自然界生物与其环境共生关系的生态学（Ecology）基础上的建筑规划设计理论与方法；换言之它是生态学延伸于建筑学领域的一个分支，反映出现代建筑思潮的价值取向。建筑生态学一方面强调有效利用资源，提高生产力和人类生活水平，并在此过程中维持和提高环境质量；另一方面对资源的获取和利用进行有效分配，从而形成了社会结构的优化和可持续发展（刘伯英，2005）。

建筑生态学并不否定传统建筑学，而是在其所达到的物质和精神文明的基础上，使之变得更加自然，更加人性化。同时建筑生态学也不是一整套和传统建筑学完全不同的全新建筑理论或技术,而是一种理念和追求,通过持续的关注研究和不断的技术改进逐渐实现追求的目标。从本质上说,建筑生态学是运用生态学的理论来指导建筑设计、建造、管理等,既可使自身构建的人工系统处于良性循环状态,又可与周围的自然生态系统保持平衡,实现建筑与自然共生,是可持续发展理论和生态设计理念在建筑工业中的具体体现。

建筑生态学要求建筑从设计、建设、使用到废弃整个过程都是无害化,这就要求建筑工业要从建设工程的环境质量评价、土地适宜性评价、可行性分析、建筑的生态化设计、建筑建造的材料、建筑的施工、建筑环境、建筑使用管理等方面来考虑,将可持续思想理念和生态学理论贯穿到人居环境构建中,使人、建筑与自然生态环境之间形成一个良性的系统。

第三节 建筑生态学的研究对象和研究方法

一、建筑生态学的研究对象

建筑生态学的研究是以生态学及生态系统的基本原理与基本特征为起点,其研究的对象是构成人工生态系统的生态建筑和建筑环境。生态建筑的研究包括建筑生物圈、建筑生态系统、建筑多样性、建筑的生态平衡等。此外还应对人类生态学意义的建筑生态学和文化生态学意义上的建筑生态学进行研究。建筑环境则包括建筑物理环境、社会环境和文化环境。

生态建筑将生态学原理运用到建筑设计中,根据当地的自然生态环境,运用生态学、建筑学以及现代高新技术,合理地安排和组织建筑与其他领域相关因素之间的关系,与自然环境形成一个有机的整体。它既利用天然条件与人工手段制造良好的富有生机的环境,而又同时要控制和减少人类对于自然资源的掠夺性使用,力求实现向自然索取与回报之间的平衡。它寻求人、建筑(环境)、自然之间的和谐统一,使得建筑生态系统处于一个动态的平衡中。另外,充分应用数字技术、生态技术、材料技术、建造技术等构建有生命的建筑,是未来严峻的资源和环境危机的一种积极、理性的探索,是人类文明、科学技术与建筑进步的具体体现,也是未来建筑发展的主流方向之一(刘云胜,2008)。

事实上,中国的生态建筑已经有很深远的历史,不同于西方的高技派,中国的生态建筑大多是从很不发达的地区起源的,或许当时的技术条件和科学水平没有达到今天的高度,所以那个时代可能只有极少的人认识到该建筑形式的合理性。中国的窑洞、干阑式建筑、福建的土楼等,都是乡土的,但是它们是符合生态学规律的。它们包含着中国古代的自然科学技术精髓,不论从结构、构造,还是从与自然结合的角度上看,它们都极好地应用了生态建筑技术。不论是哪种乡土建筑形式,都有其特点。例如,窑洞有平顶式、靠崖式、天井式三种。每一种都有其各自的特点,各自适用的气候条件和地形条件。窑洞建筑节约耕地、保护植被、冬暖夏凉，相互之间没有干扰。在土楼建筑形式里面的圆形土楼，采光通风相对均匀，节省建筑材料，风阻较小，受力均匀，所以在建筑形式上也是合理的。

生态建筑是建筑学中的一种建筑类别，建筑生态学是一门学科，它具有自己的学科结构体系，主要由以下三个方面构成（李焕，2007）。

（一）综合理论研究体系

综合理论研究体系重点研究建筑生态活动中基础性、综合性和全局性的普遍现象和基本规律，包括建筑的相关生态因素与生态条件、建筑的基本生态思想与基础生态理论、建筑生态活动的管理体制及有关方针、政策、法规等。综合研究体系在建筑生态学中相当于学科通论，其内容涉及建筑生态的各个方面，既是建筑生态学学科建设的基础，又是建筑生态活动所必须掌握和遵循的基本原理和基本规则。

（二）部门专题研究体系

部门专题研究体系是根据建筑生态活动的部门分工而确定的学科研究单元。部门专题研究体系以综合理论研究体系为基础，对建筑生态活动的各个部门进行专题研究，着重分析每个部门的个性特征和特殊规律及其相互之间的有机联系。

（三）职能类别研究体系

职能类别研究体系是根据建筑的性质和职能特征而确定的建筑生态学的学科研究单元，主要对具有某项突出的专门化职能的建筑生态问题进行系统的研究。

二、建筑生态学的研究方法

建筑生态学是运用生态学的理论和方法着重研究建筑物对生物的影响、生物对这种影响所产生的反应以及生物在建筑物内表现出的相互关系，以研究建筑与环境、建筑与自然的整体性为目标，认识整体性的系统与层次性，明确建筑活动引起对人不利的环境变化，并对具体的环境污染、生态破坏、物质资源丧失等提出解决的方法与措施（李焕，2001）。

建筑生态学就是将建筑看做一个生态系统，根据当地的自然生态环境，运用生态学、建筑技术科学的基本原理以及现代科学技术手段等，通过组织建筑内外空间中的各种物态因素，使物质、能源在建筑生态系统内部有秩序地循环转换，获得一种高效、低耗、无废、无污、生态平衡的建筑环境，使建筑与环境之间融合成为一个高效的有机结合体。

与其他任何一项设计不同，建筑设计的最终产品是为人类创造一个适宜的空间环境。大到区域规划、城市规划、城市设计、群体设计、建筑设计，小至室内设计、产品设计、视觉设计等。无论建筑师设计的上述何种产品，"空间环境"自始至终都成为意愿的起点，又是所要追求的最终目标。建筑师的一切行为就是这样紧紧围绕着空间建构而展开的。因此，建筑师在设计中不但要考虑建筑空间与环境空间的适应问题，还要妥善处理建筑内部各组成空间相互之间的内在必然联系，直至推敲单一空间的体量、尺度、比例等细节。更深一层的空间建构还须预测它能给人以何种精神体验，达到何种气氛、意境。从空间到空间感都是建筑师在建筑设计过程中进行空间建构所要达到的目标，这就是说，空间环境的建构过程必须全面考虑并协调人、建筑、环境三大系统的内在有机联系。

第四节　建筑生态学的发展方向

　　随着人类社会的发展，建筑学经历了实用建筑学阶段、艺术建筑学阶段、空间建筑学阶段、环境建筑学阶段之后，人们日益强化环境保护和生态健康意识，进入生态建筑学阶段。在这个阶段中，人们更加强化可持续的设计理念，将自然、社会、经济、文化等作为研究的对象，考虑怎样构建一个更为合理的复合生态系统，以人类为中心，将生态学理论和技术融入建筑设计和建设之中，形成生态建筑系统。

　　人类和建筑在本质上都体现着自然，正如蜜蜂和蜂巢都装着蜂蜜一样。但由于各方面的因素，我们的建筑工业远没有蜂房那么完美：和蜜蜂不同，它们所创造的产品是有营养的，而建造建筑物过程的环境后果却常常是有害的。建筑工业自身的非生态结构，以及传统的建筑专业人员缺乏环境意识和生态理论知识，建筑物建造的方式、建筑环境和建设过程，在地球环境生态健康劣化的趋势中扮演着重要的角色（彼得·格雷汉，2008）。

　　生态系统是一个生命支持系统，建筑物由生态系统所维持，建造不破坏生态的建筑物是十分必要的。这就需要应用现代科学对生态构成、功能形式等各个方面有更为详细的认知。目前，这种新知识和新理念也开始被部分建筑专业人员和建筑工业所使用，以保护支持生命的物质和服务生态系统，提供一种在地球上维持生命的基础，并且形成一种有生命的建筑，使建筑成为人工生态系统的一个有机组成部分。

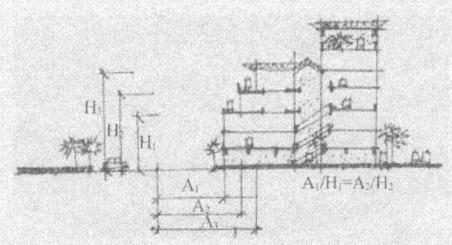

第二章 建筑生态学与"风水"学

第一章 建筑生态学

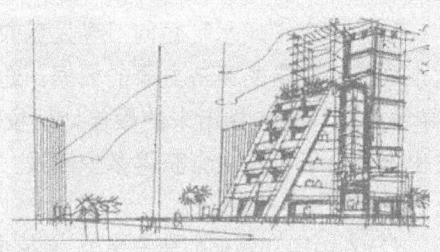

第一节 "风水"学

"风水"学是一门以自然为中心，研究人与自然之间相互协调共存的一门学科，当代"风水"学加入了现代科学技术的成果，例如环境哲学、环境经济学、建筑环境景观方法、生态修复技术、环境生态科学等。其内容包括：

(1) 一个"风水"顾问"寻龙觅穴"之后，要通过环境经济学去计算这个判断和决定的经济方面的数据，通过计算和科学判断，再次确定这个"寻龙觅穴"而选择出来的最佳地理位置或者最佳经营位置在经济代价的支出上适合于实施，会获得多少回报，这些都要有经济学上的判断和数学上的数据。

(2) 在中国和国外的建筑学中，有很多良好的经典性的建筑环境景观方法，这些采纳在"风水"学中，将造就一些经典性的人文建筑景观现象。

(3) 在易经"风水"学中，毕竟"风水"学有一个哲学基础，它的基础就是易经，易经"风水"学中的"三易"原则，就是以易经哲学作指导的。

一、"风水"学的起源

"风水"学又称为堪舆学，其起源可以追溯到先秦时期的相宅活动。春秋时，《尚书》中有："成王在丰，欲宅邑，使召公先相宅"的记载。至汉朝，司马迁的《史记》中也有"孝武帝时聚会占家问之，某日可取乎？……堪舆家曰不可"的记载。

那么什么是堪舆？《淮南子》中有："堪，天道也；舆，地道也。"堪即天，舆即地，堪舆学即天地之学。它是以河图洛书为基础，结合八卦九星和阴阳五行的生克制化，把天道运行和地气流转以及人在其中，完整地结合在一起，形成一套特殊的理论体系，从而推断或改变人的吉凶祸福、寿夭穷通。因此堪舆（"风水"）与人之命运休戚相关。

之所以叫"风水"，是因为"风"和"水"在整个堪舆界学术理论中的重要性。其实，研究"风"和"水"的根本目的，是为了研究"气"。《黄帝宅经》曰："气者，人之根本；宅者，阴阳之枢纽，人伦之轨模，顺之则亨，逆之则否。"《易经》曰："星宿带动天气，山川带动地气，天气为阳，地气为阴，阴阳交泰，天地氤氲，万物滋生。"因此，可以看出气对人的重要性。但为什么要研究"风水"呢？其实，气与"风水"有着千丝万缕的密切联系。

在现实生活中，从宏观上讲，靠水的地方就比不靠水的地方要发展得快。比如中国香港、中国台湾、韩国、新加坡，在 20 世纪中叶，亚洲经济普遍不景气的情况下，得风气之先，于 20 世纪 60~70 年代经济飞速增长，一跃而成为亚洲经济的排头兵，给整个亚洲经济带来新的活力，为世界所瞩目，被称作亚洲四小龙。然而当你去研究它们时发现，它们所处位置不同，语言文化不同，经济体制也不同，但是却有一个惊人的共同点，那就是它们都是环海地区。这种现实情况与"风水"理论不谋而合。而今，经济发展日新月异的我国内地，也是沿海地区较内陆发展更为迅猛。当然像这样的例子还很多。这些都充分说明了"风水"理论的真实性和实效性。

二、"风水"学的真正内容

归纳起来，我国"风水"学的主要内容有：

(1) 观天：宇宙星体对人的作用。

古人十分注重太阳、月亮、星宿对人类的影响，在"风水"上主要表现在采光、立向、选日方面。有天才有地，有地才有水有万物。观察天，了解天，天光上临，地德下载，在天成象，在地成形，根据天星来选择"风水"地也就成了"风水"学中最原始、最基础的学问了。

(2) 辨质：风（空气）、水、地（土）的质，对人的作用。

辨质是"风水"学的基础。这里所指的风为人呼吸的空气，水为人吃的水、源头水，土为种庄稼的土、穴位中的土。因为空气、水、土是人类赖以生存的最基本的物质，如果风（空气）质不好、水质不好、土质不好则会造成生物不好，引人发病，致人生灾。古代"风水"师主要有望气闻气等方法以测定空气质量，品水养鱼等方法以测定水的质量，捏土尝土等方法以测定土的质量。

(3) 察形：风、水、地的形貌情意对人的作用。

这里所指的风，既是空气，也是空间。水，是由水积累而成的沟渠溪流、江河湖海。地，是由土积累而成的山冈岭脉。后来"风水"学家把阴阳宅所在位置（穴位）后面有直接联系的山脉称之为龙，其他的山冈称之为砂。

人类在繁衍生息、治国安民、行军打仗的过程中，发现观察天象、勘察地貌、了解地形、分辨地质非常重要，关系到人类的存亡兴衰、国家的长治久安、打仗的成功失败，于是就形成了"风水"学的原始理论——地理。

(4) 乘气：风、水、地的气对人的作用。

"风水"学认为风、水、地三者中有一种看不到摸不着的气存在，这种气不是空气的气，而是由天地山川空间流通、会聚、孕育、体现出来的一种只能意会，不能言表，不能用罗盘测量的东西。气有吉气、凶气、中气之分。能意会得这种气，能接收生气，摒弃凶气，才可以达到"风水"学的最高境界。所以乘气是"风水"学的顶尖技术。

(5) 测方：风、水、地的磁场方位对人的作用。

这是"风水"学中非常重要的内容之一。主要的测量工具就是罗盘。根据古人的经验，发现阴阳宅前后左右的山水所在的方位，与阴阳宅的方向和位置相互作用，会对人类有直接或间接的影响，会左右到人类的生死存亡、兴衰祸福、吉凶休咎。因而产生了大量的学说来演绎、来推论。"风水"学家称之为理气。

理气是"风水"学中最宠大、最复杂、真假难分、高低莫辨的内容，也是最多糟粕的地方，所以是最受人们攻击的地方。因为很多理气内容玄而又玄，无法用科学解释和事实验证而难以自圆其说。

(6) 定位：阴阳宅的位置选择和方向选择。

定位又叫点穴，是"风水"学的核心，因为"风水"师的所有努力都是以阴阳宅为基础、为中心来推论的。所有"风水"地环境都是围绕阴阳宅来发生作用的。因为只有真穴正穴，才是"风水"地生气会聚之所，才能获得"风水"地的吉气。

选好阴阳宅的位置后，再选择建造最合适的方向，以接收承纳四周山水空间的生气。谓之立向，立向也就成了"风水"的关键。例如古代官衙的建筑，都是坐北朝南，子山午向。可见"风水"学是很注重方向选择的。

(7) 择时："风水"地与时间配合对人的作用。

古人发现，在不同的年月日时，建造不同方位的阴阳宅，也会对人的兴衰祸福有很大的作用，甚至一些国家大事、社会大事、人生大事，也可以借助时间的选择而增加福气或成功。于是就创造了一种选择时间的学说。

"风水"学说既包含天、地、风、水等物质，还把时间纳入其中，是一种空间时间的统筹组合，是一种最为全面、最为系统的宏观分析与优化。

(8) 施工：阴阳宅的设计施工与"风水"地的改善。

中国"风水"学把在建造阴阳宅中的设计施工，视作跟随阴阳宅建造整个过程的必须掌握的方法。如阳宅建造的方向、采光、大小尺寸、高低、颜色、房间、灶、床、门、家具等的内局选择安排，还有井、门楼、路、桥、厕、出水口等的外局设计与安排等。

古人知道，任何地方都不可能是十全十美的，有些不好的环境是可以人工改变的。从古代村落中的后龙山、水口山，大量种植和严格保护的树林，就可以知道古人是很重视生态环境建设的。还有如用改河、建桥、筑路、挖塘、围墙、建塔等很多方法来改变"风水"地，以获得良好的人居环境。

"风水"学称这些为工力做法，这也是"风水"家们必修的课程和必做的功夫。所以古代的"风水"师同样也是建筑设计师。

(9) 循礼：尊祖敬宗，慎终追远的风俗礼仪。

循礼是体现孝道的重要方式之一。安葬先祖，是中国人慎终追远、尊祖敬宗的最佳方式，所谓入土为安，人从地里生，还回地里去，选个山环水抱、山清水秀、灵气集中、生机盎然的地方安置祖先尸骨，立个碑，建个墓，刻上祖宗名字，让后人能瞻仰先人，缅怀祖德，能承前启后，继往开来，这对中国人的伦理建设和社会进步，其意义及作用是不可低估的。

"风水"学规定，在安葬先人过程中，还要按一定的仪式进行，以寄托后人的哀思与表现后人的孝道。

在建造阳宅及在社会或人生的重大事件时，也都要按一定仪式与程序来进行。虽然这些仪式的规定各地有所不同，但这也是"风水"学的实用内容和不可或缺的组成部分。有了这些仪式，才能将"风水"学的实施有步骤有礼节地完成。这也就形成一种中国民俗遗产。

（10）积德：勉人尽孝，劝人为善，催人向上，使人得福，告诉人们顺应自然规律、优化自然环境来改善、提高人生和社会。

积德是"风水"学的基本理念与最高目标。

中国古人认为，天地人是一体的，人的心灵与天地的灵气是相通的。美好的心灵才能和美好的"风水"地同气感应，有美好心灵的人才能得到美好的阴阳宅，才能获得"风水"地的吉气善待。反之，有丑恶心灵的人是无法得到美好的阴阳宅的，只能得到丑恶的阴阳宅，也就只能得到"风水"地的凶气惩罚。所以"风水"学十分重视"风水"用户和地师心灵的塑造与净化，十分重视道德的修养与积累。福由心生，地由心造。

三、"风水"学的原则

（一）整体系统原则

"风水"理论思想把环境作为一个整体系统，这个系统以人为中心，包括天地万物。环境中的每一个整体系统都是相互联系、相互制约、相互依存、相互对立、相互转化的要素。"风水"学的功能就是要宏观地把握各子系统之间的关系，优化结构，寻求最佳组合。

"风水"学充分注意到环境的整体性。《黄帝宅经》主张"以形势为身体，以泉水为血脉，以土地为皮肤，以草木为毛发，以舍屋为衣服，以门户为冠带，若得如斯，是事严雅，乃为上吉。"

整体原则是"风水"学的总原则，其他原则都从属于整体原则，以整体原则处理人与环境的关系，是现代"风水"学的基本特点。

（二）因地制宜原则

因地制宜，即根据环境的客观性，采取适宜于自然的生活方式。

中国地域辽阔，气候差异很大，土质也不一样，建筑形式亦不同。西北干旱少雨，人们就采取穴居式窑洞居住。窑洞位多朝南，施工简易，不占土地，节省材料，防火防寒，冬暖夏凉，人可长寿，鸡多下蛋。西南潮湿多雨，虫兽很多，人们就采取干阑式竹楼居住。《旧唐书·南蛮传》曰："山有毒草，虱蝮蛇，人并楼居，登梯而上，号为干阑。"楼下空着或养家畜，楼上住人。竹楼空气流通，凉爽防潮，大多修建在依山傍水之处。此外，草原的牧民采用蒙古包为住宅，便于随水草而迁徙。贵州山区和大理人民用山石砌房，华中平原人民以土建房，这些建筑形式都是根据当时当地的具体条件而创立的。

（三）依山傍水原则

依山傍水是"风水"最基本的原则之一，山体是大地的骨架，水域是万物生机之源泉，没有水，人就不能生存。考古发现的原始部落几乎都在河边台地，这与当时的狩猎、捕捞、采摘果实相适应。

依山的形势有两类，一类是"土包屋"，即三面群山环绕，奥中有旷，南面敞开，房屋隐于万树丛中。湖南岳阳县渭洞乡张谷英村就处于这样的地形，五百里幕阜山余脉绵延至此，在东北西三方突起三座大峰，如三大花瓣拥成一朵莲花。明代宣德年间，张谷英来这里定居，五百年来发展到六百多户、三千多人的赫赫大族，全村八百多间房子串通一气，男女老幼尊卑有序，过着安宁祥和的生活。

依山的另一种形式是"屋包山"，即成片的房屋覆盖着山坡，从山脚起到山腰。长江中上游沿岸的码头小镇都是这样，背枕山坡，拾级而上，气宇轩昂。有近百年历史的武汉大学建筑在青翠的珞珈山麓，设计师充分考虑到特定的"风水"环境，依山建房，学生宿舍贴着山坡，像环曲的城墙，有个城门形的出入口。山顶平台上以中孔城门洞为轴线，图书馆居中，教学楼分别立于两侧。主从有序，严谨对称。学校得天然之势，有城堡之壮，显示了高等学府的宏大气派。

（四）观形察势原则

清代的《阳宅十书》指出："人之居处宜以大地山河为主，其来脉气势最大，关系人祸福最为切要。""风水"学重视山形地势，把小环境放入大环境考察。

中国的地理形势，每隔8°左右就有一条大的纬向构造，如天山—阴山纬向构造；昆仑山—秦岭纬向构造，南岭纬向构造。《考工记》云："天下之势，两山之间必有川矣。大川之上必有途矣。"《禹贡》把中国山脉划为四列九山。"风水"学把绵延的山脉称为龙脉。龙脉源于西北的昆仑山，向东南延伸出三条龙脉，北龙从阴山、贺兰山入山西，起太原，渡海而止。中龙由岷山入关中，至泰山入海。南龙由云贵、湖南至福建、浙江入海。每条大龙脉都有干龙、支龙、真龙、假龙、飞龙、潜龙、闪龙，勘测"风水"首先要搞清楚来龙去脉，顺应龙脉的走向。

从大环境观察小环境，便可知道小环境受到的外界制约和影响，诸如水源、气候、物产、地质等。任何一块宅地表现出来的吉凶，都是由大环境所决定的，犹如中医切脉，从脉象之洪细弦虚紧滑浮沉迟速，就可知身体的一般状况，因为这是由心血管的机能状态所决定的。只有形势完美，宅地才完美。每建一座城市，每盖一栋楼房，每修一个工厂，都应当先考察山川大环境。大处着眼，小处着手，必无后顾之忧，而后福乃大。

（五）地质检验原则

"风水"学思想对地质很讲究，甚至是挑剔，认为地质决定人的体质，现代科学也证明这是科学的。地质对人的影响至少有以下四个方面：

第一，土壤中含有元素锌、钼、硒、氟等。在光合作用下放射到空气中，直接影响人的健康。

第二，潮湿或臭烂的地质，会导致关节炎、风湿性心脏病、皮肤病等。潮湿腐败之地是细菌的天然培养基地，是产生各种疾病的根源，因此，不宜建宅。

第三，地球磁场的影响。地球是一个被磁场包围的星球，人感觉不到它的存在，但它时刻对人发生着作用。强烈的磁场可以治病，也可以伤人，甚至引起头晕、嗜睡或神经衰弱。

第四，有害波的影响，如果在住宅地面 3m 以下有地下河流，或者有双层交叉的河流，或者有坑洞，或者有复杂的地质结构，都可能放射出长振波或污染辐射线或粒子流，导致人头痛、眩晕、内分泌失调等症状。

以上四种情况，旧时"风水"师知其然不知其所以然，不能用科学道理加以解释，在实践中自觉不自觉地采取回避措施或使之神秘化。有的"风水"师在相地时，亲临现场用手研磨，用嘴嚼尝泥土，甚至挖土井察看深层的土质、水质，俯身贴耳聆听地下水的流向及声音，这些看似装模作样，其实不无道理。

（六）水质分析原则

《管子·地贞》认为：土质决定水质，从水的颜色判断水的质量，水白而甘，水黄而糗，水黑而苦。

不同地域的水分中含有不同的微量元素及化合物，有些可以致病，有些可以治病。浙江省泰顺承天象鼻山下有一眼山泉，泉水终年不断，热气腾腾，当地人生了病就到泉水中浸泡，比吃药还见效。后经检验发现泉水中含有大量的放射性元素氡。

中国的绝大多数泉水具有开发价值，福建省发现矿泉水点 1590 处，居全国各省之最，其中可供医疗、饮用的矿泉水点 865 处。广西凤凰山有眼乳泉，泉水乳白，用之泡茶，茶水一星期不变味。江西永丰县富溪日乡九峰岭脚下有眼 $1m^2$ 的五味泉，泉水有鲜啤那种酸苦清甘的味道。由于泉水是通过地下矿石过滤的，往往含有钠、钙、镁、硫等矿物质，以之口服、冲洗、沐浴，无疑有益于健康。

（七）坐北朝南原则

中国位于地球北半球，欧亚大陆东部，大部分陆地位于北回归线（北纬 23°26′）以北，一年四季的阳光都由南方射入。朝南的房屋便于采取阳光。阳光对人的好处很多：一是可以取暖，冬季时南房比北房的温度高 1~2℃；二是参与人体维生素 D 的合成，小儿常晒太阳可预防佝偻病；三是阳光中的紫外线具有杀菌作用；四是可以增强人体免疫功能。

坐北朝南，不仅是为了采光，还为了避北风。中国的地势决定了其气候为季风型。冬天有西伯利亚的寒流，夏天有太平洋的凉风，一年四季风向变幻不定。

（八）适中居中原则

适中，就是恰到好处，不偏不倚，不大不小，不高不低，尽可能优化，接近至善至美。《管氏地理指蒙》论穴云：欲其高而不危，欲其低而不没，欲其显而不彰扬暴露，欲其静而不幽囚哑噎，欲其奇而不怪，欲其巧而不劣。

"风水"理论主张山脉、水流、朝向都要与穴地协调，房屋的大与小也要协调，房大人少不吉，房小人多不吉，房小门大不吉，房大门小不吉。

适中的另一层意思是居中，中国历代的都城为什么不选择在广州、上海、昆明、哈尔滨呢？因为地点太偏。洛阳之所以成为九朝故都，原因在于它位居天下之中，级差地租就是根据居中的程度而定的。银行和商场只有在闹市中心才能获得更大效益。

适中的原则还要求突出中心、布局整齐，附加设施紧紧围绕轴心。在典型的"风水"景观中，都有一条中轴线，中轴线与地球的经线平行，向南北延伸。中轴线的北端最好是横行的山脉，形成丁字形组合，南端最好有宽敞的明堂（平原），中轴线的东西两边有建筑物簇拥，还有弯曲的河流。明清时期的帝陵、清代的园林就是按照这个原则修建的。

（九）顺乘生气原则

"风水"理论认为，气是万物的本源，太极即气，一气积而生两仪，一生三而五行具，土得之于气，水得之于气，人得之于气，气感而应，万物莫不得于气。

由于季节变化、太阳出没的变化、风向的变化，使生气与方位发生变化。不同的月份，生气和死气的方向就不同。

"风水"理论提倡在有生气的地方修建城镇房屋，这叫做顺乘生气。只有得到生气滚滚，植物才会欣欣向荣，人类才会健康长寿。

"风水"理论认为，房屋的大门为气口，如果有路有水环曲而至，即为得气，这样便于交流，可以得到信息，又可以反馈信息，如果把大门设在闭塞的一方，谓之不得气。得气有利于空气流通，对人的身体有好处。宅内光明透亮为吉，阴暗灰秃为凶。只有顺乘生气，才能称得上贵格。

（十）改造"风水"原则

改造"风水"的实例很多，四川都江堰就是改造"风水"的成功范例。岷江泛滥，淹没良田和民宅，李冰父子就是用修筑江堰的方法驯服了岷江，岷江就造福于人类了。北京城中处处是改造"风水"的名胜。故宫的护城河是人工挖成的屏障，河土堆砌成景山，威镇玄武。金代时北海蓄水成湖，积土为岛，以白塔为中心，寺庙以山势排列。圆明园堆山导水，修建100多处景点，堪称万园之园。

就目前来讲，深圳、珠海、广州、汕头、上海、北京等许多开放城市，都进行了许多移山填海、建桥铺路、拆旧建新的"风水"改造工作，而且取得了很好的效果。"风水"学者的任务，就是给有关人士提供一些有益的建议，使城市和乡村的"风水"格局更合理，更有益于人民的健康长寿和经济的发展。

第二节　建筑学

一、建筑学概述

建筑学是研究建筑物及其环境的学科，它旨在总结人类建筑活动的经验，以指导建筑设计创作，构造某种体形环境等。建筑学的内容通常包括技术和艺术两个方面。

传统的建筑学的研究对象包括建筑物、建筑群以及室内家具的设计，风景园林和城市村镇的规划设计。随着建筑事业的发展，园林学和城市规划逐步从建筑学中分化出来，成为相对独立的学科。

建筑学服务的对象不仅是自然的人，而且也是社会的人；不仅要满足人们物质上的要求，而且要满足精神上的要求。因此社会生产力和生产关系的变化，政治、文化、宗教、生活习惯等的变化，都密切影响着建筑技术和艺术。

古希腊建筑以端庄、典雅、匀称、秀美见长，既反映了城邦制小国寡民，也反映了当时兴旺的经济以及灿烂的文化艺术和哲学思想；罗马建筑的宏伟壮丽，反映了国力雄厚、财富充足以及统治集团巨大的组织能力、雄心勃勃的气魄和奢华的生活；拜占庭教堂和西欧中世纪教堂在建筑形制上的不同，原因之一是由于基督教东、西两派在教义解释和宗教仪式上有差异；西欧中世纪建筑的发展和哥特式建筑的形成是同封建生产关系有关的。

封建社会的劳动力比奴隶社会贵，再加上在封建割据下，关卡林立、捐税繁多，石料价格提高，促使建筑向节俭用料的方向发展。同样以石为料，同样使用拱券技术，哥特式建筑用小块石料砌成的扶壁和飞扶壁，同罗马建筑用大块石料建成的厚墙粗柱在形式上大相径庭。

此外，建筑学作为一门艺术，自然受到社会思想潮流的影响。这一切说明建筑学发展的原因、过程和规律的研究绝不能离开社会条件，不能不涉及社会科学的许多问题。

建筑学是技术和艺术相结合的学科，建筑的技术和艺术密切相关，相互促进。技艺在建筑学发展史上通常是主导的一方面。在一定条件下，艺术又促进技术的研究。

就工程技术性质而言，建筑师总是在可行的建筑技术条件下进行艺术创作的，因为建筑艺术创作不能超越技术上的可能性和技术经济的合理性。如果没有几何知识、测量知识和运输巨石的技术手段，埃及金字塔是无法建成的。人们总是尽可能使用当时可资利用的科学技术来创造建筑文化。

现代科学的发展，建筑材料、施工机械、结构技术以及空气调节、人工照明、防火、防水技术的进步，使建筑不仅可以向高空、地下、海洋发展，而且为建筑艺术创作开辟了广阔的天地。

建筑学在研究人类改造自然的技术方面和其他工程技术学科相似。但是建筑物又是反映一定时代人们的审美观念和社会艺术思潮的艺术品，建筑学有很强的艺术性质，在这一点上和其他工程技术学科又不相同。

建筑艺术主要通过视觉给人以美的感受，这是和其他视觉艺术的相似之处。建筑可以像音乐那样唤起人们某种情感，例如创造出庄严、雄伟、幽暗、明朗的气氛，使人产生崇敬、自豪、压抑、欢快等情绪。汉初萧何建造未央宫时说："天子以四海为家，非壮丽无以重威"，可以说明这样的问题。德国文学家歌德把建筑比喻为"凝固的音乐"，也就是这个意思。

但是建筑又不同于其他艺术门类，它需要大量的财富和技术条件，大量的劳动力和集体智慧才能实现。它的物质表现手段规模之大，为任何其他艺术门类所难以比拟。宏伟的建筑建成不易，保留时间也较长，这些条件导致建筑美学的变革相对迟缓。建筑艺术还常常需要应用绘画、雕刻、工艺美术、园林艺术，创造室内外空间艺术环境。因此，建筑艺术是一门综合性很强的艺术。

二、建筑学的主要研究领域和内容

建筑学主要的研究领域包括：建筑设计、建筑历史、建筑艺术、建筑美学、建筑构造、建筑物理等。建筑学相关研究领域包括：建筑材料、建筑力学、建筑结构、建筑施工、建筑设备。密切联系领域包括：城市规划、城市设计、园林景观设计、室内设计。建筑学相关领域包括：建筑经济、市政工程、环境工程、结构工程学、交通工程学、防灾工程学、水利工程、岩土力学、水力学等。

建筑设计是建筑学的核心，指导建筑设计创作是建筑学的最终目的。建筑设计是一种技艺，古代靠师徒承袭，口传心授，后来虽然开办学校，采取课堂教学方式，但仍须通过设计实践来学习。

有关建筑设计的学科内容大致可分为两类。一类是总结各种建筑的设计经验，按照各种建筑的内容、特性、使用功能等，通过范例，阐述设计时应注意的问题以及解决这些问题的方式方法。另一类是探讨建筑设计的一般规律，包括平面布局、空间组合、交通安排，以及有关建筑艺术效果的美学规律等。后者称为建筑设计原理。室内设计是从建筑设计中分化出来的，它主要研究室内的艺术处理、空间利用、装修技术及家具等问题。

建筑构造是研究建筑物的构成、各组成部分的组合原理和构造方法的学科，主要任务是根据建筑物的使用功能、技术经济和艺术造型要求提供合理的构造方案，指导建筑细部设计和施工，作为建筑设计的依据。

建筑历史研究建筑、建筑学发展的过程及其演变的规律，研究人类建筑历史上遗留下来有代表性的建筑实例，从中了解前人的有益经验，为建筑设计汲取营养。建筑理论探讨建筑与经济、社会、政治、文化等因素的相互关系；探讨建筑实践所应遵循的指导思想以及建筑技术和建筑艺术的基本规律。建筑理论与建筑历史两者之间有密切的关系。

城市设计是介于建筑学和城市规划之间的知识领域，从建筑学的角度研究城市空间环境及其景观的问题。

建筑物理研究物理学知识在建筑中的应用。建筑设计应用这些知识，为建筑物创造适合使用者要求的声学、光学、热工学的环境。建筑设备研究使用现代机电设备来满足建筑功能要求，建筑设计者应具备这些相关学科的知识。

第三节　生态学

生态学是研究有机体及其周围环境相互关系的科学。生物的生存、活动、繁殖需要一定的空间、物质与能量。生物在长期进化过程中，逐渐形成对周围环境某些物理条件和化学成分，如空气、光照、水分、热量和无机盐类等的特殊需要。各种生物所需要的物质、能量以及它们所适应的理化条件是不同的，这种特性称为物种的生态特性。

任何生物的生存都不是孤立的，同种个体之间有互助也有竞争；植物、动物、微生物之间也存在复杂的相生相克关系。人类为满足自身的需要，不断改造环境，环境反过来又影响人类。

随着人类活动范围的扩大与多样化，人类与环境的关系问题越来越突出。因此近代生态学研究的范围，除生物个体、种群和生物群落外，已扩大到包括人类社会在内的多种类型生态系统的复合系统。人类面临的人口、资源、环境等几大问题都是生态学的研究内容。

一、生态学的起源和发展

"生态学"一词是德国生物学家海克尔1866年提出的。生态学的发展大致可分为萌芽期、形成期和发展期三个阶段。

（一）萌芽期

古人在长期的农牧渔猎生产中积累了朴素的生态学知识，诸如作物生长与季节气候及土壤水分的关系、常见动物的物候习性等。如公元前4世纪希腊学者亚里士多德曾粗略描述动物的不同类型的栖居地，还按动物活动的环境类型将其分为陆栖和水栖两类，按其食性分为肉食、草食、杂食和特殊食性等类。

亚里士多德的学生、公元前3世纪的雅典学派首领赛奥夫拉斯图斯在其植物地理学著作中已提出类似今日植物群落的概念。公元前后出现的介绍农牧渔猎知识的专著，如古罗马公元1世纪老普林尼的《博物志》、6世纪中国农学家贾思勰的《齐民要术》等均记述了素朴的生态学观点。

（二）形成期

大约从15世纪到20世纪40年代。15世纪以后，许多科学家通过科学考察积累了不少宏观生态学资料。19世纪初叶，现代生态学的轮廓开始出现。如雷奥米尔的6卷昆虫学著作中就有许多昆虫生态学方面的记述。瑞典博物学家林奈首先把物候学、生态学和地理学观点结合起来，综合描述外界环境条件对动物和植物的影响。法国博物学家布丰强调生物变异基于环境的影响。

德国植物地理学家洪堡创造性地结合气候与地理因子的影响来描述物种的分布规律。

19世纪，生态学进一步发展。这一方面是由于农牧业的发展促使人们开展了环境因子对作物和家畜生理影响的实验研究。例如，在这一时期中确定了5℃为一般植物的发育起点温度，绘制了动物的温度发育曲线，提出了用光照时间与平均温度的乘积作为比较光化作用的"光时度"指标以及植物营养的最低量律和光谱结构对于动植物发育的效应等。

另一方面，马尔萨斯于1798年发表的《人口论》一书造成了广泛的影响。费尔许尔斯特1833年以其著名的逻辑斯谛曲线描述人口增长速度与人口密度的关系，把数学分析方法引入生态学。19世纪后期开展的对植物群落的定量描述也已经以统计学原理为基础。1851年达尔文在《物种起源》一书中提出自然选择学说，强调生物进化是生物与环境交互作用的产物，引起了人们对生物与环境的相互关系的重视，更促进了生态学的发展。

19世纪中叶到20世纪初叶，人类所关心的农业、渔猎和直接与人类健康有关的环境卫生等问题，推动了农业生态学、野生动物种群生态学和媒介昆虫传病行为的研究。由于当时组织的远洋考察中都重视了对生物资源的调查，从而也丰富了水生生物学和水域生态学的内容。

到20世纪30年代，已有不少生态学著作和教科书阐述了一些生态学的基本概念和论点，如食物链、生态位、生物量、生态系统等。至此，生态学已基本成为具有特定研究对象、研究方法和理论体系的独立学科。

（三）发展期

20世纪50年代以来，生态学吸收了数学、物理、化学工程技术科学的研究成果，向精确定量方向前进并形成了自己的理论体系。

数理化方法、精密灵敏的仪器和电子计算机的应用，使生态学工作者有可能更广泛、深入地探索生物与环境之间相互作用的物质基础，对复杂的生态现象进行定量分析；整体概念的发展，产生出系统生态学等若干新分支，初步建立了生态学理论体系。

由于世界上的生态系统大都受人类活动的影响，社会经济生产系统与生态系统相互交织，实际形成了庞大的复合系统。随着社会经济和现代工业化的高速度发展，自然资源、人口、粮食和环境等一系列影响社会生产和生活的问题日益突出。

为了寻找解决这些问题的科学依据和有效措施，国际生物科学联合会（IUBS）制定了"国际生物计划"（IBP），对陆地和水域生物群系进行生态学研究。1972年联合国教科文组织等继IBP之后，设立了人与生物圈（MAB）国际组织，制定"人与生物圈"规划，组织各参加国开展森林、草原、海洋、湖泊等生态系统与人类活动关系以及农业、城市、污染等有关的科学研究。许多国家都设立了生态学和环境科学的研究机构。

和许多自然科学一样，生态学的发展趋势是，由定性研究趋向定量研究，由静态描述趋向动态分析；逐渐向多层次的综合研究发展；与其他某些学科的交叉研究日益显著。

由人类活动对环境的影响来看，生态学是自然科学与社会科学的交汇点；在方法学方面，研究环境因素的作用机制离不开生理学方法，离不开物理学和化学技术，而且群体调查和系统分析更离不开数学的方法和技术；在理论方面，生态系统的代谢和自稳态等概念基本是引自生理学，而由物质流、能量流和信息流的角度来研究生物与环境的相互作用则可说是由物理学、化学、生理学、生态学和社会经济学等共同发展出的研究体系。

二、生态学的一般规律

生态学的一般规律大致可从种群、群落、生态系统和人与环境的关系四个方面说明。

在环境无明显变化的条件下，种群数量有保持稳定的趋势。一个种群所栖环境的空间和资源是有限的，只能承载一定数量的生物，承载量接近饱和时，如果种群数量（密度）再增加，增长率则会下降乃至出现负值，使种群数量减少；而当种群数量（密度）减少到一定限度时，增长率会再度上升，最终使种群数量达到该环境允许的稳定水平。对种群自然调节规律的研究可以指导生产实践。例如，制定合理的渔业捕捞量和林业采伐量，可保证在不伤及生物资源再生能力的前提下取得最佳产量。

一个生物群落中的任何物种都与其他物种存在着相互依赖和相互制约的关系。常见的有：

(1) 食物链，居于相邻环节的两物种的数量比例有保持相对稳定的趋势。如捕食者的生存依赖于被捕食者，其数量也受被捕食者的制约；而被捕食者的生存和数量也同样受捕食者的制约。两者间的数量保持相对稳定。

(2) 竞争，物种间常因利用同一资源而发生竞争。如植物间争光、争空间、争水、争土壤养分；动物间争食物、争栖居地等。在长期进化中，竞争促进了物种的生态特性的分化，结果使竞争关系得到缓和，并使生物群落产生出一定的结构。例如森林中既有高大喜阳的乔木，又有矮小耐阴的灌木，各得其所；林中动物或有昼出夜出之分，或有食性差异，互不相扰。

(3) 互利共生，如地衣中菌藻相依为生，大型草食动物依赖胃肠道中寄生的微生物帮助消化，以及蚁和蚜虫的共生关系等，都表现了物种间的相互依赖的关系。以上几种关系使生物群落表现出复杂而稳定的结构，即生态平衡，平衡的破坏常可能导致某种生物资源的永久性丧失。

生态系统的代谢功能就是保持生命所需的物质不断地循环再生。阳光提供的能量驱动着物质在生态系统中不停地循环流动，既包括环境中的物质循环、生物间的营养传递和生物与环境间的物质交换，也包括生命物质的合成与分解等物质形式的转换。

物质循环的正常运行，要求一定的生态系统结构。随着生物的进化和扩散，环境中大量无机物质被合成为生命物质形成了广袤的森林、草原以及生息其中的飞禽走兽。一般说，发展中的生物群落的物质代谢是进多出少，而当群落成熟后代谢趋于平衡，进出大致相当。

人们在改造自然的过程中须注意到物质代谢的规律。一方面，在生产中只能因势利导，合理开发生物资源，而不可只顾一时，竭泽而渔。目前世界上已有大面积农田因肥力减退未得到及时补偿而减产。另一方面，还应控制环境污染，由于大量有毒的工业废物进入环境，超越了生态系统和生物圈的降解和自净能力，因而造成毒物积累，损害了人类与其他生物的生活环境。

生物进化就是生物与环境交互作用的产物。生物在生活过程中不断地由环境输入并向其输出物质，而被生物改变的物质环境反过来又影响或选择生物，二者总是朝着相互适应的协同方向发展，即通常所说的正常的自然演替。随着人类活动领域的扩展，对环境的影响也越加明显。

在改造自然的活动中，人类自觉或不自觉地做了不少违背自然规律的事，损害了自身利益。如对某些自然资源的长期滥伐、滥捕、滥采造成资源短缺和枯竭，从而不能满足人类自身需要；大量的工业污染直接危害人类自身健康等，这些都是人与环境交互作用的结果，是大自然受破坏后所产生的一种反作用。

三、生态学基本原理应用的思路

生态学的基本原理，通常包括四方面的内容：个体生态、种群生态、群落生态和生态系统生态。

一个健康的生态系统是稳定的和可持续的：在时间上能够维持它的组织结构和自治，也能够维持对胁迫的恢复力。健康的生态系统能够维持它们的复杂性同时能满足人类的需求。

生态学基本原理的应用思路，主要是模仿自然生态系统的生物生产、能量流动、物质循环和信息传递而建立起人类社会组织，以自然能流为主，尽量减少人工附加能源，寻求以尽量小的消耗产生最大的综合效益，解决目前人类面临的各种环境危机。目前较为流行的几种思路如下：

（一）实施可持续发展

1987年世界环境与发展委员会提出"满足当代人的需要，又不对后代满足其发展需要的能力构成威胁的发展"。可持续发展观念协调社会与人的发展之间的关系，包括生态环境、经济、社会的可持续发展，但最根本的是生态环境的可持续发展。

（二）注重人与自然和谐发展

事实上造成当代世界面临的空前严重的生态危机的重要原因就是以往人类对自然的错误认识。工业文明以来，人类凭借自认为先进的"高科技"试图主宰、征服自然，这种严重错误的观念和行为虽然带来了经济的飞跃，但造成的环境问题却是不可弥补的。人类是生物界中的一分子，因此必须与自然界和谐共生，共同发展。

（三）生态伦理道德观

大量而随意地破坏环境、消耗资源的发展道路是一种对后代和其他生物不负责任和不道德的发展模式。新型的生态伦理道德观应该是发展经济的同时，还要考虑这些人类行为不仅要有利于当代人类生存发展，还要为后代留下足够的发展空间。

从生态学中分化出来的产业生态学、恢复生态学以及生态工程、城市生态建设等，都是生态学基本原理推广的成果。

在计算经济生产中，不应认为自然资源是没有价值的或者无限的，而是应有生态价值观念，应考虑到经济发展对环境的破坏影响，利用科技的进步，将破坏降低到最大限度，同时倡导一种有利于物质良性循环的消费方式，即适可而止、持续、健康的消费观。

第四节　建筑生态学与"风水"学

上述三节中分别简单介绍了"风水"学、建筑学和生态学的基本内容，从中可以清晰地看到："风水"学作为中华民族的文化传承有其存在的合理性，并影响着中国建筑学的发展；建筑学曾经一度以建筑物为中心，开展设计活动来满足社会发展的需要，并逐步向着以人类的生产、生活和健康生存为中心的方向发展；生态学虽然是一个相对来说新兴的学科，但随着科学技术的进步，人类对自然的尊重，人类对自我的认识等方面的提高，而得到了迅速的发展；建筑生态学就是在这样的历史背景下，逐步发展成为一个新型的应用生态学与建筑学、"风水"学等相交叉的学科，并越来越得到了专家学者的重视。它既是对传统"风水"学的传承和发扬，又是建筑学和生态学发展的必然产物。

"风水"学的产生已有悠久的历史，并一直延续到现在，由于受人类科学技术水平和对自然的认识水平的限制，而曾经一度走向迷信，失去了作为一个学科的发展进程。中国古代"风水"学，尽管受到当时落后的科学和物质技术手段的限制，仍然追求顺应自然，并有节制地改造和利用自然，追求人与自然协调与合作的意境，早于西方现代文明几千年登上了天人合一的审美理想的高峰。中国"风水"学可称为中国古代的生态建筑理论。随着人类的进步又逐步引起了重视，并回归到科学的发展道路上来，这个学科的发展将有利于建筑学和生态学的发展，是对中华传统文化的传承和发扬。

建筑生态学是在现代建筑科学和生态科学的发展基础上，将生态学的理论和技术成果应用到建筑学领域，并逐步走向独立的应用生态学的学科体系，将在建筑科学发展中逐步完善，并为人类设计和制造能满足人类健康生活和活动的生态建筑服务。

"建筑风水"的生态内涵主要体现在两个方面：①自然环境与人的和谐关系；②在实践中如何认识和利用环境，并为建筑"风水"服务，得到最佳的居住环境，达到"天人合一"的最高境界。这样去理解建筑"风水"和建筑生态学，就不会将建筑"风水"看成是伪科学或是迷信，而是一种科学，前者注重自然和人类的生态和心理的需求，而发展成为建筑"风水"学；后者则着重于将生态科学的理论和技术成果应用到建筑学领域，而发展成为有完善的思想、理论和方法体系的应用生态学。但最终的目标是一致的，也就是为人类提供优质健康的生活、工作、生产等活动的发展空间。

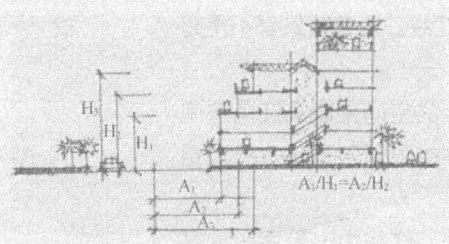

第三章　建筑的生态空间

从传统的建筑观来看，人们注重的是建筑实体本身。由于古代社会建设规模不大，环境和资源消耗并不显著；而且那时人口不多，对于建筑和环境的要求也不高。现代建设连带着环境问题，以及如何满足众多人口的需求问题。因此，现在建筑界的必然趋势是要把传统建筑学的概念、传统建筑思考的范围扩大，不仅要修路筑桥、栽花种树、造几座房子，还要考虑环境保护，考虑建筑所引起的空间、材料、资源的消耗。此外，从环境生理行为到人的精神需求，人类总在发展，人的要求总是越来越高，要仔细研究和考虑人们对于环境行为的要求，需要充分考虑建筑的空间构成，构成建筑的生态空间体系。

第一节 建筑的红色空间

一直以来，建筑师在谈论建筑时，常用平面、模型来说明设计，经常费尽心机在设计平面、模型上。习惯性地，当建筑师、规划师们谈及城市规划、城市空间时，也都不由自主地拿出城市的平面、模型来。人在城市中的行为运动决定了城市提供给人们的感受，人们在城市中的行动方式的变化决定了城市空间的变化，"人的行动"即城市空间的本质。

建筑红色空间指建筑的集聚空间即人类聚居环境，包括建筑、各类公共设施、各类基础设施，以道路为骨架在一起的空间；在城市规划建设管理中用建筑红线划定建筑的建设范围，用道路红线划定道路的宽度范围，用红色在图上表示公建用地。

建筑红线，也称"建筑控制线"，指城市规划管理中，控制城市道路两侧沿街建筑物或构筑物（如外墙、台阶等）靠临街面的界线。任何临街建筑物或构筑物不得超过建筑红线。

建筑红线由道路红线和建筑控制线组成。道路红线是城市道路（含居住区级道路）用地的规划控制线；建筑控制线是建筑物基底位置的控制线。基地与道路邻近一侧，一般以道路红线为建筑控制线，如果因城市规划需要，主管部门可在道路线以外另定建筑控制线，一般称后退道路红线。任何建筑都不得超越给定的建筑红线。

在城市规划中道路红线与建筑控制线之间所围合的空间是建筑红色空间在平面上的投影；而城市规划中对建筑高度和密度等的限制则是建筑红色空间在空间上的界定。

用地红线是围起某个地块的一些坐标点连成的线，红线内土地面积就是取得使用权的用地范围。开发建设这个地块的建筑小区时，还需要退红线 2m 左右，这个数字各地不一，要看当地规划局的规定。小区的建筑必须在退红线范围内，退出的这块地不准占用。这块地也就是建筑的红色空间。

第二节 建筑的室外空间

一、建筑的室外空间的界定

建筑室外空间，一种介于建筑室内空间和城市开放空间之间的空间类型。它既属于建筑领域，其功能是服从建筑的使用功能，满足使用者的户外活动需求；同时又是城市微观景观环境，是构成城市中宏观景观环境的因子之一。建筑与其室外空间环境互为拓扑关系，随着建筑的发展，室外空间的形式和内涵也有了很大的发展。但其发展的永恒目标是相同的，即为人的物质和精神需求服务——"以人为本"是建筑室外空间环境的精神之所在。

二、建筑的室外空间的形态

建筑室外空间，是介于建筑内部空间和城市开放空间两者之间的一种空间类型。从功能方面讲，特定建筑（群）的室外空间，一般要担负该建筑（群）的部分使用功能，满足使用者特定的户外活动要求；另一方面，建筑室外空间又属于城市空间体系的一部分，在景观、生态、文化等方面，对城市空间体系和空间特征有不同程度的影响。从具体的形态方面讲，建筑室外空间属于特定的建筑领域，限定它的界面有时是明确的，具有明确的边缘；有时是模糊的，跟室内空间沟通在一起。同时它跟街道、广场、游园等城市开放空间的界限往往也比较模糊（徐刚，2002），在空间尺度上可大可小，在空间形式上有斑块状、条带状等多种形式。

三、建筑的室外空间的功能

建筑室外空间是现代建筑与城市生活需求相协调的一种表现，该空间作为一种独特的空间，在功能上它是建筑空间的组成部分，在产权上它与建筑同属于一个业主，因此它属于建筑空间范畴，同时又被赋予了城市空间的某些职能，成为空间系统的一部分。因此，从其使用的过程中可以看出，该空间具有极强的公共性，即：它服务的对象是城市，满足城市居民的交往和整个城市形态的塑造（翁有志，2008）。

建筑室外空间对城市空间的整合作用反映在两个方面：①缝合城市整体空间，指通过这些空间把无整体感、无形态感、无场所感的建筑周围的零散空间组织起来，从而改善原有的空间环境，为附近居民提供活动场所（韩冬青，1999）；②创造新的城市空间，指将建筑或建筑综合体的室外空间公共化，为城市居民提供一个新的活动场所，从而弥补现今城市公共空间的匮乏，同时良好的空间环境也可带动更为丰富多彩的人际交往活动。

建筑室外空间作为引入的"新"元素，在经济性和社会性上都可以产生巨大的催化、促进效应。例如，"在独立环境中的建筑，其功效和职能形成自我封闭体系……而城市建筑并不是单独存在的，在某种积极的环境秩序中，某建筑在相邻建筑和所处环境的激发下出现比自发功能更大的功效职能，可称之为激发功能"（韦恩·奥图，1993）。这样一种"新"元素实际上是城市生活在建筑中的介入和城市空间在建筑中的穿插，城市生活的介入必定给建筑带来生机，使其功能多样化。

建筑室外空间环境具有双重作用。首先，它是一个过渡空间，在空间上起联系作用，室外空间把建筑室内空间与城市空间联系起来成为一个连续而又变化丰富的环境，人们由城市空间过渡到建筑室外空间，很容易缓冲和放松情绪，得到休息和娱乐，在过渡空间中欣赏周围的建筑和环境。其次，建筑室外空间也是一个共享空间，它联系在建筑室内外活动的人，为人们提供交往的场所，建筑室外环境成了人们生活的一部分，使用者是这里的主人，他们欣赏和评价周围的一切，室外环境也由于人的加入变得丰富起来，而同时人也作为一被欣赏的因素融进环境之中（于华涛，2009）。

芦原义信认为："（外部空间）首先是从自然当中由框框所划定的空间，与无限伸展的自然是不同的。外部空间是由人创造的有目的的外部环境，是比自然更有意义的空间。"

首先，对于建筑室外空间环境而言，物质功能是最基本的要求，如铺地的划分、水池花坛的安排、踏步的设置、雕塑和构架等的构图与运用，另外，小品、壁画、灯饰等根据不同的主题、功能和要求，用最能表达的因素进行创作，以产生最佳效果。

其次，行为功能和文化内涵是建筑室外环境的精神功能，是现代城市建筑室外环境经常被忽略的东西。处于建筑室外环境中的人，往往会受到各方面信息的影响，如空间形态、光影、色彩、质感等，这些信息的多少会影响人的行为；历史、文化和具有特征的人文要素注入室外环境中，会赋予其丰富的精神文化内涵，提高室外环境的人性化品质（李道增，1999）。

最后，寻求与自然的平衡是建筑室外空间环境设计的一个重要准则，人们需要自然，这既是心理上的需要也是生理上的需要。

四、建筑室外空间环境设计

目前建筑室外空间设计中存在着以下一些问题：①"建筑—空间关系"失衡；②缺乏统筹规划、整体设计；③割裂传统，盲目攀比，毫无特色；④政治、经济利益干扰室外空间设计；⑤缺乏公共性、人性化设计；⑥无视城市生态环境的现象严重。随着生活水平的提高，对空间品质要求的提升，存在问题的空间设计很难满足需要。而建筑室外空间环境是建筑的延伸，是建筑生态空间体系的组成部分之一。从建筑室外空间的使用功能和生态功能出发，在设计中应创造具有"积极"意义的建筑室外空间环境，"以人为本"，尊重自然、利用自然、设计结合自然，创造积极的交往空间、交互空间和生态功能空间。建筑室外空间环境的人本化与自然化的设计原则主要体现在以下三个方面：

首先，应满足建筑室外空间环境的物质功能要求，结合所在区域的场地的地形、地貌、气候、环境、植被、土壤、地域文化等特征，根据不同主题、功能和要求，用最能表达的因素进行创作，以产生最佳效果。如通过设计手段鼓励和引导人们参与其中，再如通过空间适度围合，形成积极空间，以增强使用者的安全感和领域感；另外，边界效应规律应作为设计的重点，尽量提供阴角空间、袋状空间以提高建筑室外空间环境的活力；在细部设计中体现对人的关怀，如寒冷地区的座椅应尽量采用导热系数小的材料，为残疾人设置无障碍设施；对于一些市政设施，室外环境中的箱式燃气调压站，一个方整的大铁柜立在草坪中，破坏了草坪的整体效果，如果在考虑其功能和安全的前提下，将其外形进一步美观化设计，如建筑小品一样，就会对环境起到点缀的作用，使市政设施与环境相协调，给人以美的视觉享受。

其次，应满足建筑室外空间环境的行为功能和文化内涵，即精神文化功能的要求。不同地域的场地有不同的自然地理和人文地理背景，从人的行为规律、心理、审美等出发，通过空间环境景观的空间形体特征、光影效果、色彩的变化、材质的质感等，引导人们对室外空间的体验与感受；具有历史、文化特征人文要素的景观小品和空间环境，不仅可以赋予空间环境丰富的内涵，而且可以起到陶冶情操等教化作用。

最后，应满足生态系统空间体系的需要，维持自然与人工生态系统的平衡。在室外空间环境中绿化是最主要的自然因素之一，它能使人的紧张和疲劳得到缓冲和消除，其所具有的自然生长的姿态和安静的色彩，又有四季的景象变换，不同树种拥有不同的造型和色彩，草坪的绿意融融，其人情味与环保功能，是不可缺少的要素。水体也是最活跃的自然因素，通过对水体的处理，如喷泉、水池、河道等，会唤起人们对自然的联想。可移动的椅子以及花坛补充了座位，树木与花草给人工环境增添了自然情趣。这个空间直接从餐厅开放，有优美的视觉效果和便利的通达路径，并提供阳光或阴影、阴角的选择，是物质、文化、自然三位一体的建筑室外空间环境的典型代表。因此，在一定程度上，通过对物质环境的设计，创造合适的物质条件，就会逐步把先前被忽视而受限制的人类需求激发出来，增加人们的户外活动的频率。用一系列的公共设施可以丰富住宅群；通过安排穿过公共空间的住宅通路和合理的建筑布局等方式，可以引导居民形成某种活动模式；设计含有各种空间和设施的物质环境结构，可以吸引所有的居民或居民群体。

第三节　建筑的室内空间

一、建筑室内空间的定义

空间是可见实体要素限定下所形成的不可见的虚体与感觉它的人之间所产生的视觉感受。空间的形态分三个层次：物理空间、生理空间、心理空间。物理空间是指人为安装的、可以测定的使用空间；生理空间是指按人体生理的需求而人为制造的可测定的空间；心理空间是指不可测定的生活空间或艺术空间，也就是人们讲的空间感、空间意识（张文忠，2002）。

建筑室内空间是有形的物质实体、建筑、构筑物等所围合的空间，具有空间形态的三个层次的特征。建筑室内空间既包括作为物质实在的空间，又包括作为人心理感觉的空间，既可以从哲学角度去认识，又可以从造型美学的角度去分析。它有着双重意义，一方面是由服从客观物理的结构和材料所构成；另外一方面有空间构造物所产生的某种主观感情的美学意义（黄凯，2001）。

二、建筑室内空间的模糊性与精确性

（一）空间的模糊性

由于功能的模糊性，即使是相对单一的功能，一个绝对精确的、没有变化余地的空间是难以满足和适应的。住宅建筑功能的模糊性决定了空间的模糊性是绝对的，空间的精确化是相对的。

从表面上看，室内空间的模糊性是由于空间数量的不足引起的。如一室户型，同一空间必须兼作卧室、客厅、餐厅，即使空间数量增加，多种功能共用同一空间的情况仍不可避免，如两室一厅、三室一厅这种住宅，虽然把就餐功能从居室中分离出来了，但居室仍然兼作休息、睡眠、会客等多种功能。

只要空间数量是有限的，空间的模糊性就必然存在，关键是如何用不同的模糊性空间容纳不同的功能群，多种功能组合在同一空间内，既有不同的视觉感受，又可以在使用空间上互相补充，有利于空间的充分利用；只要组合在一起的功能在使用性质上相近，那么这样的模糊性空间就是有利于创造良好的居住环境的（孙昕，2005）。

（二）空间的精确化

良好的模糊性空间的创造来源于对人们居住行为模式的深入了解，是以精确化为基础的。室内空间的模糊性并不排斥人们对精确化的追求，精确化指的是同一空间内功能的相对单纯化。从使用角度来看，为了提高舒适性，人们总是希望特定空间功能的单一化，尤其是卧室、卫生间、书房等私密性要求较高的空间，分出来，做到食寝分离（马韵玉，2005）。为了增加单一功能空间的数量，只能以精确化的小空间来满足功能要求而不至于造成浪费。此外，即使是在模糊性的多功能空间中，精确化的努力也是随处可见的。

（三）模糊性和精确化的统一与发展

因为居住者的需求是模糊的、多变的，所以以空间的模糊性来迎合使用的灵活性和适应性是非常必要的。室内模糊性空间发展的趋势是明显的，出现了所谓的灵活空间住宅，即厨、卫、梯定型，其他空间可根据需要划分，大大提高了使用的灵活性和适应性。

除了住宅建筑，在一定规模的商业建筑中，也需要模糊空间这种布局形式。在模糊空间中，打破了人们从"一个封闭的房间走到另一个封闭的房间"的组合形式。著名建筑师波特曼认为"当你设计一个空间时，事情并没有完结，你得把人们参与联系进去"。现代人的行为心理不断地随着新观念的刺激与挑战而更新变化，人与人之间的感情交流、心态传递的需求就越发强烈，人们不愿生活在闭塞的空间之中，渴望享受开放明快的建筑环境，以满足在新观念支配下的新型的生活方式。在商业建筑中，已经采用了深层次的观念，将人们的购物、观赏、休息、用餐、娱乐、社交等综合性的要求，集中纳入层次分明、高低错落、形式丰富的模糊空间之中。随着社会的发展、经济的繁荣，人们生活的内容已日趋复杂，超级市场、娱乐场所等商业建筑的出现，恰好与现代生活相吻合，在空间形式上远远超过了一般商业建筑的概念。现在已经出现了很多室内空间组合的新形式，例如在一大空间内设置了景观电梯、园林建筑、雕塑壁画、瀑布喷泉等，巧妙地组成了交通、观赏、购物的序列，实现了模糊性空间和精确化功能的完美结合，使人们在购物中增强了新时代韵律美的感受，使人们的行为轨迹与艺术空间兼容，进一步丰富了现代生活的内涵（林福厚，2000）。

在当今多元复杂与高科技的时代中，人们需要有与工作或生活匹配的建筑空间环境，人们具有多方面新的需求，同时人们具有向往豁达通透、明快开朗的室内空间的行为心理，所以具有精确化功能的模糊性空间，是信息时代建筑空间发展的一大特征，功能多、形式新等方面综合发展是满足人们多方面需求的新的空间形式，以满足人们对建筑空间使用的灵活性与实用性的追求。

三、建筑室内空间的功能

建筑室内空间的功能的模糊性是人们生活方式多样性的具体体现。人们生活的丰富性决定了建筑室内功能的多样性，功能是具体的，不是抽象的。例如应具备休息、睡眠、就餐、起居、清洁卫生、娱乐、购物等功能，但是有没有确定的起居就餐生活的方式呢？没有。不同的人群和不同的家庭其生活方式是不一样的，而且同一家庭的生活方式也不是一成不变的。因此，对建筑室内空间的各种功能，只能作模糊的把握。

四、建筑室内空间设计

人们对建筑室内空间的感悟，正是室内设计的灵魂所在，室内设计的精髓在于空间总体艺术氛围的塑造，赏心悦目的空间氛围是室内设计所追求的理想目标，要达到这样一种境界，增强室内设计中的空间意识是非常重要的。设计师要在既定和非既定的元素范围内，用不同的方法及不同的材料，利用各种手段，使其形成不同性质和质量的新的空间形象。在当前建筑设计多元化的格局中，人们对室内空间的模糊性与精确化的追求同时并存，并逐步走向两者的统一。

首先在室内设计中应充分考虑功能的需要，应从功能构思开始，从功能整体出发，全面把握空间，在充分研究原有空间的情况下，可以突破原有空间形态的限制，创造出新的空间形态和空间形象，不同的室内空间组合，体现了不同的使用功能，功能构思在建筑的空间设计中起决定性作用。

空间设计在某种程度上是从建筑学科分离开的独立于其他艺术种类的新的形式，它具有自己的内涵形式和层次，涉及建筑学技术，还涉及材料、人工、心理与生理学的领域，它的存在形式上反映了社会生活与文化形态，人类的建筑活动包含了空间设计的活动，它非造型艺术，也非建筑艺术，但它是建筑空间的环境艺术的组成部分，特别是室内的设计，它是建筑艺术最实在的内涵，也是最有意义的灵魂。

建筑室内空间是建筑重要的功能空间，在满足功能需要的同时，能够给人提供健康的室内空间环境，在设计时就需要注重以下几个方面。

（一）感性与理性的结合

任何美学结构同社会文明的美学价值都是相互关联的，作为社会物质的文化形式存在势必影响着我们的设计意识，对空间设计的认识必须是感性与理性交叉，它不能为感觉代替，而要有理性的设计，同时设计的过程是归纳与省略的过程，即去粗取精，使之协调统一。由设计的构造物繁衍出来的形式美也应有条理性与整体感，才不致混乱，这是一个普遍规律。

人的个性表现对建筑室内空间有一定的影响，如空间的物体形态，环境空间的构造物，铺设的地板，划分空间的隔断墙，室内的吊顶、灯具、家具、织毯、壁挂等，作为整个建筑空间环境来说，从属于人的关系表现为精神功能相一致的统一性，合理的设计空间是亲切的，城市建筑对于城市来说有城市尺度，对于其内部空间来说有人体尺度。空间设计的目的要切实可行、改善设计新的环境，更适合于人的生活方式，更能满足人的审美和健康的要求，设计的意识必须是感性的与理性的交叉认识。

（二）技术与艺术的交叉

空间设计作为建筑设计的一部分，同样需要施工技术手段来达到装饰的视觉效果，实体空间的构成要靠钢筋、混凝土、砖石与玻璃，照明需要各种灯具设置，地面与墙壁的装修要靠花岗石、大理石、瓷砖、木地板与墙纸等。现代科学技术的发展也为室内设计提供了丰富多样的装饰材料和施工手段，运用这些材料与技术产生了装饰美的形式。设计的构成要素，就是充分发挥各种材料的特点，利用材料的质地和自然肌理的形式美，使室内空间具有强烈的表现力和新的含义。在现代建筑设计中就有将一些材料直接暴露在空间的外部或内部的，室内设计也有将材料的美直接显示出来的，比如说某些建筑顶架就是利用混凝土、钢结构或木材构件来作为空间的装饰形式，强调的是一种原始的朴实美，充分表现了设计的现代风格。此外，作为生态建筑的室内空间应采用无污染、低耗能的材料来实现设计需要表现的效果，在空间组织上有利于空气等的自然循环，有利于人的健康生活，同时还可以与建筑室外环境相呼应，具有一定的交互性。

（三）装饰的艺术性

空间设计追求美的装饰原则，装饰艺术反映建筑空间的特点与性格，满足人们的审美要求。就装饰本身来说不能作为空间设计美化的标志，装饰虽具有它的个性美，但成功的装饰美都是同空间的环境气氛相互一致时才能体现它的形式美，庄严、富丽堂皇或是典雅朴素。现代科技有新的丰富的材料可供选择使用，利用对比、均衡、统一、肌理等形式美原则，使传统的表现手法与现代装饰艺术手段相结合，更富于形式美感。

（四）健康化

风格的追求，使室内设计界出现了空前的繁荣，在追求风格的同时，更需要注重健康。要做到这一点，设计师就必须从人的生理与心理等多方面入手，对室内环境作全方位的考虑。需要：

（1）灵活的功能布置。

（2）符合使用者的空间尺度。

依据人体工学，对于室内空间尺度的考虑。

（3）恰如其分的色彩应用。

室内色彩应根据房间所处的具体位置、房间的使用功能、使用者的个人情况等因素综合考虑。充分利用色彩的特性，创造一个有利于身体健康的室内色彩环境，这种健康应该同时包括生理的和心理的两个方面，因为人在不符合心理卫生的色彩环境的长期作用下，很容易引起某些生理上的不适或疾病。

（4）恰到好处的室内照明。

照明不仅限于把房间照亮，满足日常的看书、写字、工作的需要，同时还要满足艺术要求的室内光环境，光靠过去那种每个房间一盏灯的常规照明方式是远远不够的。室内照明应同时包括：普通照明、工作照明及气氛照明三种方式，应将这三者紧密地结合起来，形成一个完整的照明系统，在不同的情况下采用各种人工照明方式，才能真正收到良好的效果，既满足物理要求，又满足健康要求。但这也并不是说要在室内设计中把建筑中原有的采光窗户堵掉，而强行采用各种人工照明，甚至通过降低照度来达到某种"迷人的"效果，而造成了能源的浪费，给室内通风及卫生带来了不良后果，甚至于严重影响人的身体健康，如视力下降等视觉器官的损伤时有发生。那么，在室内照明中应该对室内光环境进行精确的计算，既要取得较好的艺术气氛，有利于身体健康，又要节约能源。

（5）清心舒雅的室内绿化。

有些室内装修，尽管十分豪华、风格独特，但最终的效果却是缺乏生机，原因可能出在缺乏室内绿化上。绿是生命的象征，在房间中适当点缀一些绿化，会给整个空间增添无限生机。它能够加强室内与大自然之间的联系，可以借此修身养性，使人在心理上产生一种对生命的希望，从而培养一种乐观的生活态度。另外，绿色植物还能净化空气，对室内空气的温度、湿度等都有着很好的调节作用，对人的心理和生理健康都大有裨益。不过有些植物会释放出一些对人体有害的物质，如一些带刺的植物。因此，在选择植物的品种时，除了其本身的外观形象、对室内环境的适应性等以外，还应注意其本身的结构形态或所释放物质的成分以及对室内物理环境的调节程度。

（6）安全可靠的绿色材料。

当你的住宅装修得越来越豪华，你的生活越来越舒适的时候，你可能没有想到环境有害化学物正悄悄地向你袭来。近年来，由于大量有毒化学材料在室内装修工程中的广泛应用，室内环境中所释放的环境荷尔蒙对人类健康的威胁也日趋严重，与此相关的各种疾病不断出现，症状表现为头疼、失眠、恶心、咳嗽、皮肤瘙痒、过敏性皮炎、痢疾、腰疼、异常疲惫感、精神不安定等，严重时甚至会引起癌症或某些血液疾病，难怪有人将它比喻为"威胁人类存亡的定时炸弹"。要避免室内环境荷尔蒙产生，就应该提倡使用"绿色建材"，所谓"绿色建材"是指"大量采用工业或城市废弃物为原料，少用天然资源和能源，应用清洁生产技术生产的无毒、无污染、有利于人体健康和环境的建筑材料"。目前，国内外的许多厂家已充分认识到了绿色建材对环境保护和人类健康的重要性，开发了多种绿色建材，设计师的选择余地也越来越大。

（7）良好的物理环境。

要创造健康的室内设计，还应该保证有一个良好的物理环境，包括良好的通风、采光，适当的温度和湿度，良好的噪声控制等。只有室内设计师对此有了充分的认识，才有可能与工程师们紧密合作，共同创造一个良好的物理环境。创造良好的物理环境，应该注意自然与高科技的紧密结合，即通过自然方式来解决问题，决不采用人工的方式。如果靠自然条件不能达到要求，则应通过自然方式与人工方式的结合来达到目的。诸如在具有宜人气候的地区不管青红皂白将房间全部安装空调的做法，再也不应该出现。

（8）便于清洁的室内空间。

在室内装修中，设计师们往往会忽视一个重要的方面，那就是空间的卫生死角。由于设计欠妥，许多地方很难或永远无法清洁，形成卫生死角。这在厨房、卫生间等油烟较重、较为潮湿的空间内更为严重，比如恭桶、水池、各类机械设备与墙面之间的缝隙、水管之间的交叉空间等，这些地方，正是蟑螂、老鼠等害虫以及一些有害细菌滋生藏匿的地方，这些生物给人们带来了不少的麻烦，所形成的污染也常常对人体的健康造成极大的危害。目前，国外虽已开发出了没有死角、便于清洁的种种室内用具，但国内对于此方面的研究仍显薄弱，室内设计师对此考虑也很不够，许多室内设计师甚至根本还没有这个意识，但是，为了"健康的室内设计"，对这个问题必须予以高度的重视。

五、建筑室内空间设计的评价

随着社会的进步，人们生活水平的不断提高，建筑室内空间已不仅仅具有抵御自然界的风霜雪雨、野兽的侵袭以及外敌的入侵等最原始、最基本的功能，它已由简单防御和提供必要的生活空间功能发展成为具有起居、就寝、进餐、娱乐、卫生、办公、生产等多种使用功能，除了满足人们生理上的使用要求外，还要满足人们精神、情趣、情感多方面的需求。然而，在目前许多建筑空间的室内装修却如出一辙，如法炮制，造成了室内设计千篇一律、单一化、缺乏个性特色等现象的出现。因此，有必要对建筑室内空间设计进行评价。评价主要从功能原则、美学原则、技术经济原则、人性化原则、生态与可持续原则、继承与创新原则等方面展开。

（一）满足使用功能要求，符合"安全、健康、舒适"的原则，达到环保安全

建筑是为使用目的而建造的，所以，室内空间首先应该满足使用功能的要求，而室内的使用功能主要表现在满足人体尺度，即满足静态的人体尺寸和动态的肢体活动范围等。如：静态功能区内有睡眠、休息、看书、办公等活动；动态功能区有走道空间、大厅空间等；动静相兼功能区有会客区、车站候车室、机场候机厅、生产车间等。而某些室内空间还可细分成多个功能区，如小面积住宅中的卧室，往往同时具有睡眠区、交谈区、学习区等各个区域，让室内之间既有联系、又有区别，达到合理、安全、舒适的目标。

随着人们生活水平的不断提高，人们对生活品质的追求和要求更为多元化和高标准化，无论是室外或室内环境的要求都追求一个"绿色"概念，人们不再仅仅满足于最基本的防御功能和生活空间的需要，还希望室内宽敞、明亮、色彩宜人、使用方便、舒适、光照、通风、空气质量等条件都很好，充满生活情趣，室外有宽敞的休闲游玩、娱乐嬉戏的场所，绿化率较高等。这些都要求设计师除了坚持"安全（Safe）、健康（Healthy）、舒适（Comfort）"的设计原则外，还应有一个"绿色建筑"的概念，达到环保安全。在设计上要尽量做到除了满足人们物质功能的需求外，还要满足人们心理的需求，达到舒适的感受，从而提高生活品质，即按照建筑设计的基本规律和人们审美的情趣来进行创作设计，将人们的审美观渗透到设计中，包括整体环境氛围、室外景观设计、室内空间形态的陈设与布置、各种造型要素的明度关系、各种造型要素的质地效果、室内的环境色彩处理、室内造型要素的数比关系等的设计，把功能、形式、技术三方面辩证地统一起来。即将实际的用途系统、符合人们审美观的美学系统、符合施工技术和构造要求的技术系统三者结合起来综合考虑设计。无疑，要使建筑室内环境能具有引导健康的思绪，引出欢快的心理，陶冶更高的情操和感染力，这种境界便是室内空间设计的内涵，也是把室内空间设计升华到环境艺术设计的高度。

（二）满足精神功能要求，符合审美原则，达到精神陶冶

美观属于视觉范畴，其目的达到的关键在于室内环境视觉组成要素的把握和运用，把室内设计成一个舒适、温馨、安逸的环境，以达到满足人们生活质量的提高和个人情趣的精神陶冶，营造一个新颖、舒适、美观的室内环境，是一种环境美的享受，室内文化的象征。处理好顶面、墙面、底面的色彩基调对于符合人们的审美需求非常重要，大空间或大面积的色彩要强调统

一、和谐，小体量或小面积的色彩要强调对比。同时在每一个具体的空间环境还应体现特有的性格特征和地域文化，把客观条件对设计的约束看成是制约又是很大的挑战，从建筑本身性质以及所在地点的物质与人文环境中，找出其蕴涵着的"特色"与"地域文化"，设法从空间或形象上若隐若现地表现出来，让神居于形，即具有一定的个性。

（三）符合技术经济原则

科学技术是人类社会进步的阶梯，也是建筑发展的阶梯。建筑发展史告诉我们：任何空间形式演变的背后，都蕴藏着惊人的技术进步。随着高、新技术在设计领域中的广泛应用，建筑中的科技含量越来越高，建筑理念和建筑造型因之发生更大的变化，新技术、新材料、新设备为建筑创作开辟了更加广阔的天地，既满足了人们对建筑提出的日益多样化的要求，又赋予了建筑以崭新的面貌，改变了人们的审美意识，开创了直接鉴赏技术的新境界，并最终上升为一种具有时代特征的社会文化现象。当然，现代高新技术也同样离不开雄厚的经济实力，所以，当代建筑与技术、经济成为一个不可分割的整体。室内空间作为建筑的组成部分，也同样离不开技术的支撑和经济的保障。因此，如何处理好技术、经济与室内设计的关系也成为评价室内空间设计的一条原则。首先要符合建筑结构技术与建筑材料的发展趋势，其次还要符合经济原则（胡群，2008）。

（四）符合以人为本的原则

随着我国城市建设的飞速发展，人们生活节奏的不断加快，现代人的身体、精神等方面都出现了亚健康状态，在城市快速发展的背后却往往忽略了对人的关怀。虽然我们无法改变快节奏的现代生活方式所导致的人的健康问题，但却可以通过创造富有人情味的建筑空间，提高空间环境质量，尽可能给人带来便利、安全、舒适和美的享受，提高人们的生活质量。因此，以人为本的原则是室内设计的一条重要评价原则。世界在发展，人类的需求也在不断改变，但是将"人的需求"置于首位的设计观念将是永恒的，这是在现代乃至未来的室内设计中最基本、最重要的原则之一。作为室内设计师应该在设计中坚持从人的需求出发，实事求是，全面周到地考虑人的需求并尽最大可能地给予满足。

（五）符合生态与可持续原则

当代社会严峻的生态问题，迫使人们开始重新审视人与自然的关系和自身的生存方式。人类已经意识到，人应该是大自然的一个组成部分，并应与自然界和谐相处，不能再以"人定胜天"的思想对自然界进行无休止的征服和索取，并且针对经济社会发展中，越来越严重的生态破坏、环境污染以及能源减少、资源匮乏、海平面上升等危机提出了可持续发展理念，希望在满足当代人需要的同时，考虑后代人的生存和发展。室内生态设计的基本思想是以人为本，在为人类创造舒适优美的生活和工作环境的同时，最大限度地减少污染，保持地球生态环境的平衡。

室内生态设计有别于以往形形色色的各种设计思潮，室内生态设计是指在室内设计中结合生态学和环境生物学的观念，将自身纳入生态循环系统的设计方法。它是设计过程中的一种整体解决方案，贯穿在室内设计的各个方面及建造、使用乃至项目终止使用的整个过程。其目的是将用户的使用要求和对天然再生资源的利用有机地结合起来，对场地环境、建造过程、运行与维护等因素进行统筹分析，紧密结合地域条件，在各个环节中采用各种高新技术与合理的设计手段进行全面协调，在创造一个健康宜人的室内环境的同时，尽可能地降低能耗和减少污染。

（六）符合继承与创新原则

继承是创新之本，创新则是继承的根本目标，是继承之魂，是继承之所求。只有在发展中继承，才能在继承中发展，这样的传统才会有鲜活的生命，这样的继承才是真正有价值的继承。

室内设计的继承与创新有其自身的特点，这是因为室内空间环境除具备明显的精神功能和社会属性以外，还要受到使用功能和物质技术条件的制约，其继承与创新问题有一定的特殊性。继承传统似乎是一个代代相传的永久主题。事实上，每一种文化都有着自己对建筑和内部空间的认识和理解，这种传统本质上是一种精神的物化形式，它不仅仅是一种形式，而且反映了当时民族文化的特点。因而我们对传统建筑和内部空间形式的研究不应仅仅注意其形式表意本身，而应进入对象的深层结构。这种深层结构往往是看不见的因素，它隐藏在社会文化精神、人们的生活方式以及民族的思想观念之中。这种认识逐渐演化为规范、法式……，进而形成风格样式，成为一种传统。这种看不见的因素是一种活的生命，它使一个民族的建筑与内部空间具有区别于其他民族的特征，具有自身的风格。它是今天进一步发展的基础，是我们今天创作的本原和出发点。

对于传统的继承不能简单地采用"拿来主义"，它需要设计师立足现在，放眼未来，用一定的"距离"去观察，用科学的方法去分析，提炼出至今仍有生命力的因素。中国以其悠久的文化传统和独特的文化内涵，体现着东方民族的魅力。中国当代室内设计一方面要以本民族的悠久文化为土壤，另一方面更要在兼收并蓄中求得创造和发展。

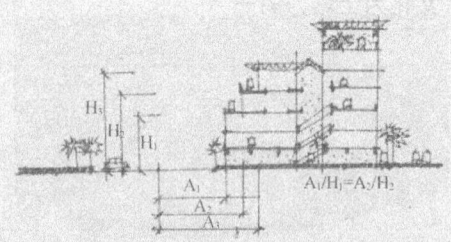

第四章　建筑与水环境生态系统

建筑生态学

第一节　建筑中的水生态系统

建筑中的水生态系统，是指在满足小区居民用水量、水质要求的前提下，将水资源综合利用技术集成一体的水环境系统。它由小区给水、管道直饮水、中水、雨水收集、污水处理、排水、水景等系统组成。

一般来说，理想的建筑中的水生态系统，应该着重考虑以下问题。

一、用水规划

用水规划要求最大限度地有效利用水资源，减少住宅区污水排放量。充分利用处理后的生活污水，回用于环境用水、杂用水，雨水和绿化景观用水的自然渗透补给地下水。节水率（WCR）应大于等于15%，但不宜超过50%。

二、给水排水系统

（1）分质供水：应符合相应的直饮水、生活饮用水的水质标准，再生水用作建筑杂用水和城市杂用水。

（2）水量合理，满足用水目标定额要求。

（3）管材、附件和设备供水设施的选择和运行应考虑并防止水的二次污染等。

（4）排水系统：排水系统应考虑的问题有：实行雨、污分流制；污、废水和雨水的收集排放满足各项要求，并且不对生态环境产生负面影响；收集优质杂排水，尽量减少排入市政系统的污、废水和雨水量；防止排水系统的渗漏和因共用排水立管所造成的交叉感染等。

三、污水处理和回用

污水处理和回用目的是保护住宅区周围的水环境，实现污水处理的资源化和无害化，并改善环境。一般来说，住宅区应集中污水处理，处理后的出水水质应符合相应的水质标准。污水处理的时候，适当考虑以下内容：住宅区集中污水处理厂应优先选择成熟的处理工艺及安全可靠的消毒技术；结合住宅区的特点和气候特性，充分利用污水中的营养物和能量资源；污泥应结合住宅区的绿化进行适当的处理和综合利用等。

关于污水回用，应结合住宅区的具体条件，对不同的回用目的进行技术经济比较，选择切实的方案。其中，再生水用作建筑杂用水、景观用水时，水质应符合《城市杂用水水质标准》和《景观环境用水水质标准》等标准。

四、住宅小区的生态水景

水景工程由以下几个部分构成：土建池体、管道系统、动力系统及灯光照明和自控系统等。一个好的水景设计必然是由各专业的完美结合才能营造优秀的艺术效果。目前我国典型的水景很多，例如广东河源的喷泉高达 156m，大连星海湾广场的喷泉长 1km。另外，最新技术的应用，使得水景变得更加丰富多彩，例如广西南宁的水幕电影，每个周末放映 1 小时，成为南宁的一大亮点。

一般来说，水景在设计的过程中，应该注意满足功能的要求：

(1) 水景的基本功能是供人观赏，因此它必须能够给人带来美感，静止的景物配以活动的水景；

(2) 水景有戏水、娱乐与健身的功能；

(3) 水景对环境的改善，例如对繁华嘈杂街道的环境改善作用；

(4) 水景还有对小气候的调节功能。

小溪、人工湖、各种喷泉都有除尘、净化空气及调节湿度的作用。由于水和空气接触的表面积越大，喷射的液滴颗粒越小，空气净化效果越明显，负氧离子产生得也越多，所以它能明显增加环境中负氧离子的浓度，减少悬浮细菌数量，使人感到心情舒畅，具有一定的保健作用。

第二节 水环境与水文化

一、水美化环境的作用

中国园林的建筑文化就是借水造景，景因水成。列入世界文化遗产的苏州拙政园，用以造景的水体面积占全园总面积的 1/5，使园林具有山林水乡气氛。江苏吴江市的退思园，诸多景点皆紧贴水面、如浮水上，以"贴水园"著称于世。园林之景，如凝固的诗、立体的画，给人以无穷美感。随着社会发展，造景之水，从钟于幽静发展到流泉飞瀑，进而喷泉、水幕，给人以生机勃发、变幻多姿的动感。就整个城市来说，在滨海之地、湖荡周围、江河两岸，应借水之气势，修堤造景，把环境好好美化起来。

对城市环境建设来说，可分几个层次进行考虑：

(1) 湖海之滨、江河两岸、山林之地是空气负离子含量较高的区域，若再适当设置喷泉、瀑布，使空气达到具有治病作用水平（空气负离子每立方厘米在 8000 个以上），这些地段借水造景应有很好运用。广东梅州市梅江两岸，因修了防洪大堤及拦江蓄水发电，在梅城地段形成一个人工湖，美化了环境，又适时进行了房地产开发，河堤两岸风景因之亮丽起来。海口市也对长约 7.5km 的西海岸进行整治，总的要求是在滨海地带"把海露出来，把路连起来，把地绿起来，把灯亮起来，把景美起来"，以此塑造和展示海口的滨海特色。

(2) 城市中的公园，应是重点建设的地方，这里绿化基础较好，有些公园还有较大的水体面积，有条件建成城区中生态环境最好的地区。对此，生态科技工作者也多有献策，譬如有关专家就曾建议在广东省肇庆市区的七星岩风景区设置人工喷泉，在优化、美化城市的同时，对提供空气负离子以改善城市环境和调节城区微小气候起到极其有益的生态效应作用。

(3) 风景区街道绿化地带，应像植树那样，布立喷泉、水帘，使空气达到具有保健作用水平（每立方厘米中含空气负离子 1000 个以上）。

(4) 机关团体大院，可在绿化区设置喷泉、瀑布，增加空气负离子含量。

(5) 办公室、居室及宾馆客房，建议摆设水盆景，即小瀑布或水帘之类盆景，以调节空气湿度和增加空气负离子含量。

(6) 新建城区或园区，更应考虑水在环境建设中的作用。深圳赛博韦尔软件园的规划设计可作借鉴，它由世界著名贝氏建筑师事务所承担规划设计，在占地 36 万 m^2 的园区里，开挖了一个 3.6 万 m^2 的人工湖，建筑间植草种树，点缀流泉飞瀑，植入中国园林的借水造景，景因水成的建筑文化，造就了满园的自然怡人景色和良好生态环境。

所以，要达到水美化环境的作用，城市中要有一定比例的水体面积，水应洁净无污染，并成高速运动，使空气负离子增加，加上造景作用，使环境健康优美。这项工程，暂称为水化。要落实水化，可以采取以下措施。

（一）扩大水体面积，使水洁净无污染

挖湖造山，既可扩大水体面积，又可造就山水园林之美。至于水如何净化，应从实际出发，因地制宜。云南丽江古城，解决这一问题十分巧妙，根据城北地高、城南地低的地势，引泉水从城北流入，穿街过巷之后，水尾从城南流出，引灌农田，城区活水常流，鲜活清凌。江苏省昆山市有个小镇叫周庄，井字形的市河把小镇构成了"人家尽枕河"的东方威尼斯景观，流经周庄的水系，是通过太湖的芦苇自行过滤的。

湛江市西南的湖光岩，该湖距今 14~16 万年，湖水仍清澈见底，不脏不臭，有关专家认为这是因为湖光岩有一强大的磁场，使湖水产生一种神奇的自我净化能力。杭州西湖，则通过实施"四大"工程治理污染。一是截污纳管工程，把生活污水全部纳入地下管网，不排入西湖。二是引水排水工程，把钱塘江水引入西湖，再通过古新河等河道排出，增强水体自净能力。三是清淤疏浚工程。四是治理入湖溪流工程。"四大"工程实施，改善了西湖水体水质。

（二）使水高速运动

方法有建造人工瀑布、水帘、喷泉、喷灌、水幕，以及用高压水枪冲洗街道（如广州市东山区，每天用高压水枪冲洗街道一两次）；云南省丽江古城有自动洗涤街道的设施，让河水顺着地势从高到低流入街区，冲击凹凸不平的石路，冲洗之后，街头巷尾荡着一抹清爽肺腑的凉气，这也是增加空气负离子的一种方法。

城市中绿化水化兼有，既有花草树木之绿，又有飞泻喷洒之水，就能逐步实现不出城市而获山林之性，为人民生活和经济社会发展创造更好的环境。

二、水文化

在人类社会的发展过程中，水文化是人类对人类社会各个时代和各个时期水环境观念的外化，是人类为适应自然生态水环境与满足兴利除害需求的一种方式，也是人类指导自身行为和评价水利工程、水利事业的准则，以及人与人之间对于在从事水利工程建设和水利事业工作活动中，进行经验交流和总结与评估其效果、效益及其价值的准则。同时，水文化也反映着人类社会各个时代和各个时期一定人群对自然生态水环境的认识程度，以及其思想观念、思维模式、指导原则和行为方式。中国的水利工程、水利事业与水文化具有我国民族的特点。我国水利工程、水利事业与水文化之间的关系是，中华民族自古迄今在对于水的领悟规律过程中所建立起来的带有独具中国特色的观念，形成了我国水文化的重要内涵之一。

（一）水与历史

水是生命之源。远古时期人类的逐水而迁、傍水而居，造就了后来一座座生机勃勃的城市。中国历史上的大城市，都是沿着河流分布的。江南水乡，也成为富裕的代名词。水，扩大了城市的外延，也丰富了城市的内涵。

（二）水与小城镇发展

水，浸润、渗透了郊区老镇的文化和历史，也焕发、延续着阡陌街巷的生命和活力。透视水与小城镇的现实，令人冷静和忧虑。随着人口的增长，生活方式的演变，发展取向的偏移，郊区水系的功能和作用曾一度被忽略、被漠视、被弱化、被异化，人弃水而去，水也离人越来越远。当我们面对一条条变窄了的河面、变硬了的河岸、变黑了的河水，我们不能不冷静反思，深刻检讨。在越来越多人的心里，充满了对恢复生态、重塑自然、光大历史文化的憧憬、向往和认同。

（三）水与高校人文

我国很多著名高校，环境优美，名师荟萃。其间，大多水绕流转，点缀校园，丰富了导师们的才思和智慧，也活跃了学子们的生活和情感。北大的未名湖、华东师大的丽娃河，均有古木清辉、荷塘挹翠、水榭观虹、夏雨飞烟、书海掇英、石径花光、校河远眺和园丁小筑，这些水环境都各自形成了独特的校园文化。

（四）水与园林景观

从江南传统式的园林开始，到现代意义上的域外开放式公园的风情，不管是古典型的，还是现代式的，都能从中体会到因水成景、以水造景、水中有景、景中有水的巧妙。

南宁的南湖公园景观，依托南湖，具有亚热带风情的园林景观特点。同时，南宁还提出建设"水城"，把对水的理解、水的韵味，发挥到淋漓尽致。

（五）水与道路桥梁

江南的城市，河流众多，桥梁众多。例如上海，河流以黄浦江、苏州河为标志，横跨苏州河、黄浦江上的桥梁与河流互为衬托，相映成辉，共同成为上海的形象代言人。苏州河口的外白渡桥，是20世纪初外国人设计的，许多中国人是在反映旧上海风情故事的影片中认识它的，其与老外滩一起成为旧上海的标志。桥上人来人往，桥下水进水出，桥边海鸥上下翻飞，外白渡桥至今与河流、与周边建筑和谐映照，充满了动感和生机。

又如南宁，细心的人会发现，除了现在新建的几条大马路以外，在南宁想找条正南正北的路很难，为什么这样？表面上看是受地形影响，实际上是受水的影响。连主城区的道路，都和邕江的方向一致或垂直，东南和西北，很有特色。

（六）水与人居环境

临水而居，与水为邻。伴随现代人居住条件的日益改善，市民心中的亲水渴求日渐高涨，不再是以前的那种"仁者近山，智者乐水"，而是一种对生命的渴望。一般城市的建成区，水景绿地、水景住宅不断诞生。

开发商热衷于水景住宅开发，无疑是基于现代人对水景住宅的良好市场需求。有关部门的抽样调查显示，高达75.6%的受访者认为"水景能提高居住品质"，87%的受访者认为"水景是高尚住宅的必备条件之一"。已有43.6%的受访者表示，如果遇到景观与朝向不能兼得，会优先考虑水景景观因素。水对资源、财富的积聚效应"看涨"，来源于市民对政府加大治水力度、改善生态环境的信心和预期的不断增强，来源于市民对水文化魅力的情感归依。水岸有限，商机无限。不少开发商表示，即便是小区不能亲水而建，也将通过人造水景提升品质。

随着人水和谐共处的新型人水关系的不断调整，水文化理念逐步扎根于人们的思维之中。河流自然化、人文化将促进人居环境品位的提高，给人们以教育、以熏陶、以舒适的生活。水与坡、光与影、绿树与湖泊、鲜花与河流与我们朝夕相伴将不会是遥远的梦想。

三、水环境的健康化

（一）实现城镇水环境健康化的基本思路

城镇水系作为人工和自然复合的生态系统，是由无数个相关的子系统有机构成的开放系统。实践证明，构建一个协调、健康、可持续发展的城镇水环境，必须让各相关子系统和谐地一起工作。如果只独立地着眼于单个城镇水问题的解决，有时只能使城镇整体水环境陷入更为严重的恶性循环的衰退过程之中。

健康的城镇水环境，是提升城镇功能和竞争力，改善人居环境和投资环境，实现城镇可持续发展的前提和基础，也是确保区域、城乡、人与自然协调发展的重点，是实现我国城镇化健康发展的必要条件。

实现健康的城镇水环境的主要思路有以下几个方面。

1. 从"开发—排放"的单向利用向循环利用转变

健康的水循环利用方式主要是指在水循环使用过程中，尊重水的自然运动规律和品质特征，合理科学地使用水资源，同时将使用过的废水经过深度无害化处理和再生利用；使得上游地区的用水循环不影响下游的水体功能，地表水的循环利用不影响地下水的功能与水质，水的人工循环不损害水的自然循环，维系或恢复城镇乃至整个流域的良好水环境；将传统的"资源—产品—废水达标排放"的单向式直线用水过程，向"资源—产品—废水处理达标再生利用"的反馈式循环用水的过程转变，实现水资源的可持续利用。

2. 从单项治理向水生态的整体优化转变

城镇水系的生物多样性稳定改良，水体生态自我修复能力稳步提高，城镇水体水产品健康无害，野生动植物能健康繁育，人类能在城镇江河湖泊中游泳……总之，要构建城镇和谐水系，即在城镇水系的保护和治理过程中，要执行整体与生态最优原则，就是要综合考虑水生态、水景观、给水、排水、污水处理、再生利用、排涝和文化遗产、旅游等各种功能的有机结合，还要与城镇的园林绿化紧密结合，真正形成城镇水系统的良性循环。

3. 从简单地对洪水截排向与洪水和谐相处转变

现代的城镇由于实行了许多错误的建设方式，使排水、防洪性能越来越退化，城镇水系也变得越来越脆弱。如宽马路、硬铺装的大广场、停车场，城市不透水的硬化铺装所占的面积越来越大，再加上近日大行其道的城镇河道、沟渠、湖泊的硬质砌底和护坡，开发填埋了大量的城镇和郊区自然河流、湖泊和湿地，造成了雨水无法下渗和积蓄，排水径流量逐步上升。这一方面使日益枯竭的地下水资源无法得到补充，另一方面也使得城镇自身和下游地区极易形成洪涝灾害。除此之外，大量的过去生活在"湿地毯"上的动植物在"水泥地"上遭受灭顶之灾，严重肢解了城镇和区域的生物链。构建健康的城镇排水体系，就必须尊重水系的循环规律，纠正以上这些错误的建设行为，维护水系生态健康程度和系统的自适应调节能力。

城镇水环境是一个至少由三方面组合而成的人工与自然复合的巨系统，如果对其合理规划建设和维护的话，其自身将具有较强的抵御外界干扰和自我修复生态的能力。但如果人工系统设计不合理，或干扰（主要表现在污染和用水）超过自身修复能力，城镇水环境将不可逆转地迅速退化，最终影响甚至威胁居住人的生存和发展。

（二）实现城镇水环境健康化的主要方法与途径——制定城镇水系统规划

在城镇体系规划阶段，城镇水系统规划要作好区域水资源的供需平衡分析，合理选择城镇供水水源，划定水源保护区；在城镇总体规划阶段，水系统规划的主要任务是保护好原有的水系，分析城镇规划区内的各类用水需求，合理安排生活、生产和生态用水，以及确定水源地、供水厂、污水处理厂及其管网设施发展目标及建设布局。尤其重要的是污水处理厂应按"规模合理、分散布局、便利回用、节约能源"的原则进行规划；在城镇控制性详规阶段，水系统规划的主要任务是综合协调并确定规划期内城镇水系统及其管网设施的详细布局，包括河湖水系的治理措施等。城镇硬化面积应控制在60%以下。规划的编制工作应坚持立足水资源条件，促进资源节约，系统地、综合地考虑城镇供水、污水处理、节水、污水再生利用等问题，特别注意厂网配套和设施能力的协调增长和防止对城镇江河湖泊和海滩湿地的破坏性建议和非法填埋占用，切实维护城镇及其近郊水系的原生态。

第三节　水环境建设的发展趋势

防洪安全、供水保障、环境改善是城市水利的最基本内容，而防洪、供水又与环境有着密切的关系。下面以美国塔尔萨（Tulsa）城为例，看城市防洪与城市环境相协调的历史历程。塔尔萨是美国中部俄克拉何马州东北部的一座城市。塔尔萨有着悠久的与洪水搏斗的历史，经常受到强暴雨的袭击。城的大部分建在阿肯色河及其支流的洪泛平原上，2.5万多户居民及其商业位于易受洪水淹没的区域。20世纪70~80年代中期，塔尔萨城十次遭受洪灾。

1970年母亲节那场洪灾后，城市参加了国家防洪保险。随后的一场洪水造成了1800万美元的损失及33家房屋的迁移。然而，这场洪水所带来的却是河道的渠化治理（即加高加固堤防，使河水归槽），河道的渠化直接造成了上游洪水搬家，加重了下游的洪水灾害，湿地和低洼地的阔叶林也遭毁灭。1976年，在那场死亡3人、损失达3400万美元的洪水之后，人们开始改变洪泛平原上土地的使用方式，更多的钱用于将居民移出洪泛区，并计划建立一系列蓄洪区；但随后的连续几个枯水年使计划搁浅。1984年塔尔萨遭遇了历史上有记录以来的最大洪水，死亡14人，造成的损失达1.8亿美元。人们再一次开始重新审视防洪减灾的方式，市政府与工程兵团签订合作协议，重新规划地方防洪工程。

工程兵团将建设五个蓄洪区的设计报告呈交塔尔萨市审议。设计的蓄洪区紧邻建城区，市政府认为，除非特别小心地设计，这些蓄洪区将对社区带来不利影响；同时，这些单一功能的蓄洪区还将破坏两个社区公园以及河谷仅存的湿地和低地阔叶林区。于是，一个由土木工程师、园林技师、城市规划师组成的专家组着手改进防洪工程设计。专家组致力于使蓄洪区工程既能满足滞蓄洪水的需要，又能满足社区环境的、美学的、娱乐的需要。

经过优化改进的方案得以实施。部分居民从低洼地迁移出去，一连串永久的湖面，以及湖边的湿地、步行小径、阔叶林地、公园，构成了蓄洪区；在正常年份，蓄洪区又是市民们休闲娱乐的场所，同时这儿还是城市里的生态保护区，对城市环境起着重要作用。城市防洪与城市环境得到了协调，相辅相成，相得益彰。

世界各国正在以不同的方式，改善城市水环境，改善人们的生存条件。莱茵河是欧洲最大的河流，河道两岸城市密布，是欧洲最发达的地区之一。然而在20世纪70年代，莱茵河干流河道被高度渠化，两岸城市排放的生活、工业污水使河道鱼虾绝迹。20多年来，在流域八国的共同努力下，莱茵河水质状况大大改善，裁弯取直而被堵占的古河道又成为洪水的通道，人们有计划地恢复莱茵河两岸湿地，变被动防洪为主动蓄洪，久违的珍稀鸟类重新回到人们的身边，莱茵河泛舟又成为欧洲大陆著名的浪漫之旅。荷兰是著名的湿地国家，"荷兰（Holland）"就是"低地"的意思。静静的运河、让人永远着迷的各式各样的桥梁、渗水的砖块路、河边古老的房屋，构成了大多数荷兰城市的景致，密布城区的运河不仅是莲花、野鸭等动植物栖息的水面，而且运河还起着维持城区地下水位、保护河边古建筑基础的重要作用；连接各城市和湖泊的运河及河边的自行车道更是假日人们锻炼休憩的好去处。日本是中国的邻国，受中国文化深远影响的日本人已将"亲水城市"的理念实现到横滨市水环境的建设中，对大自然的向往和对天然河流形态的眷念，驱动了"家乡河流样板整治工程"的设想和实施。

合肥是三国古城，城里的逍遥津是曹操当年操练水师的地方。合肥的护城河在失去其战争防御功能之后，经过多年的改造建设，如今形成了由逍遥津、包河公园、银河公园、鱼花塘、琥珀山庄等组成的环形风景区，成为城市中心区市民日常休憩的开放式公园和容蓄雨水的蓄水池，也使合肥市得到了园林城市的美誉。绍兴市城市防洪一期工程，让人们透过护城河边新建的亭台楼阁，依稀体味到了古城绍兴的风韵。作为我国率先进入中等发达水平的上海市，也着力体现"以人为本"的精神，斥巨资建设安全、舒适、优美的城市水环境。

山无水不秀，城无水不美。人们向往大自然，向往居住在花园城市、山水城市、生态城市中。因此，现代适合人类居住的城市，必须是社会环境和自然环境并重的城市，必须是亲水城市。强调以人为本，遵循自然规律，是现代化城市水环境建设的发展趋势。

第四节 城市水生态系统的系统规划与设计

水是城市发展的基础性自然资源和战略性经济资源，而水环境则是城市发展所依托的生态基础之一。水在城市系统中具有五大主要功能角色：水是城市生存和发展的必需品和最大消费品，也是污染物传播和转化的基本载体，是维持城市区域生态平衡的物质基础，是城市景观和文化的组成部分，是城市安全的风险来源。城市中与水相关的各个组成部分所构成的水物质流、水设施和水活动构成了"城市水系统"，包括水源系统、给水系统、用水系统、排水系统、回用系统和雨水系统。"水可载舟，亦可覆舟"，城市水系统规划和设计的合理与否将直接影响和制约城市的发展。

一、城市水系统的不合理规划不容忽视

一般，城市水系统规划和设计所关注的宏观问题主要有：①城市水系统的整体结构、功能和效率；②城市水系统对区域（或流域）生态、环境和水文系统的动态扰动；③城市水系统的安全保障水平；④城市水系统的老化和水资源退化问题。

由于城市水基础设施运行的超长期性、投资的高沉淀性、技术上的继承性以及水在自然属性上的易流性和随机性，城市水系统的规划和设计需要特别关注长期性问题、综合性问题、协调性问题和社会性问题。但是，由于受观念认识、管理体制和系统分析工具的约束，在现有的城市水系统规划中我们往往对这些问题认识不足、考量不够，从而使城市水系统难以适应城市长期发展所存在的不确定性影响，也难以平衡城市水系统的多种目标要求。

尽管在过去的 50 年里，城市水系统的基本结构并没有发生革命性的变化，但在过去 10 年里，随着材料技术、生物技术、遥感技术和模拟控制技术在水领域的快速应用，随着人类对自然生态和水文过程认识的深入，城市水基础设施的设计在安全性、综合性、与自然的协调性和运行的灵活性方面已发生了深刻的变化。另一方面，随着我国人口的持续增长和城市化进程的快速发展，大规模区域水环境质量和生态系统的持续恶化，超大城市和城市群的不断涌现，城市水设施在投资强度上的严重滞后，我们在城市水系统的功能要求、技术要求和经济效率方面都面临着西方传统水系统都未曾体验的挑战。

整体上，我国现阶段城市水系统规划所采用的分析工具和规划方法明显落后，缺乏整体性、综合性和科学性，过于粗放和短期性。在城市水系统的设计和建设中，单纯地以人为本，缺乏与自然系统之间的有机协调，不关注工程因地制宜的多样性和设计的多目标化。由于缺乏系统的整体规划和设计，从而导致现有水系统的能源和资金消耗过大，运行效率不高，规划和设计中出现的诸多矛盾已经严重威胁了城市水系统，乃至城市系统的可持续发展。

二、基础性工作匮乏，规划的科学依据不足

城市水系统规划和设计的基础性工作主要包括各类基础数据、指标、标准和分析工具，其中水量预测和水平衡分析是核心工作。

目前，我国的水量预测工作主要是参照《城市给水工程规划规范》（GB 50282—98）中的有关规定，根据城市规模确定所在地区的人均综合用水指标和人均综合生活用水指标，以及不同性质用地的用水指标，以此指标作为参考，通过对历史综合用水数据（如生活用水、大生活用水等）的回归外推得到。这种预测方法十分落后，可靠性差，主要表现在水量预测过高。例如，世界银行和我国建设部 2005 年对我国部分北方城市的供水管理进行研究，发现供水设施的平均利用率低于 70%；污水处理厂的规划设计同样存在水量预测过高的问题，加上管网配套工程不到位，设施"晒太阳"的现象更为严重，有关资料统计，到 2004 年年底，我国已经建成 700 余座污水处理厂，但是正常运行的只有 1/3，低负荷运行的有 1/3，还有 1/3 开开停停甚至根本就不运行。

基础性工作的合理性决定了城市水系统规划的合理性，但是我国现行的规划体系无法体现出城市用水量随着城市发展的变化趋势。事实上，很多国

家（包括我国）的城市已明显地表明了城市用水量与城市发展的 Kuznets 曲线进入下降区。例如，1995 年全球实际取水量仅为 30 年前预测的一半。另一方面，提高城市用水效率的技术在近十年来得到了快速的发展，并表现出了巨大的潜力。例如，冲水龙头的技术发展已经可以实现低流量供水，从过去的 9.38L/min 降至 1.875L/min，通过安装节水型冲水龙头就可以轻易地降低人均生活用水量。但是，长期以来，不论在国家还是在区域层次上，我国均缺乏对各种用水器具、用水工艺和用水行为的翔实系统监测，缺乏对新型用水技术替代规律和扩散规律的基础研究和把握，缺乏对多种用水信息的综合性、结构性分析手段和方法。

由于水量预测过大、误差过高，致使给水、排水以及再生水回用的投资效率低下。同时，由于对节水潜力的低估，也导致了各种水利工程投资的效率低下，这应该成为我国对重大水利工程决策的一个深刻教训。

因而，加强基础性工作研究，发展科学的预测方法和分析方法是城市水系统规划工作的当务之急。

三、"造水"、"冲水"运动需要理性控制

水具有丰富的文化内涵，从"上善若水"到"仁者乐山，智者乐水"，水在中国人的眼里一直都是灵性的象征。水体是城市景观的重要组成部分，傍水而居、亲近自然，成为人们追求的一种生活模式。

2004 年尽管北京市政府已经三令五申强调"缺水"、"节水"，可是"水景"热度丝毫未减。"水景住宅"、"亲水住宅"仍然是房地产市场的"主力招牌"，开发商们也在挖空心思地"开沟铺渠"，不亦乐乎地花大力气打造人工水景。可是由于人工水景大部分只具有观赏功能，如此"造"出来的"水景"缺乏自然性、生态性、亲人性，难以实现"有水则灵"。

无论是房地产基于市场需要的"造水"，还是用于城市大规模"生态环境"的"造水"，大部分都是只强调局部的景观效果，并没有过多地考虑其生态功能以及水体本身对城市或流域内水循环的扰动。这就使得大规模的所谓的"生态用水"进入城市，但并没有发挥其生态的功能，反而增大了城市的需水量。还有一些地区，在解决城市污水问题时，并不从污染本身入手，而是引水冲污，使得本身已经紧缺的水资源还要完成额外的任务。这种盲目的、不合理利用水资源的"造水运动"或"冲水运动"已经造成了水资源需求量的不合理增加，严重浪费了资源。

城市化进程的加快，加剧了城市的水资源危机和水环境危机，雨水和污水的再生利用已经提到了议事日程之上。城市的发展与水资源的关系并不是单纯的依赖，而是需要接耦，不合理的"造水"势必会使城市与水资源的关系脱钩，最终影响城市的发展进程。要解决这类问题，必须在进行供水规划时就慎重制定用水定额，明确生态用水的定义与影响，从规划入手，杜绝城市水系统出现盲目的"造水"工程。

四、雨水径流污染问题源于排水体制的不合理

传统城市水系统在防洪和排水设施设计中,强调采用分流制排水体制将雨水和污水尽快排出城市,忽视了对城市径流的面源污染控制和雨水资源的利用。但是,随着流域整体水质的逐步改善,随机性暴雨径流和突发排放事件所带来的对水体生态系统的冲击,已日益成为流域污染控制的主要内容。大量案例表明,现有的城市雨污分流排水体制并不能经济有效地解决暴雨污染负荷问题。与此同时,虽然现有的污水处理系统具有较好的抗冲击负荷性能,但系统一旦失稳,则缺乏有效的控制手段去恢复。目前依靠先进在线监测和控制手段提高系统效率和稳定性的技术路线虽然表现了较好的应用潜力,但它必须依赖庞大资金的投入,使已成为政府或公众经济负担的城市排污系统的技术升级面临着巨大的经济障碍。

城市径流污染问题的日益突出,迫使人们在排水体制的选择中不能盲目选取排水体制,而必须根据当地的降雨、水文和地质状况,经过详细的经济和技术评估后才能确定。特别是在老城区排水管网改造中,由于涉及的方面多,问题复杂,社会矛盾大,投资估算困难,风险高,应该对各种因素进行长期综合评估,制定因地制宜的合理的改造方案,包括污水、暴雨和溢流污染负荷的长期和瞬间变化,暴雨负荷对污水厂的冲击,城市管理和城市下垫面变化(单位草坪的蓄水能力是硬化地面的四到十几倍)对暴雨径流负荷的影响,当地的降雨特征和地质条件等(在欧洲,地形坡度较大的地区多采用河流制)。同样的策略也应当应用于混合管网(由于混接、乱接与错接,雨水管网接纳污水、污水管网接纳雨水)的改造问题。

与此同时,在城市水系统的规划和设计中,需要综合考虑初期雨水滞留池或场地、漩流器、快速过滤设施、湿地、生态过渡带等设施的空间布置和规模,将道路及城市的清洁和管理与径流污染控制结合起来,开展相应的管理实践。近年来,我国城市水系统受城市径流影响的事件屡有发生。例如,北京城市河湖水系曾多次发生暴雨径流的严重污染事件,耗资数十亿整治后的城区河湖仍然存在水质恶化现象。

我国现在所面对的城市发展速度和规模,以及其所带来的污染的规模和强度,在人类历史上是前所未有的,因此我们有理由思考现有的战略选择是否可以有效地解决我们所面对的城市水危机。最近由中国工程院组织的《中国可持续发展水战略研究》表明了这一担忧的必要性,根据其研究结论,即使我国未来 50 年的城市污水处理率达到 95% 的水平,城市废水排放的 COD 总量也仅可以控制在当前水平,水质型缺水将在相当长的时期无法有效解决。

但是,在另一个方面,我国的城市建设尚处于初级阶段,城市的水环境基础设施建设还刚刚起步,我们在解决城市水危机的战略和技术的选择上受历史技术沉淀的影响较小。同时,我们今天对城市和环境整体认知的深度和广度,我们所面对的技术选择范围和途径,与发达国家几十年前解决城市水

环境问题的情形已大不相同，因此寻求新的、更有效的解决城市水危机的战略不仅是必要的，也是可能的。

五、城市水系统应当向综合性集成和系统多样化发展

城市水系统的各子系统具有自然的关联性，其复杂性和多目标需求决定了城市水系统必须向综合集成的方向发展。但是，我国现行的城市水系统管理体系中却严重缺乏统一综合的思想，不仅系统的结构缺乏统一规划，而且水系统与其他规划（如用地规划）的协调也严重不足。从现有的规划设计规范来看，给水、排水、再生水以及雨水各子系统完全独立，在规划设计时并不用考虑与其他子系统的关系和协调，也不用考虑其他子系统对自身的影响，只有在城市水资源规划的规范中提及了以上的各个子系统，但是也没有对各子系统之间的相互联系作出相应要求；从日常的管理运行来看，各个子系统分属不同的部门。

这也就是说，不论在最初的规划设计阶段，还是在日常的运行管理阶段，城市水系统中的各个子系统相对分离，并没有真正集成为系统，体现所谓的综合管理。这样的现状就导致了各个子系统在规划设计时只考虑自身的要求和可靠性，当各个子系统放入社会中集成时，就会发现缺乏连接控制，使得整个系统不能很好地发挥功能。如集中的污水处理系统和分散的再生水回用系统、再生水回用标准与污水排放标准的脱节，造成了投资和设施运行的效率低下。

而排水设施的设计标准与城市排洪标准不统一，给城市防洪埋下了隐患，如1988年在法国尼姆发生的城市洪涝，并非城市的排洪设施失灵，而是由于城市排水设施对于水涝风险的应急能力较低造成的，因而在考虑污水处理设施规划之时，应充分考虑水涝风险问题。城市水系统的复杂性和多目标需求决定了城市水系统在向综合集成的方向发展，对此，我们既要强调城市水系统的整体的规划、设计和管理，又要有效协调与城市其他规划建设的关系。例如，近十年来，越来越多的案例将土地利用计划与雨水利用、径流污染控制相结合，将城市的土地利用进行分区，在城市的绿化带、植被缓冲带规划中考虑对城市水文的影响；在城市地面硬化中增加渗透铺装；在城市景观设计中，尽可能保持原地形地貌，使用低势绿地、渗透管渠等渗透设施，将水景观建设与人工湿地的利用与建造相结合，以及改造建筑结构形式与屋顶做法等，这些措施均会对控制城市径流问题带来许多便利。

另一方面，城市水系统设计的生态化，要求其必须按照因地制宜的原则，与具体的自然系统相结合，与特有的城市结构相结合，从而带来了城市水系统的多样化。多样化的城市水系统不仅可以更好地发挥城市水系统的各种功能（包括娱乐和景观功能），也可以更好地与自然水体相连接，成为自然水体的一部分，而不是将城市景观水体与整个城市的生态系统隔断，从而解决城市水系统目前与其他基础设施之间的冲突问题。

第五节 建筑节水

一、积极推广节水技术

水资源匮乏已成为制约我国经济发展的瓶颈,节约水资源是我国的国策。在建筑给水排水中,节水技术得到了较大的推广与突破。

(1) 水资源匮乏地区加强污水资源化和提高水的复用率。中水按回用对象及水质要求,其处理工艺已由传统的二级生化法,发展到三级处理(即增加了过滤和消毒),对要求高的复用水水质,如作为饮用水水源和补充水,可采用高级深度处理工艺,如微滤、反渗透等处理方法;雨水截留、利用技术和建设生态小区,利用湿地处理雨水和生活污水的研究已到工程应用阶段。

(2) 淘汰了升降式铸铁水嘴,推荐采用陶瓷片密封水嘴,推荐公共场所采用感应式或延时自闭式水嘴。

(3) 淘汰了 9L 以上冲洗水箱,推荐采用 6L 的冲洗水箱。开发了多种节水型卫生洁具和配件,如无冲洗水箱的喷射式便器。

(4) 各种高精度的干、湿式水表、IC 卡水表、远传水表,及用于饮用净水系统、精度达 1L/h 的远传干式水表等均已问世,且一定要安装分户水表计量考核,既方便了居住区物业管理和居民生活,也杜绝了水资源的浪费。

(5) 各种循环冷却水系统的研究成果广泛应用在空调系统中,如射流式冷却塔和喷雾式冷却塔的开发;各种水质稳定剂的研究及系统的智能化控制等也取得较好的进展。

(6) 利用海水冲厕。

(7) 供水压力应减压至 0.3~0.35MPa。

二、隔振降噪治理、保护和美化环境,维持生态平衡是可持续发展的关键

(1) 作为城市景观的重要标志——大型多功能喷泉,如彩色音乐喷泉、激光水幕电影、趣味游戏旱泉等,在全国各大城市涌现,其集中了水工艺、建筑、动画、声光、机械、自控等多种学科的先进技术。水景喷泉技术的发展对丰富人们的文化生活、创造优美的生活环境作出了重大贡献。

(2) 城市绿地、花园草坪的喷洒工艺出现多种形式的喷头,并可通过 GPS 自动定位和 PLC 自动控制。

(3) 水泵、管道隔振降噪技术已有成熟的工程经验。

(4) 为克服塑料排水管噪声大的缺憾,开发出许多新产品,如 PE 静音排水管、芯层发泡管、螺旋形芯层发泡排水管等,不仅可作单立管排水增大排水流量,同时也可以大幅度降噪。

三、建筑消防技术节水

(1) 在消火栓仍作为建筑物消防的主要手段前提下,加强了自动喷淋灭

火的力度，为其向消防主体过渡打下了基础。自动喷水灭火系统，是当今世界上公认的最有效的自救灭火设施，是应用最广泛的自动灭火系统。原《自动喷水灭火系统设计规范》(GBJ 84—85)自 1985 年颁布执行以来，对指导系统的设计发挥了良好的作用。但随着新技术、新情况和新问题不断涌现，公安部会同有关部门修编了该规范，并自 2001 年 7 月 1 日起施行。新规范编号为 GB 50084—2001。该规范的问世对我国自救式消防技术的充实与完善是一重大进步。

(2) 消防泵有了行业标准，规范了消防泵生产。切线泵以其恒压变流量特性引起业内人士极大关注。

(3)《建规》、《高规》、《建筑内部装修设计防火规范》和《人民防空工程设计防火规范》进行了局部修订。为了不断总结经验教训，遏制公众聚集场所，特别是公共娱乐场所和地下商场火灾事故的发生，保护人身财产安全，公安部经商前建设部同意对上述四项国家标准进行了局部修订。自 2001 年 5 月 1 日起施行。此次局部修订的均为强制性条文。

(4) 自从国家要求限制和逐步淘汰卤代烷灭火剂、灭火器和灭火系统以来，究竟用哪一种替代物取代卤代烷，至今国家未给出明确的技术法规，相关的"气体灭火设计、施工及验收规范"尚未出台。但研究工作、试点工作，在各地方消防部门的积极支持下，已取得了一定的成果，并已应用到工程中。

四、节水装备

中国对水资源高效利用和水环境保护产业，较晚于西方国家。现代供水与用水装备包括加压动力设备、管网系统和各种专门水装置设备，是为保证水资源在完全控制的条件下，精确供水、高效应用、处理污染、循环再生，达到可持续发展的目的。

(1) 加压动力设备：水泵是对水加压的主导设备，带动水泵的电机、柴(汽)油机等为通用设备。针对城市用水的特点，将不同应用条件下的水泵类型介绍如下：①大流量泵站：指叶轮直径大于 1600mm 以上的轴流泵，混流泵或单机功率 500kW 以上的离心泵站，南水北调东线有 13 个梯级，靠水泵逐级扬水北上，共安装近 400 台水泵，其组成是：中立式轴流泵占 38.7%，斜轴流泵占 35.2%，灯泡式贯流泵占 16.6%，卧式离心泵占 4.6%，混流泵占 1.9% 等。②高扬程泵站：高于 50m 扬程，例如引黄入晋工程。高扬程泵有离心泵、混流泵和轴流泵等。③喷灌与微灌用泵，为通用型离心泵、潜水泵、管道泵和消防高压泵等。④污水处理泵：污泥泵、潜水泵、潜污泵、循环水泵、冲洗管道泵、污泥提升水泵、排污泵、污泥回流泵等。

(2) 管道：城市的供水与用水管网可分成上水管、中水管、下水管、雨水排水管、污水排水管等。主要有园林、运动场的喷、微灌管网、消防管网。管道承压类型分：有压管（分高压、低压管）和无压管。管道直径：常规管不大于 300mm，大口径管 300~8000mm。管材：金属管、金属复合管、混凝土管、PVC 管、PE 和 PP 管等。

（3）闸门与阀门：闸门用于无压开敞式渠道，是南水北调等跨流域引水工程的主要建筑物。阀门是有压封闭式管道控制设备。低压大口径（4000~8000mm）大流量阀门用于跨流域调水工程，种类有：控制阀、安全阀、通气阀、稳压（流）阀、止回阀等。城市自来水、中水管网采用通用阀门。

（4）喷灌系统设备：有地埋式喷头固定管道喷灌系统、移动喷头半固定喷灌系统、固定管道移动机组喷灌系统、移动水车高压水枪喷灌系统等。

（5）微灌系统设备：有全固定滴灌系统、微喷灌系统、小管出流微灌系统、固定管道移动喷水枪系统等。

（6）污水处理设备：有分离设备、氧化消毒设备、生物处理设备、高浓度有机废水处理设备、高新生物处理设备、污水检测仪器等。

建设过程中考虑建筑与水环境之间的关系，不单单要从上述各个方面去完善，更重要的是要将水环境作为一个独立的生态系统去设计和建立一个符合生态学规律的良性水生生态系统，也就是说，设计中按照水生生态系统的特点，在考虑当地自然水资源的情况下，按照设计的需要，设计出一个符合自然规律和满足建筑生态学需要的人工水生生态系统；同时在设计方案实施过程中尽管建设之初还不一定能建设出一个完全符合自然和建筑生态学规律的水生生态系统，但这个系统在人工的养护和自然的演变过程中能逐步完善并达到生态平衡，在水生生态系统的自我完善中，达到发挥水生生态系统的自然净化、美化环境、造景等功能，同时在人活动的强大生态压力下通过人工的处理达到生态系统的稳定良性演替，来满足自然、社会、文化等各方面的需求，为人类提供优质健康的生存环境。

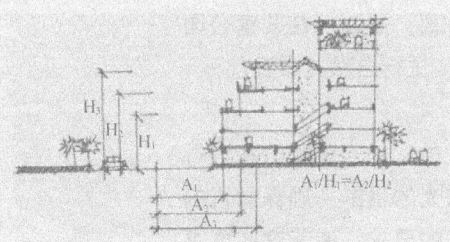

第五章　建筑与园林植物的生态配置

植物是园林的重要组成部分，而且作为唯一具有生命力特征的园林要素，能使园林空间体现生命的活力，富于四季的变化。植物景观设计即以植物材料为主体进行园林景观建设，运用乔木、灌木、藤本植物以及草本等素材，通过艺术手法，充分发挥植物本身的形体、线条、色彩等自然美，来创造出与周围环境相适宜、相协调的景观，并表达一定意境，供人们观赏。但是，植物景观设计概念的提出是有其时代背景的。随着生态园林建设的深入和发展以及景观生态学、全球生态学等多学科的引入，植物景观设计的内涵也在不断扩展，现代的植物景观设计概念不但包括视觉艺术效果的景观，还包含生态上的和文化上的景观，甚至更深更广的含义。

第一节 园林植物的生态配置概述

一、园林植物配置的原则

（一）以人为本的原则

任何景观都是为人而设计的，但人的需求并非完全是对美的享受，真正的以人为本应当首先满足人作为使用者的最根本的需求。植物景观设计亦是如此，设计者必须掌握人们的生活和行为的普遍规律，使设计能够真正满足人的行为感受和需求，即必须实现其为人服务的基本功能。但是，有些决策者为了标新立异，把大众的生活需求放在一边，植物景观设计缺少了对人的关怀，走上了以我为本的歧途。如禁止入内的大草坪、地毯式的模纹广场，烈日暴晒，缺乏私密空间，甚至违背了自然和生态的规律。因此，植物景观的创造必须符合人的心理、生理、感性和理性需求，同时要遵从自然和生态规律。

（二）目的性原则

1. 有用性

园林植物配置时，首先应明确设计的用途，要营造一种什么样的空间和气氛，以达到用户的要求。只有明确这一点才能为树种选择、布局指明方向。例如，给陵园作植物配置，为了营造陵园那种庄严、肃穆的气氛，在进行植物配置时，常常选择青松翠柏，对称布置。但是，如果在儿童公园内种满常绿树，那么营造的空间气氛就与儿童活泼的天性相背离。所以，在儿童公园作植物配置时，一般选择无毒无刺、色彩鲜艳的植物，进行自然式布置。

2. 功能性

在园林植物配置时，很多情况下植物在执行一定的功能。例如，在进行高速公路中央分隔带的景观设计时，为了达到防止眩光的目的，确保司机的行车安全，中央分隔带中植物的密度和高度都有严格的要求，违背这些要求就可能产生危险。又如，城市滨水区绿地中植物的功能之一就是能够过滤、调节由陆地生态系统流向水域的有机物和无机物，如地表水、泥沙、各种养分、枯木落叶等，进而影响河流中泥沙、化学物质、营养元素等的含量及在时空中的分布，进而提高河水质量，保证水景质量。

（三）生态原则

1. 强调植物分布的地带性，选择适地植物

每个地方的植物都是经过对该地区生态因子长期适应的结果。俞孔坚教授曾指出"设计应根植于所在的地方"，就是强调设计应遵从乡土化的原理。前些年，许多设计师在进行景观设计时，为了追求新、奇、特的效果，大量地从外地引进各种名贵树种，可结果是长势很弱，甚至死亡，原因就是在植物配置时没有考虑植物分布的地带性和生态适应性，这样不仅满足不了园林需求，还破坏了原生地的生态资源。因此，在植物配置时应以乡土树种为主，适当引进外来树种，适地适树。要根据立地的具体条件合理地选择植物种类。

2. 注重生物多样性，保持资源的可持续利用

在植物配置的时候，应该尊重自然所具有的生物多样性，尽量不要出现单个物种的植物群落形式。但要注意有些植物之间存在拮抗作用，布置时不能放在一起。例如，刺槐会抑制邻近植物的生长，配置时应当和其他植物分开来栽。梨桧锈病是在桧柏、侧柏与梨、苹果这两种寄主中完成的，所以不要把梨、苹果与桧柏、侧柏在一起配置。核桃叶能分泌大量核桃醌，对苹果有毒害作用，这两种树种也要隔离栽植。所有这些因素在植物配置时都必须严格掌握。

3. 构建植物群落结构合理性，遵循群落的演替规律

对于一个植物群落，我们不仅要注意它的物种组成，还要注意物种在空间上的排布方式，也就是空间结构。它包括植物的垂直结构和水平结构，上层的植物喜光，中层的植物半喜光或稍耐阴，下层的植物就比较耐阴。这些都为我们的植物配置工作提供了依据。从河流两岸的自然植物分布情况看，在水中生长的是水生植物，在靠近水边的地方生长的是比较耐水湿的植物，在离岸边稍远的地方生长的是较耐水湿的植物，在远离水的地方生长的是喜旱生植物，因此，人工植物群落的布局和栽植，要遵循群落演替规律。

4. 景观生态性原则

植物景观除了供人们欣赏外，更重要的是能创造出适合人类生存的生态环境。它具有吸声、除尘、降解毒物、调节温湿度及防灾等生态效应，如何使这些生态效应得以充分发挥，是植物景观设计的关键。

（四）美学原则

1. 多样与统一，均衡与稳定

在植物配置中必须遵循"统一中求变化，变化中求统一"的准则。基调树种，由于种类少，数量大，形成植物景观的基调及特色，起到统一作用；而一般树种，种类多，但数量少，起到变化作用。

在园林景观的平面和立面布局中，只有做到均衡和稳定才能给游人以安定感，进而得到美感和艺术感受。在植物配置时也应考虑均衡与稳定。例如，一条蜿蜒的园路，路左侧种植高大的乔木，如果在右侧种植低矮的花灌木，为了达到均衡，就必须增加花灌木的数量，以较多的数量来弥补花灌木在体

量上与高大乔木的差距，从而产生稳定感。

2. 对比与调和，韵律与节奏

对比是用形体、体量、色彩、亮度、线条等方面差异大的园林要素组合起来，形成反差大、刺激感强的景观效果，给人以兴奋、热烈、奔放的感受。对比手法运用得当，可使园林景观的主景突出，引人注目。调和是指比较类同的景物组合在一起，容易协调，我们把这类景物之间的关系叫调和。一般在高大的建筑前常常种植高大乔木，或者配置大片色彩鲜艳的花灌木、花卉、草坪来组成大的色块。这就是运用了协调的原则，注意了植物与建筑体量、重量之间的比例关系，大体量的植物或者大面积的草坪、花卉与高大宏伟建筑在气魄上形成协调。相反地，如果设计希望突出某些景物，吸引人们的注意，常常采用对比的手法。例如，我国造园艺术中常用的"万绿丛中一点红"就是运用植物的色彩差异来突出主题的。还有在西方古典园林中，常常选用常绿植物作为一些白色雕塑的背景，这都是运用了对比手法。

在景观设计中，利用植物单体有规律地重复组成景观称为节奏。在重复中产生节奏，在节奏中产生韵律。韵律和节奏在园林植物造景中作为艺术原则被广泛应用。比如，杭州西湖的白堤上，柳树和桃树间隔种植，游人在游赏时就不会感觉单调，而是感觉有韵律的变化。乔灌木间隔种植的行道树也会给人韵律与节奏的感觉。其实，植物的季相变化也是一种韵律，我们称之为季相韵律，因此我们在植物配置时要考虑植物的季相变化，使园林植物四季有景，四季景不同。

总之，在景观设计中，园林植物配置的三大基本原则，在进行园林植物配置时只能起到宏观调控的作用。在此基础上，还要根据不同绿地类型进行深入研究来指导不同景观规划设计。

（五）历史文化延续性原则

植物景观是保持和塑造城市风情、文脉和特色的重要方面。植物景观设计首先要理清历史文脉的主流，重视景观资源的继承、保护和利用，以自然生态条件和地带性植被为基础，将民俗风情、传统文化、宗教、历史文物等融合在植物景观中，使植物景观具有明显的地域性和文化性特征，产生可识别性和特色性。如荷兰的郁金香文化、日本的樱花文化，这样的植物景观已成为一种符号和标志，其功能如同城市中显著的建筑物或雕塑，可以记载一个地区的历史，传播一个城市的文化。

而近年来我国的城市绿化出现"千城一面"的局面，城市的地域特征在绿色景观中荡然无存，人们也因体验不到城市应有的独特风貌和魅力而兴味索然。在世界经济一体化与文化多元化并行发展的今天，历史文化连续性原则更应该成为植物景观设计的指导原则。

（六）经济性原则

植物景观以创造生态效益和社会效益为主要目的，但这并不意味着可以无限制地增加投入。任何一个城市的人力、物力、财力和土地都是有限的，须遵循经济性原则，在节约成本、方便管理的基础上，以最少的投入获得最大的生态效益和社会效益，为改善城市环境、提高城市居民生活环境质量服务。

二、园林植物配置的发展趋势

中国古典园林是一个源远流长、博大精深的园林体系，从园林设计到植物配置都包含着丰富的传统文化内涵。然而在现代的园林绿地中，植物配置却有着不同时代带来的独特风格和特征，这主要体现在以下几个方面。

（一）植物配置强调突出地方特色，体现城市的文化特征

1. 注重对市花市树的应用

市花市树不仅是大众广泛喜爱的植物品种，也是比较适应当地气候条件和地理条件的植物。它们本身所具有的象征意义也上升为该地区文明的标志和城市文化的象征。杭州的桂花，扬州的琼花，昆明的山茶，泉州的刺桐都是具有悠久栽培历史、深刻文化内涵的植物。因此，在城市绿化建设中，在重要或显著位置栽植"市树"或"市花"，利用市花市树的象征意义与其他植物或小品、构筑物相得益彰地配置，可以赋予浓郁的文化气息，不仅对少年儿童起到积极的教育作用，而且也满足了市民的精神文化需求。

2. 注重园林植物自身的文化性与周围环境相融合

具有历史文化内涵的园林植物作为中国园林艺术中的精品，有着许多传统的手法和独到之处值得借鉴，特别是古人利用植物营造意境的文化成就。正如近代美学家王国维在《人间词话》中所说的那样："艺术作品应该是意与境的统一。"

（二）植物配置注重科学性，以生态学理论来指导

1. 植物配置强调以生态学理论作指导

虽然生态学思想在越来越多的园林设计中被运用，但是往往只停留在表面而不深入，要真正更新当代植物配置的生态理念就要树立科学的生态观来指导植物配置。

2. 遵循自然界植物群落的发展规律，营造植物群落的多样性

植物造景中栽培植物群落的种植设计，必须遵循自然植物群落的发展规律。依据自然植物群落的组成成分、外貌、季相，自然植物群落的结构、垂直结构与分层现象，群落中各植物种间的关系等进行植物配置。这些都是植物造景中栽培植物群落设计的科学性理论基础。

3. 注重对植物环境资源价值方面的运用

城市化快速发展带来的一系列生态环境问题，不仅使得人们意识到植物具有基本的美化和观赏功能，而且还看到了它的环境资源价值，如改善小气候、净化空气、水体和土壤、降低噪声、吸收和分解污染物等作用。植物配置形成的人工自然植物群落，在很大程度上能够改善城市生态环境，提高居民生活质量，并为野生生物提供适宜的栖息场所。

因此，现代城市植物造景常常采取生物措施普遍绿化，大力植树造林栽花种草，以改善城市的小气候环境、营造舒适宜人的环境空间。

（三）植物配置应遵循美学原理，重视园林的景观功能，强调人性化设计

现代植物配置在遵循生态的基础上，强调根据美学要求，进行融合创造。不仅要讲求园林植物的现时景观，更要重视园林植物的季相变化及生长的景观效果，从而达到步移景异、时移景异，创造"胜于自然"的优美景观。

（四）植物配置大胆采用新品种，重视园林植物品种多样性

目前，我国园林中用在植物造景上的植物种类相对较为贫乏。如国外公园中观赏植物种类近千种，而我国广州也仅用了300多种，杭州、上海200余种，北京100余种，兰州不足百种。我国植物园中所收集的活植物没有超过5000种的，这与我资源大国的地位极不相称。我国是"世界园林之母"，有着博大的种质资源库，园林设计工作者应担负起推广和应用植物新品种的使命，在丰富城市的物种、美化环境的同时达到环境生态平衡。

三、"风水"理论对植物配置的影响

（一）园林植物与"风水"学的关系

植物造景是园林设计中的重要组成部分，而"风水"学在中国传统园林设计中应用相当普遍。植物造景过程中以植物为设计素材，要考虑到植物是一种有机体，植物可以产生氧气，呼出二氧化碳，科学研究表明植物还会产生负氧离子及抗生素等各类物质，这与"风水"学植物会产生气场的观点是一致的，这也使得植物在"风水"学中有着趋吉化煞的作用，具体表现在植物造景方面主要有树木、植物的合理栽植的方位，如何合理表现植物在传统文化中的象征意义，植物的形态、色彩之间的搭配与中国传统文化中对于"风水"理论的用途。

（二）"风水"学把植物分为凶和吉

（1）要以是否有毒气、毒液为标准进行划分。如夜来香晚间会散发大量强烈刺激嗅觉的微粒，对心脏病和高血压患者有不利影响；夹竹桃的花朵有毒，花香容易使人昏睡，降低人体功能；郁金香花有土碱，过多接触毛发容易脱落等，属凶树，不宜栽。

（2）以树的形状来论凶吉，例如"大树古怪，气痛名败"、"树屈驼背，丁财俱退"、"树似伏牛，蜗居病多"等。凡长相不周正、端庄，发育不正常的树木则为凶。这一点恐怕是心理作用或是传统人文美学观念在起作用。

至于吉树，它是根据植物特性、寓意甚至谐音来确定的，而且现实生活中人们趋同这种观点，如棕榈、橘树、竹、椿、槐树、桂花、灵芝、梅、榕、枣、石榴、葡萄、海棠等植物为增吉植物，桃、柳、艾、银杏、柏、茱萸、无患子、葫芦等八种植物有化煞驱邪作用。

（三）植物栽种方位的讲究

"风水"认为："东植桃杨，南植梅枣，西栽栀榆，北栽吉李"、"门前垂柳，

非是吉祥"、"中门有槐，富珊三世"、"宅后有榆，百鬼不近"、"门庭前喜种双枣，四畔有竹木青翠进财"、"住宅四角有森桑，祸起之时不可档"等。

从植树数量看，"风水"认为：周围局形太窄的情况下，不可多栽树，否则会助其阴；唯于背后左右之处有疏旷者，则密植以障其空。另外还有："独树当门，寡母孤孙"、"门对林中，突病多凶"、"门前双树，畜伤人愈"、"左树右无，吉少凶多"、"左树三五，夫妻相克"、"两树夹屋，定丧骨肉"、"独树平秀，二姓不睦"、"左树重障，财年兴旺"。

至于种多大树比较合宜，最低要求是挡住住宅四周煞气，宜成排栽大树。为增补形势需要，在房子建在平原或四周比较平宽的地方，可用树木花草来造成一种"左青龙、右白虎、前朱雀、后玄武"之四神像格局，即房子后面栽大树，左右两边栽中等乔木，前面栽低矮灌木或种草，这种方式符合人们寻找"风水宝地"之心理需求。

（四）树形选择

"风水"理论主张端正方圆、对称均衡，因而对植物栽培的总体要求可以概括为：健康而无病桩，端庄而妖奇。"怪树肿头不肿腰，奸邪淫乱小鬼妖"、"竹木倒垂在水边，小孩落水不堪言"、"枯树当门、火灾死人"、"树枝藤缠，悬梁翻船"、"树损下边，足病边绵"、"果树枝左，杂病痰火"、"树下肿根、聋盲病昏"、"斜枝向门，哭泣丧魂"、"大树古怪，气痛名败"等。可以肯定的是死树、枯树、病树不宜栽种是正确无疑的，至于长相不端庄的树则应一分为二看，有的树因曲而美、因屈而好，则我们不可一概排斥；当然，曲而丑、扭而差的，也不宜栽种。

（五）关于植物颜色

如"右树红花、妖媚倾家"、"右树白花、子孙零落"，右树红花恐怕与"桃花运"有关，它与水塘不宜设在右边，否则会有淫秽现象出现的理论是一脉相承的。"右树白花"与人们对死亡者哀悼以白花表示这一习俗有关，所以作了会"子孙零落"的判断。"风水"理论认为世界上万事万物均由"金、木、水、火、土"五种物质元素组成，而且不同的颜色代表不同的元素。

金———白色、杏色、金色；
木———青色、绿化；
水———黑色、蓝色；
火———红色、紫色；
土———黄色、棕色。

至于什么方位、什么地方宜栽什么颜色，"风水"学根据五行相生相克原则，制造了一系列复杂的理论，认为：红色代表红火、热烈；绿色代表平安；黄色代表富贵；黑色代表庄严；白色代表洁净、肃穆。

（六）不同植物的"风水"用途及其吉凶状态

"风水"学对于树种选择甚为讲究，例如《相宅经纂》主张村庄、宅周植"风水"树。因此在中国，有的村子附近保留着一小块青葱林木，多是樟、松、柏、楠等常青树。这就是"风水"树，也叫水口树，别看只是一小块青葱林木，它可关系着全村的"风水"命脉，当地人也都不敢去动那里的一草一木，害怕破坏本村的"风水"。

"风水"林按其分布特点，可分为挡风林、龙座林、下垫林三种。这三种"风水"林，实际是好"风水"最大原则"山环水抱必有气"的一种具体体现：挡风林所起的作用是左右沙环，龙座林所起的作用是背有靠山，下垫林所起的作用是前有朝山（案山）。

1. 挡风林

挡风林又叫"挡煞林"，大自然的神秘表现在方方面面，古人称之为"煞气"的东西就是其中之一。据说，这种煞气来无影去无踪，防不胜防，它能在不知不觉中致人于死地。假如非要将"煞气"同现代科学概念联系在一起，那么可以机械地将"煞气"视为一种对人体有害的"磁力线（磁场）"、"射线（离子或粒子流）"等。由于树木对这些物质有阻挡或减弱的作用，所以森林有挡煞的作用。

2. 龙座林

如果说挡风林是从水平方向上显示了它的重要性，那么，龙座林却在垂直方向上表现了它的威力。一座房子建在山坡上，如果后山没有树林，自然被暴雨冲刷得很厉害，四周的风力也很大，有碍于房屋主人一家大小的身心健康；夏天阳光直照，没有树林遮阴，难以调节小气候。于是，"风水"先生认为要植"龙座林"。龙座林好像故宫金銮殿上有个靠背的龙椅，这样三面环抱的环境自然是幽美的。"风水"先生的用意很好，名字也很有吸引力，把居家比喻为"龙座"，希望有天子出世，但是却给本来科学的东西蒙上了一层神秘的面纱。

3. 下垫林

建筑在河边、湖畔的房子（或坟墓），虽然后山有"龙座林"，但如果没有下垫林，会显得失去庄重，头重脚轻。在山头流水的冲刷之下，还有滑坡、崩塌的危险。"风水"先生把它取名"下垫林"，虽然名字不雅，但在这个部位植树确也重要。不过，树冠不能太高，不能挡住视野。就像案山不能高过背靠的主山一样，下垫林过高也会有碍"风水"。应该说"风水"林远不止以上三种，如果把范围扩大一点在坟墓周围种植的树林也应算为"风水"林，还有种植的结婚林、添丁林、新房林，也都可以称为"风水"林。

第二节 园林植物在生态配置上的应用

一、彩叶植物

对于彩叶植物的概念理解有广义和狭义之分。从狭义上讲彩叶植物不包括秋色叶植物，它应在春夏秋三季均呈彩色。一些彩叶科植物及亚热带地区的彩叶植物甚至终年保持彩色。从广义上讲，彩叶植物是指在生长季节叶片可以较稳定呈现非绿色（排除生理、病虫害、栽培和环境条件等外界因素的影响）的植物。它们是一类在生长季节或生长季节的某些阶段全部或部分叶片呈现各种颜色（如红色、黄色、紫色等异于绿色的色彩或叶片上有多种颜色）的植物，还包括随季节或植物不同发育阶段叶片颜色发生变化的植物。

彩叶植物除具有绿色植物所具有的观赏、改善环境因子、提高经济效益等三大功能外，其独特的观赏性还有丰富园林色彩、改善视觉效果、创造特色景观等作用。

（一）彩叶植物的分类

1. 春色叶植物

春色叶植物是指春季新发生的嫩叶呈现显著不同叶色的植物，有些常绿树的新叶不限于春季发生，一般称为新叶有色类，但为方便起见，这里也统称为春色叶植物。春色叶植物的新叶一般呈现红色、紫红色或黄色，如石楠、臭椿的春叶为紫红色，垂柳、朴树、石栎的新叶为黄色，而樟树的春叶为紫红色或金黄色。

2. 常色叶植物

常色叶植物大多数是由芽变或杂交产生，并经人工选育的观赏品种，其叶片在整个生长期内或常年呈现异色。常见栽培的常色叶植物中，红色的有红枫；紫色、紫红色的有紫色矮樱、紫叶李、紫叶桃、美人梅、紫叶小檗等；黄色的有金叶女贞、金叶假连翘、金叶鸡爪槭、金叶忍冬、黄叶扁柏、金塔柏等。

3. 斑色叶植物

斑色叶植物是指绿色叶片上具有其他颜色的斑点或条纹，或叶缘呈现异色镶边的植物。斑色叶植物资源极为丰富，许多常见植物都是具有彩斑的观赏植物，如金心大叶黄杨、银边大叶黄杨、洒金云片柏、斑叶凤尾竹、银边海桐、斑叶银杏、金边女贞、金边棣棠、金边胡颓子等。此外，有些植物的叶片表面和背面呈现显著不同的颜色（有时称为双色叶植物），在微风吹拂下色彩变幻，亦颇美观。如红背桂，叶片表面绿色、背面紫红色，胡颓子和银白杨叶片背面银白色。

4. 秋色叶植物

秋色叶植物是指那些秋季树叶变色比较均匀一致，持续时间长、观赏价值高的植物。尽管所有的落叶植物在秋季都有叶片变色现象，但色泽不佳或持续时间短，使其观赏价值降低，不宜成为秋色叶植物。秋色叶植物主要为落叶树，但少数常绿植物秋叶艳丽，也可作为秋色叶植物应用。大多数秋色叶植物的秋叶呈红色，并有紫红、暗红、鲜红、橙红、红褐等变化和各种过渡性颜色，部分种类秋叶黄色。常见秋色叶植物有枫香、鸡爪槭、三角枫、五角枫、茶条槭、黄连木、黄栌、火炬树、柿树、连香树、卫矛、红瑞木、灯笼花、爬山虎等；秋叶为黄的有银杏、鹅掌楸、白蜡、黄檗等；元宝枫、复叶槭等则因环境条件的不同，秋叶或黄或红。

（二）园林应用彩叶植物的方式

1. 孤植

彩叶植物色彩鲜艳，可发挥景观的中心视点或引导视线的作用。如株形高大丰满的银杏、金叶皂荚、金叶刺槐等；以及株形紧密的紫叶矮樱、花叶槭、紫叶石楠等都可以孤植于庭院或草坪中。

2. 丛植

三五成丛地点缀于园林绿地中的彩叶植物，既丰富了景观色彩，又活跃了园林气氛。如将紫色或黄色系列的彩叶植物丛植于浅色系的建筑物前，或以绿色的针叶树种为背景，将花叶系列、金叶系列的种类与绿色树种丛植，均能起到锦上添花的作用。

3. 基础种植

金叶黄杨、金边黄杨、金叶女贞、紫叶小檗等株丛紧密且耐修剪，是极为优良的篱垣材料。与绿色基础种植材料相互搭配构成美丽的镶边、字符、图案等，特别是在绿色草坪背景下的基础种植，往往将彩叶植物衬托得更加美丽。

4. 群植或片植

以彩叶植物为主要树种成群成片地种植，构成风景林，独特的叶色和姿态一年四季都很美丽。如黄金槐、紫叶矮樱、黄栌、紫叶李、红枫等均可成片种植成风景林，其美化的效果要远远好于单纯的绿色风景林。

（三）园林应用彩叶植物要处理好的关系

1. 彩叶植物与建筑之间的关系

建筑是一件凝固的艺术品，园林造景时应根据不同建筑物的特征，充分考虑其形状、体量、质地、色彩等，因地制宜配植不同种类的彩叶植物，使之互相协调、均衡。如体量大的建筑应该用体量大的彩叶乔木，或者是用虽然单株体量小，但成丛成片的彩叶灌木，以求达到均衡的效果。建筑的色彩更是应该着重考虑的因素，如果不考虑色彩之间的搭配协调，可能不但不能创造优美的景观，反而会适得其反，甚至会破坏整个园林景观。如在一些黑色的建筑墙前配植红色叶植物如红枫，不但显不出红枫的艳丽，反而感到又暗又脏，形成一个败笔。但如果配植一些开白花的植物或鲜艳醒目的黄色叶植物，如广玉兰，硕大的白色花明快地跳跃出来，会起到扩大空间的视觉效果；如黄枫，会使人眼前一亮，如黑夜见到太阳，使周围环境产生顿时明亮的效果，黑色墙面反而强烈烘托了配植的这些彩叶植物，更好地把植物凸显出来了。又如同样以红枫为例，如果是配植树在白粉墙壁前，则白粉墙会起到画纸的作用，这时犹如是在白纸上作画，配植红枫或其他彩叶植物会使其跃然墙上，栩栩如生，生动而协调，犹如一幅优美的画卷。建筑的质地状况也很重要，对于质地粗糙的建筑墙面可用较为粗壮的彩叶植物来美化，但对于质地细腻的瓷砖、陶瓷锦砖及较精细的耐火砖墙，则应选择纤细的彩叶植物来美化。

2. 彩叶植物与园林小品之间的关系

园林小品是园林中不可或缺的部分，是构成园林景观的重要元素之一，正确处理彩叶植物与园林小品之间的关系，同样关系到整个园林景观的成败。不同的园林小品有不同的主题、含义和作用，造景时应根据其不同的含义和作用，配植不同色彩的彩叶植物，表现出不同的意境，构成具有一定特色的园林景观。如胡乱搭配，任意配植，不但不能创造优美的景观，反而可能会破坏园林小品所应表达的主题、含义和作用。如在绿地中白色的教师雕塑周围配以紫叶李、红叶桃，在色彩上红白相映，则桃李满天下的主题会极为突出。假如在其周围任意地配植一些其他的园林植物，则不能烘托教师这个中心，主题当然也不会这么突出，植物配植也就没有达到应有的、最好的效果。

3. 彩叶植物与园林植物之间的关系

彩叶植物与园林植物之间同样应该在形态、体量、质地、色彩等之间相互协调。尊重不同植物之间不同的生态习性，使相互之间能形成生态互补为最佳选择。譬如，一片幽深浓密的密林，会使人产生神秘感和胆怯感，不敢深入，而如配植一株或一丛秋色或春色为黄色的乔木或灌木，诸如银杏、无患子、金丝桃等，将其植于林中空地或林缘，即可使林中顿时明亮起来，而且能在空间感中起到小中见大的作用。再如在一片绿色植物中间，配植一株或一丛红色彩叶植物，构成一幅"万绿丛中一点红"的景观，效果就非常好。

充分利用色彩构图中红、黄、蓝三原色中任何一原色同其他两原色混合成的间色组成互补色，产生一明一暗、一冷一热的对比色。它们并列时相互排斥，对比强烈，可呈现出跳跃气氛。如红色与绿色为互补色，黄色与紫色为互补色，蓝色与橙色为互补色。并熟悉不同颜色所具有的不同特性，如黄色最为明亮，象征太阳的光源；红色代表热烈、喜庆、奔放，为火和血的颜色；蓝色是天空和海洋的颜色，有深远、清凉、宁静的感觉；紫色具有庄严和高贵的感受；白色悠闲淡雅，为纯洁的象征，具有柔和感，使鲜艳的色彩柔和。只要熟悉园林植物的特性，并能充分利用其特性，就一定能设计出优美、和谐的植物景观。

4. 彩叶植物与不同环境之间的关系

不同的环境有不同的要求，不同的环境具有不同的功能，所以在进行植物配植时应因地制宜，根据不同的环境及环境对色彩的需求，配植不同的彩叶植物。譬如在一些革命景区，配植彩叶植物时，可以适当多采用红色彩叶植物，与红色革命这一主题相协调。还有在高速公路绿化时，要考虑司机在长时间高速行驶时，眼睛容易疲劳，在进行植物配植时，可每隔一定距离配植一株或一丛比较醒目的红色或黄色彩叶植物，表现出一定的节奏和韵律，使司机随时能有景可观，保证行车安全。再有在设计庞大的立交桥附近的植物景观时宜采用大片的彩叶花灌木组成的大色块，方能与之在气魄上相协调。

二、藤本植物

藤本植物的大部分种类是一些常见的攀缘种类，大多原产于温暖高湿地区，不耐寒冷与干旱，喜阴、耐寒，对土壤及气候适宜能力强，生长快，对氯气抗性强，常攀于岩壁、边坡上，有很好的观赏效果。而在沈阳能正常生长的藤本植物主要有猕猴桃科、马兜铃科、豆科、卫矛科、葡萄科、忍冬科的一些品种，如软枣猕猴桃、葛藤、南蛇腾、蛇白蔹、三叶地锦、五叶地锦、山葡萄等。

（一）藤本植物的生态效应

藤本植物同其他植物一样具有调节环境温度、湿度、杀菌、减噪、抗污染、平衡空气中氧气与二氧化碳等多种生态功能。藤本植物习性特殊，能在一般直立生长植物无法存在的场所出现，因而具有独特的生态效应。不同的攀缘植物对环境的生态功能的发挥不尽相同。以降低气温为目的，应在屋顶、墙面园林绿化中选栽叶片密度大、日晒不易萎蔫、隔热性好的攀缘植物；欲在绿化中增加滞尘和隔声功能，应选择叶片大、表面粗糙、绒毛多或藤蔓纠结、叶片较小而密度大的种类较为理想；在空气污染较重的区域则应栽种能抗污染和吸收一定量有毒气体的种类，以降低空气中的有毒成分，改善空气质量；地面滞尘、保持水土，则应选择根系发达、枝繁叶茂、覆盖致密度高的匍匐、攀缘植物为地被。

（二）藤本植物的应用形式

要根据环境特点、建筑物的不同类型、绿化功能要求，结合植物的生态习性、面积大小、气候变化、观赏特点，选用适宜的类型和具体种类；也可根据不同类型植物的特点，设计和制作相应的绿化风格。沈阳藤本植物的应用主要有以下几种形式。

1. 垂挂式

垂挂式常用紫藤、中华常春藤、地锦等垂挂于景点入口、高架立交桥、人行天桥、楼顶（或平台）边缘等处，形成独特的垂直绿化景观。

2. 凉廊式

凉廊式以紫藤、山葡萄、南蛇腾等攀缘植物覆盖廊顶，形成绿廊与花廊，增加绿色景观。

3. 蔓靠式（凭栏式）

蔓靠式常用蔷薇等在围墙、栅栏、角隅附近栽植，用于生物围墙的营建。对蔓靠式植物应考虑适宜的缠绕、支撑结构，并在初期对植物加以人工的辅助和牵引。

4. 附壁式

附壁式以爬山虎、中华常春藤、地锦等附着建筑物或陡坡，形成绿墙、绿坡。用吸附型攀缘植物直接攀附边坡，是常见而经济实用的园林绿化方式。不同植物吸附能力不尽相同，应用时须了解各种边坡表层的特点与植物吸附能力的关系。边坡越粗糙对植物攀附越有利，多数吸附型攀缘植物均能攀附，但具有黏性吸盘的爬山虎、岩爬藤和具气生根的薜荔、常春藤等的吸附能力更强，有的甚至能吸附于玻璃幕墙之上。

（三）藤本植物应用原则

1. 适地适树原则

选材恰当，适地适栽，不同的植物对生态环境有不同的要求和适应能力，环境适宜则生长良好，否则便生长不良甚至死亡。生态环境为由各不相同的温、光、水、土等条件组成的综合环境，千差万别。要根据不同藤本植物的生态习性来栽植，以最大限度地发挥其园林景观效果。

2. 选用具有自然美与意蕴美的种类

（1）藤本植物自然美

应用时要同时关注科学性与艺术性，在满足植物生态要求、发挥植物对环境的生态功能的同时，通过植物的自然美和意蕴美要素来体现植物对环境的美化装饰作用，也是观赏植物应用的一个重要特点。攀缘植物种类繁多，姿态各异，通过茎、叶、花、果在形态、色彩、芳香、质感等方面的特点及其整体构成，表现出各种自然美。形与色的完美结合是观赏植物能取得良好视觉美感的重要原因，不同色彩的花、叶可以形成不同的审美心理感受，如红、橙、黄色常具有温暖、热烈、兴奋感，会产生热烈的气氛；绿、紫、蓝、白色常使人感觉清凉、宁静，使环境有静雅的氛围。植物以绿色作为大自然赋予的主基调，同时又以多彩的花、果、叶动态地向人们展现出美的形象。除视觉形象外，很多花、果、叶甚至整个植株还发出清香、甜香、浓香、幽香等多种香味，引起人的嗅觉美感。攀缘植物除具有一般直立植物形、色、香的完美结合外，它们的体态更显纤弱、飘逸、婀娜、依附的风韵。

（2）藤本植物意蕴美

藤本植物意蕴美与通常所说的联想美、含蓄美、寓言美、象征美、意境美相近，其审美特征在于将植物自然形象与一定的社会文化、传统理念相联系，以物寓意、托物言情，使植物形象成为某种社会文化、价值观的载体，成为文人墨客、丹青妙手垂青的对象。典型的藤蔓植物有紫藤、凌霄、十姊妹、木香、素馨、迎春、忍冬等。由于具有一定的传统文化载体功能，这些植物在自然形态美的基础上又具有了丰富的意蕴美内涵。通过植物自然美和意蕴美内容与环境的协调配合来体现植物对环境的美化装饰作用，是观赏植物、攀缘植物应用于观赏园艺的一个重要方面。

（四）藤本植物在园林绿化中的应用

1. 墙面的绿化

现代城市的建筑外观再美也是硬质景观，若配以软质景观攀缘植物进行垂直绿化，既增添了绿意，使之富有生机，又可以有效地遮挡夏季阳光的辐射，降低建筑物的温度。攀缘植物绿化旧墙面，可以遮陋透新，与周围环境形成和谐统一的景观，提高城市的绿化覆盖率。

2. 构架的绿化

利用构架布置的攀缘植物，已成为园林绿化中的独立景观，如游廊、花架、拱门、灯柱、栅栏、阳台等，种植各种不同的攀缘植物，构成繁花似锦、硕果累累的植物景观，既可以赏花观果，又提供了纳凉游憩的场所，既美化了环境，又改善了生态。有些攀缘植物可以建成独立景观，如木香，可独立种植，用圈形棚架设立柱，也可结合建筑物相互衬托，增加美观。用攀缘植物装饰阳台，可增添许多生机，既美化了楼房，又把人与自然有机地结合了起来。此外，攀缘植物还是一种天然保护层，可以减少围护结构直接受大气的影响，避免表面风化，延缓老化。因此，攀缘植物有其独特的功能和美化作用，有着愈来愈大的绿化发展空间。

3. 立交桥的绿化

随着城市交通的发展，高架路、立交桥已成为城市的一道风景线。在城市市区的立交桥占地少，一般没有多余的绿化空间，可用攀缘植物绿化桥面，增添绿色，如长沙、武汉等城市用常春藤、地锦等绿化立交桥面，美化了环境，提高了生态效益。

4. 地面的绿化

利用根系庞大、牢固的攀缘植物覆盖地面，可起到保持水土的作用。园林中山石多以攀缘植物点缀，使之显得生机盎然，同时还可遮盖山石的局部缺陷，让攀缘植物在配置中起到画龙点睛的作用。

三、竹类植物

(一) 竹类植物的主要类型及品种

竹类植物在园林应用中，根据观赏价值的不同，可分为观杆类、观形类、观叶类、铺地类、观笋类等五种类型。①观杆类。竹杆有不同寻常之美，如方竹、紫竹、金镶玉竹、琴丝竹、龟甲竹、人面竹等。②观形类。该类竹子千姿百态、秀丽多姿，远远望去或随风摇曳，婀娜多姿；或直插霄汉、挺峻脱俗，是上佳的园林观赏植物，如秀叶箭竹、香竹、泰竹等。③观叶类。竹叶四季常青、大小宽窄各不相同，叶子具黄色或白色条纹，如菲白竹、菲黄竹、黄纹倭竹等。④铺地类。植株矮小秀美，可经常修剪，形似草坪，如铺地竹、菲白竹、菲黄竹、鹅毛竹等。⑤观笋类。主要观赏笋色、笋形等特征，出笋期是该类竹子的最佳观赏时节，各具特色的笋形竹种较多，如寒竹、篌竹、光箨篌竹、实肚竹、美竹、白哺鸡竹、红哺鸡竹、乌哺鸡竹、毛竹、短穗竹等。

(二) 生态功能

竹类植物的生态功能性是指竹类植物对自然环境具有的保护和修复作用，包括保持水土、涵养水源、调节气候、清洁土壤、净化空气、为珍稀野生动物提供食物来源和栖息场所等功能。

1. 水土保持

竹类植物树冠庞大，枝叶浓密，可减小雨滴对土壤表面的击溅，加之竹类植物枯枝落叶层的持水量较大，可大幅度降低地表径流，更有效地截留降水，缓和雨势，减轻雨水对地表面的直接侵蚀和冲刷，增加渗入的有效性。如密度为 3893 株/hm², 平均胸径 9.1cm、平均株高 14.6m 的毛竹纯林，其林冠表面最大持水率为 22.10%，最大持水量 0.84mm；枯枝落叶积累量 5.8t/hm²，最大持水率 231.54%，最大持水量 1.11mm。竹类的枯枝落叶层在 1hm² 上层土壤空间形成的网络状结构紧紧地固定着周边的土壤，紧密而多孔的网络状地下结构有很好的透水性和持水固土能力，其固土能力为马尾松林的 1.5 倍，吸收降水能力为杉木林的 1.3 倍，涵养水量比杉木多 30%~45%。

2. 减少污染

竹林在防治污染方面也起着重要作用。竹叶表面较粗糙，可通过生命活动过程，吸附粉尘及 SO_2、HF、Cl_2 等有害气体，也可释放 O^{2-} 和杀菌素等。相关研究表明，竹类植物对灰尘的平均吸附力达 4.0~8.0g/m²，随风扬起的尘土通过竹林绿化带之后，空中尘土量可减少 50% 左右；另外，竹林、竹丛通过对声波的漫反射、吸收、阻碍等作用，可大大减弱噪声，据测定，40m 宽的竹林带，可以减少噪声 10~15dB；凤凰竹、凤尾竹、淡竹等对 SO_2 有较强的抗性；佛肚竹是硫化物和氯化物污染的指示植物。

3. 改善局部小气候

竹类植物具有较强的蒸腾作用，可蒸发较多水分、吸收热量、降低环境温度、增加湿度；其次，竹林通过光合作用可截留部分 CO_2，减少空气中 CO_2 的含量，从而使周围区域环境温度降低。相关研究表明，夏天竹林比空旷地气温低 3~5℃，湿度增加 30% 以上。

（三）在园林绿化中的应用

1. 绿化优势

竹类植物生长周期短、萌发快、生态适应性强，能迅速恢复森林植被；多年生一次性生长的竹类植物，一次造林可持续经营利用，连续十余年收获而不破坏竹林群体结构。竹类植物竹冠庞大，枝叶浓密；生性强健，不畏空气污染和酸雨，净化空气作用较强；具有强大的地下根系，常绿树种，形态优美，有极高的观赏性；多年不开花，无花粉散播；容易繁殖，养护管理费用低；不同种类高矮、叶形、姿态、色泽各异，用作景致搭配效果理想。在城市绿化的特殊环境中，竹类植物表现出较强的绿化优势，作为园林绿化植物的优势显得尤为突出。另外，竹类植物具独特的生理特性，并表现出一定的生态效益，在城市中广泛栽植竹类植物不仅有利于加强城市生态效应，而且对城市园林建设有一定的促进作用。

2. 应用手法

（1）主景

以竹为主景，片植成林较多。应用于主景可分为两种类型，即：①群植或片植。专门群植或片植竹类植物，构成大片风景林地，单独成片成景，营造较独立的竹林景观。②作为建筑景观焦点。以竹作为建造材料，营造竹建筑景观，是竹类植物人文景观的具体体现，使之成为局部环境中的景观焦点，起点题作用，如竹楼、竹亭、竹轩、竹坞、竹廊等。

(2) 配景

竹子清秀风雅，作为配景植物具有很广泛的调和性，适合与建筑、宅、院、花木等相配，具有浓厚的诗情画意，如庭竹——"知道雪霜终不改，永留寒色在庭前"。院竹——"月送绿荫斜上砌，露凝寒色湿遮汀"。窗竹——"始怜幽竹山窗下，不改清荫待我归"。池竹——"一丛婵娟色，四面清波冷"。盆竹——"苍雪洒禅榻，细香浮后尊"。其中，盆竹在园林门前、室内摆放效果较好，为体现竹叶扶疏之美，常盆配以山石、麦冬草更显生动，平时应注意加强修剪及施肥等养护管理。

(3) 地被

竹类植物中的铺地类竹种，高度一般在 30~50cm，被用作园林地被，适应性强，高矮一致，不需修剪，发笋稠密，与杂草相比有很强的竞争力，如菲黄竹、菲白竹。在生态园林配置中，为了形成稳定的植物群落，更好地发挥绿化效果，需要乔、灌、草多层植物的合理搭配。竹类植物用于园林地被的前景广阔，与其他地被植物相比，具有自然繁殖快、一次种植多年受益、稳定性好、外观优美等特点。可见，竹类植物作为地被植物在园林中的景观效果及意义优于其他地被植物。

3. 配置模式

(1) 群植。株数较多的一种栽植方法，常栽植在路径的转弯处、大面积草地旁、建筑物后方等，大面积栽植成林，可创造出绿竹成荫、万竹参天的景观效果。

(2) 丛植。较大面积庭院内的竹林及构成林相者皆为丛植，即采用一种或若干种丛生形态的竹类混栽而成，以不等边三角形栽植方法为主。

(3) 列植。沿着规则的线条等距离栽植竹类植物，可协调空间，显出整齐之美，以强调局部的风景，使之更为庄严宏伟。一般用于园林区界四周，以划清界限，但应注意视线通透，可稍有曲度。

(4) 孤植。即单植，有些竹种具有神秘的色彩和高雅、奇特的形态，如佛肚竹、黑竹、湘妃竹、花竹、金竹、玉竹，以及黄、蓝、白、绿、灰五种颜色的五色竹，单独种植可点缀和渲染空间。

四、果树

(一) 果树在园林植物造景中的意义

随着城市园林绿化水平的不断提高，设计师在园林植物造景上，所应用植物素材的种类也越来越丰富多样。园林中植物造景，就是运用乔木、灌木、藤本及草本植物等题材，通过艺术手法，充分发挥植物的形体、线条、色彩等自然美（也包括把植物修剪成一定的形体）来创作植物景观。要创作一个成功的植物景观，就必须具备科学性与艺术性两方面的统一，既要满足植物与生长环境在生态适应性上的统一，又要通过艺术构图原理体现出植物个体及群体在人们欣赏时所产生的意境美，这是植物造景的一条基本原则。

果树既可以观叶、赏花，又可以看果，所以应在园林植物造景之中大力推广应用。在城市绿地中多栽一些果树，市民可以在城市中看到春天里的梨花、樱桃花、桃花、杏花、苹果花等，闻到它们的芳香，在夏天享受它们的绿荫，在秋天收获它们的果实，甚至许多果实在春天和夏天就可以品尝了，如春果的大樱桃，不仅具有很高的观赏价值，而且美味可口。根据不同类型的绿地栽种不同的果树，不仅能提高经济效益，更能丰富植物景观无数，提高植物景观效果，增强美感，增加社会效益。

此外，作为城市生态系统一部分的园林体系，保持其生物多样性是十分重要的。应提倡多树种搭配，增加景观多样性，以增强园林生态系统的稳定性。许多果树树种不仅是农业生产的对象，和其他非果树类绿化树种一样也是环境绿化的良好材料，能有效地起到防风固沙、调节气候、保持水土、减弱噪声、美化环境等作用。多数果树花量大，色彩丰富，花期前后错落，有的在早春3月开花，有的6、7月开花，有的边开花边结果，直至秋季。果实更是大小不一，形态各异，色彩斑斓，到了秋季，累累果实挂于绿荫之中，给人以回归自然的美好享受。有些果树的叶片也极具观赏价值，如银杏等彩叶树种。设计师将这些果树在园林植物造景中进行合理搭配，就会营造出"源于自然而胜于自然"的新景观。

（二）果树在园林植物造景中利用率低的原因

果树确实很适合在园林植物造景中大量应用，但为什么目前我国园林绿化对果树资源的利用率很低呢？其主要原因有三点：其一，苗木是园林绿化的物质基础，果树没有和园林绿化苗木有机结合起来，在苗木供应商那里很难找到果树苗木。其二，果树比其他树种养护管理难，增加了园林绿化后期的管养费用。其三，个别市民缺乏修养，春折花、夏秋摘果，不同程度地损毁了果树在园林植物造景中的景观效益。要发挥果树在园林植物造景中的作用，让果树真正成为园林植物造景的优良树种，就需要景观设计师在种植设计上合理选择树种、品种，做到适地适树，所设计的果树要与种植地点的环境和生态相适应。这样果树与其他绿化树种相结合，经过培育才能达到预期的艺术造景效果，大力推广果树在园林植物造景中的应用，让果树在建设和谐生态的园林景观中发挥更大的作用。

（三）果树在各类绿地园林植物造景中的选择配置与应用

（1）在道路绿地较窄、道路两边楼群拥立的地方，要求用树冠瘦、干高的树种。比如柿子树，树冠瘦，空中视线障碍小，通透性好；树干高，不影响行人；不仅可以观花观叶，更重要的是观果时间长，当大多数树木都落叶的时候，人们仍可以看见满街满树的"金元宝"，十分惬意。在道路绿地较宽、建筑物又不太高的开发区、新区道路两侧可以种植红果或海棠。中春的海棠满树花朵，晚春的红果繁花伴着绿叶，香气沁人。海棠和红果都是中秋果红、晚秋又独领风骚、经雪不落的果树。在烟台市滨海路两侧绿带中就种植了不少果树树种，如柿子树、海棠、银杏、石榴、无花果等，为道路的植物景观增添了不少亮点。

(2) 公园绿地栽植果树要与造园相结合，其种类的选择与栽植形式可依据当地条件、果树特点及造园手法而定。如桃树与垂柳配植于桥边，可以收到"落花有情"的寓意；将梨、李植于草坪的一端，配以山石花卉，可以烘托草坪的宽广，晨雾萦绕其间，给人以置于仙境的感觉。果树在公园里还可以三五成群，顺其自然，片植成林，形成"桃林"、"梅园"，再配植草坪、花卉形成优美的田园风光。

(3) 庭院绿地栽植果树的种类也有很多。在庭院中种植果树，不仅能美化环境，使家庭充满和谐温馨之感，而且可以收获美味的果实，取得一定的经济效益。

(4) 广场绿地若以绿荫草坪为主的可以点缀板栗、核桃这些树冠大、绿荫效果好的果树树种；若以铺装喷泉为主的则可以栽种苹果、梨和海棠这类树形优美的果树树种。与常用的广场绿化树种相比，果树树种能增加观果的乐趣，为广场增添不少生趣。

(5) 小区绿地以别墅为主的小区，栽种一些大冠幅的果树，如杏、桃、梨、槟、苹果、葡萄等。以住宅楼为主的小区可以栽种一些瘦冠幅的小乔木果树，如李子、柿子、樱桃、枣、山桃等。待到结实之季，给人以回归自然的亲切感受。

(6) 单位、厂区和工业区绿地根据院区的大小、建筑高低而定。单位院区较大、干支路较多，就栽一些高大的果树，使绿化、赏花、观果和遮阴融为一体。地被植物可选择草莓等。厂区、工业区种植果树可以把田园风光的绿化、美化效果与经济效益结合起来，配置一些可以吸收大气中有害气体或杀菌能力的树种，生态效益将更加显著。例如柠檬、橙等具有较强的杀菌能力，枇杷则具有很强的吸尘能力。据南京植物研究所测定，绿地情况差的某火车站每立方米空气含菌量达 49700 个，而在树木茂盛的植物研究所每立方米空气含菌量仅 1046 个，相差高达近 50 倍。

(四) 果树作为园林植物造景树种应注意的问题

设计果树要求精栽细管。在设计中必须考虑其生长结果习性及对环境条件的要求：

(1) 果树的位置选择。大部分的果树为阳性植物，如果种植在高大乔木间或建筑物阴影下得不到充足的阳光，即使能成活，也不能开花结果。因此，一定要将果树种在地域开阔、光照较好的位置上。再者，果树是高需肥性植物，而草坪具有很强的吸收肥水能力，如将果树植于草坪中，会因吸收肥水困难而生长衰弱。所以，最好不要将果树栽在禾木科草坪中。如若必须栽，应将树冠投影面积内的草坪清除。还有一些果树不耐水淹，应选择地势较高的地点。多数果树树种每年的生长量很大，故设计时应确定适当的株距。如株距设计过小，果树没有充分的生长空间，也难以达到应有的景观效果。

(2) 区域规划。果树树种甚至品种的生物学特性复杂，各不相同。设计时最好进行区域划分，分区栽植，以便分别进行土肥水管理及病虫害防治，使其生长良好,提高观赏价值。如果在同一片区内多树种混植,因其他树种与果树对土、肥、水的要求不同,再加上果树病虫害较多,致使树种间交叉感染,造成管理困难,果树及其他树种生长不良。因此,在设计时,应在单元绿地内尽量少安排一些树种,甚至只栽一种果树,例如单独成梨园和石榴园等。也可将同一树种不同树龄的树汇集一起,大小不一,高低错落,则别有一番雅趣。

(3) 树种搭配。在设计中忽视了其他树种与果树树种的合理搭配,会造成果树生长不良,甚至还会助长病虫害侵染。如侧柏为梨锈病的中间寄主;泡桐是果树紫纹羽病菌的越冬场所,如近距离同栽,会加重病害的发生。有些果树也不能混植,如核桃与苹果不宜混植,因核桃分泌胡桃醌抑制苹果生长。再者,多数果树需异花授粉才能结实,因此,要合理配置授粉品种。上述问题在园林设计时均应考虑。

在后期养护过程中,果树不同于一般的绿化树种,在生长发育过程中,对土、肥、水的要求很高,应适时灌水、施肥、中耕锄草等,同时要作好病虫害的防治,并且通过修剪造型,才能花繁果美体现观赏价值;做到精细管理,才能保证果树根深叶茂,花繁果硕,真正发挥果树在绿化中的作用。如果把果树与其他绿化树种一样养护,则果树生长衰弱、花少果落,失去观赏价值。在管理得当的前提下,为了巩固绿化成果,要宣传保护自然生态的深远意义,使全体公民养成爱护绿化成果的美德:

(1) 日常养护。日常养护包括土、肥、水管理和病虫害防治。对果树要增施有机肥,提高土壤腐殖质含量,对呈碱性的土壤还要使用硫酸亚铁等进行调整,使土壤 pH 值呈中性或微酸性。根据果树生长时期适量浇水。在果树花芽分化的关键时期要及时追肥以保证下一年花繁果多。要避免偏施氮肥,防止氮肥过多导致果树旺长而花少或无花。同时要加强防治果树病虫害。

(2) 整形修剪。果树整形修剪是园林果树管理中的重要环节。园林果树不能单纯按果树生产的要求进行整形修剪,除遵从果树的生长特性外,还要求树形美,与周边的景观相适应,既整出优美树形,又花繁果硕,充分体现其观赏价值。

(3) 特护。对树龄较大或生长势较弱的果树,定植后要进行特殊的养护管理。例如,在果树根际周围进行"穴贮肥水",通过定时定量施入各种肥料以满足树体生长的需要;通过向叶面喷施各种营养元素,及时补充营养和防止缺素症,也可配成营养液后直接注入树体内,以加快其吸收。

(4) 果树材料供应。近年用作园林的大多为生产淘汰的果树,树龄较大,病虫害较多,树势较弱,给养护带来很大困难,而且生产品种的果树,生产性能较好,但养护费用较高,观赏效果较差。从长远考虑,应建立果树苗圃,通过实生选育、杂交育种、选择芽变等培育出适应园林绿化需要的果树材料专供园林绿化使用。这对降低养护成本、提升观赏价值是十分重要的,也是果树进城、在园林绿化中实现其特殊景观效果的根本办法。

（五）园林绿化或造景中几种常见的果树

（1）柑橘。柑橘果实色香味兼有，营养价值高。近年，柑橘类果树应用于观果盆景、盆栽，观赏价值极高，而且其叶和果实都含芳香油，可清新室内空气。

（2）桃。适应性强，栽培容易，不仅果实风味优美，而且树体多姿，花型各异，花色缤纷，是一种重要的景观树。

（3）银杏。是果树、风景和用材林三者兼用的优良树种。银杏病虫害少，一般不用修剪，抗自然灾害能力极强，到了秋季，满树叶片金黄，烘托出浓厚的深秋意境，是园林绿化的理想树种之一，可用于行道树、开阔地带配植、公园主题绿化等。

（4）龙眼。是我国南方重要的亚热带果树。生长迅速，树冠大，树形美观，果肉鲜嫩，果汁甜美，风味宜人，具有较高的营养价值，也是重要的蜜源植物。

（5）枇杷。树形整齐美观，叶密荫浓，终年常绿，秋、冬时节淡黄色的小花盛开，为园林重要的观赏树种。并且有较强的吸尘作用，在厂区成片种植有很好的净化空气作用。

（6）石榴。石榴的花和果均有很高的观赏性，观赏时间长达6个月，可孤植、群栽，也可作果篱。

（7）板栗。树冠圆阔，枝叶茂密，为著名的干果树种，可用于沿海山区绿化，防止水土流失。作为城市园林用树可种植于庭院、路旁，是园林结合果树生产的优良品种。

（8）荔枝。果实色丽质优，香甜可口，营养丰富。在福州，荔枝被广泛地应用于行道树、园景树、风景林木。荔枝成熟时可兼收观赏与经济效益。

（9）芭蕉。适于房前屋后、田边地角、沟堤塘埂、溪岸河滩等土质肥沃的地方栽植。性喜温暖，耐寒力弱，根系发达，可固土保肥以减少水土流失，所以芭蕉有"护土卫士"的称号。

（10）葡萄。是园林造景中长廊、花架经常使用的树种之一，浓密的叶间若隐若现着几串紫晶晶的果实让人流连忘返。

五、药用观赏植物

（一）药用观赏植物在园林绿化中的应用原则与方法

一般的观赏植物包括了乔木、灌木和地被，药用观赏植物同样也具有这三种基本形态，应用相当广泛，这不仅丰富了药用观赏植物的搭配手法，也提高了园林绿化的美学艺术效果。

1. 因地制宜，就地取材

例如福建莆田市属亚热带海洋性季风气候，其中药用乔木可以选择大叶榕、垂叶榕、槟榔等，大叶榕的根、叶药用；垂叶榕的叶和气根入药；槟榔的种子叫做槟榔子，它含有槟榔碱和鞣酸等，可供食用，它的药用价值很高，除果实外，树叶也可食用；槐树的槐花同样可以入药；药用灌木可以选择萝芙木、冰凌仙草等，药用的地被或花卉可以选用百合、金银花、菊花、石菖蒲、麦冬等。

2. 注重功能，合理搭配

药用观赏植物和其他的观赏植物一样，要注意其功能的应用，对不同地区的绿化都会有不同的景观和功能要求，对开放的宽阔地带，要选择耐践踏、耐旱、耐燥等适应性强的植物；道路两侧、门口两侧则可以用树形较为优美整齐耐修剪的植物；药用观赏植物的应用范围也是相当广泛的，目前如运用在道路、观光广场、公园等相对开放的场所就要注意不能用带有毒性的药用观赏植物，而一些相对比较封闭的场所，例如学校、住宅小区、私家别墅、工厂等，可以通过宣传和配以说明牌加以展示说明，所以注重其景观功能的同时也不能失去对其药性功能的注意。

在对药用观赏植物的绿化层次和搭配方面也是值得推敲的，主要有高矮搭配、常绿和落叶搭配、色彩的不同搭配，这样不仅可以达到四季有景的效果，而且还能丰富绿化层次，提升观赏效果。高层的绿化药用乔木主要有：银杏、蓝桉、樟树、厚朴、黄柏、木瓜、大叶榕等；中层灌木主要有：贴梗海棠、垂丝海棠、峨眉蔷薇、枸骨等；低层的相对比较丰富，可以搭配的也较多，样式可以多样，例如，石菖蒲、白芨、白头翁、垂盆草、虎耳草、景天、鸢尾、金银花、石蒜、紫茉莉、芍药等；其中，颜色搭配方面可以用深绿的麦冬、阔叶麦冬等；浅绿的有万年青等；黄绿色的有垂盆草等；白色的有葱兰等；红色的则可以用石蒜。

3. 科普教育，寓教于乐

药用观赏植物运用在园林中，不仅能起到一般园林植物所具有的基本特点，除有防尘、降温、增湿、净化空气、美化环境、保护生态等作用之外，还可以增加人们的知识，如配以说明牌展示其药用功效，寓教于休闲游乐之中，还能使更多的人了解祖国的传统中药，达到科普宣传作用。

（二）药用观赏植物的发展前景

我国拥有丰富的药用植物资源，在这之中，拥有较高观赏价值的种类相当多，包括从乔木到灌木到花卉、地被都是十分丰富的，其发展前景也相当广阔。莆田地区的山区范围较大，新兴的药用植物资源相当丰富，莆田地区应在发挥药用植物药用价值的同时，拓展药用观赏植物的发展，并不断完善和改进园林绿化中的绿化苗木配置。

第一，根据自身的条件选择具有地域特色的药用观赏植物，系统地从药用植物中筛选出来，加以研发推广，成为一种极具经济价值的药用观赏植物。第二，可以申请项目，建设一个专门的药用观赏植物的观光园，与当地的旅游地点挂钩，也把其作为当地中药生产的一个基地，提高其经济价值，例如福建的宁德就拥有一个当地特色的畲族药用植物园，这样不仅可以提高其经济效益，也把我国传统的中药文化理论普及于民；莆田地区同样可以把妈祖文化与药用植物园相结合，加以开发利用。第三，可以选择性地引种一些当地野生的药用植物,分析其美学观赏特性,加以引种研究开发,从而增加药用观赏植物的利用价值,在园林绿化中得以广泛运用。

随着人们生活水平的不断提高,对周围环境的要求日趋提升,选择药用观赏植物作为园林中的树种搭配已经成为一种新型的植物配置方法,被大多数人们所接受,但是目前国内的药用观赏植物的生产还不能完全规范,还不具规模,大多数地区还不能大量供应,这就需要我们加强对药用观赏植物的研究力度,作为园林设计工作者就要深入考究部分药用观赏植物的美学特性,完善植物配置方法,服务于民,把我们周围的环境装扮得更加美丽。

第三节 城市园林植物的生态配置

一、城市的植物生态配置的意义

植物景观,主要指由自然界的植被、植物群落、植物个体所表现的形象,通过人们的感观传到大脑皮层,产生一种实在的美的感受和联想,植物景观一词也包括人工的即运用植物题材来创作的景观。植物造景就是应用乔木、灌木、藤本及草本植物来创造景观,充分发挥植物本身形体、线条、色彩等自然美,创作园林植物景观。

在园林景观三要素中植物具有山水、建筑二要素所不具备的特征。首先,植物是活的有机体,具有生命力,给人以活力,极易与人类融为一体。其次,植物所占据的空间是变化着的。不同种类其外形不同,有圆球形、圆锥形、尖塔形、垂枝形、钟形、拱枝形、匍匐形等,此外,同一种植物在不同的年龄阶段外形的变化,也构成了极为丰富多变的园林植物空间。再则,植物在色彩上以及春花、夏绿、秋实、冬姿的四季变化中给人的感受远不只是空间和时间上的,更微妙的是心灵和情绪上的感触,类似于人的心与心之间的交流,也就有了植物的拟人化,其是与人最亲近的造景元素,在园林化城市景观建造中有着极其重要的作用。

同时,绿色植物独有的防护功能能维持空气中 CO_2 和 O_2 的平衡、降低温度、增加湿度、防风固沙、防止水土流失、吸收有毒气体、阻滞烟尘、杀菌净化空气、防火、防震等,也极大地改善着人们的生活环境。

二、城市园林植物生态配置的原理

(一)植物的生态要求

植物是有生命力的有机体,每一种植物对其生态环境都有特定的要求,在利用植物进行造景时必须先满足它的生态要求。

光是绿色植物的生态条件之一,光为地球上的生物提供了生命活动的能源;植物对土壤含水量的要求不同,不同种类的植物耐旱耐湿性也不相同;不同植物对城市中的工业污染,如二氧化硫、氯化物、氟化物、光化学烟雾等有毒物质的忍耐力也不同;同时,植物生长对土壤的酸碱性、土壤的生化环境也有一定的要求，植物根系的土壤深度也各不相同，在利用植物造景配植时要选择根系分布在不同土壤深度的植物，以减弱植物根系的养分竞争。

（二）考虑植物种间关系

植物的搭配种植除了考虑空间营造、艺术美感，更重要的是不同种类植物之间互相的影响，有的植物常以他种植物为栖居地，但并不吸收其组织部分为食料，最多从死亡部分上取得养分而已。这种附生景观不但增加了单位面积中绿叶的数量，增大了改善环境的生态效益，还可形成各种各样美丽的植物景观；有些植物如松树、白蜡等具有菌根，此菌根有的可固氮，为植物吸收和传递营养物质；植物的分泌物对种间组合也有影响，如刺槐、丁香两种植物的花香会抑制邻近植物的生长，配植时可将两种植物各自丛植、片植。

（三）充分发挥植物本身的美

1. 构成各种园林空间

创造空间是园林设计的根本目的，以植物作为材料形成的植物空间更具有多变的个性及迷人的外观，更能给人带来丰富的视觉享受和强烈的空间感。与其他园林要素组成的空间相比，具有柔和的特点，没有生硬、冷冰的感觉。一个绿地其本身的性质也决定了其植物空间的类型，如森林公园、防护林常以封闭空间为主，而公园则是多种类型相组合。

常见的绿地中的植物景观很少只形成一种空间形式，常常是几种空间构成的一种混合空间，即组合空间。几个组合空间又可以组成群体空间，从而又形成序列空间、动态空间等。有时这些硬质空间又与人性要素、情感要素和社会要素等这些影响空间的软质要素相结合形成更为复杂多变的空间类型。

2. 变化多端的植物外形

植物中木本植物的外形变化较多，利用其不同的外形给人不同的视觉感受，以形成不同的空间形式和造就多种不同氛围。尖塔形或圆锥形多形成庄严、肃穆的气氛；圆柱形具有向上的方向感，多列植形成夹景或与其他树木配植形成多变的林冠线；圆球形也有着较严肃的气氛，但较尖塔圆锥要活跃一些；伞形分枝点高，枝下可活动，外形活泼，多孤植或作行道树；垂枝形如垂柳，形态轻盈、优雅活泼，适合在水边、草地上种植；拱枝形枝条长而略下垂，可形成拱券式或瀑布式景观，如云南黄馨在水边形成景观；卵形外形雄伟、浑厚、朴实，多形成实的空间，可作风景林、行道树、庭荫树。

3. 丰富多彩的颜色

植物的花、果、叶、枝、干是植物色彩的源泉，花色和果色有季节性，持续时间短，只能作为点缀不能作为基本的设计要素来考虑。树叶色彩是主要的效果因素。对落叶树来说，枝干的色彩在冬季便成了重要因素。

大多数植物的叶色为绿色，少数栽培品种具有其他颜色。绿色叶用肉眼又可分为深绿色、浅绿色、灰绿色、蓝绿色、红绿色、黄绿色。深绿色稳重但显阴沉，可作背景；浅绿色能使空间范围明显扩大明亮；灰绿色也可扩大范围但给人以寒冷的感觉；蓝绿色有凉爽和宁静的气氛；红绿色提供活泼的气氛,产生温暖感;黄绿色使阴暗的地区明亮起来,给人愉快的感觉。

4. 植物的质感

植物的质感是以视觉属性为依据,代替触觉经验进行的判断。质感细的有后退感,恰当地布置于某些背景中,可以明显增大空间范围,亦或近距离孤植、丛植、林植欣赏,如垂柳、青桐等完整光洁的表面,使建筑群的粗糙线条变得柔和、协调。

质感粗的与粗重的材料协调,即使从远处看去仍很醒目,不过有缩小区域面积的倾向,一般与外观细腻的建筑物搭配更为协调。植物大小、形状、质感、花及叶的季节性变化等都是设计中要考虑的特性。一个好的植物造景,充分利用植物本身的形态、色彩、质感及植物之间的围合,可能运用的植物并不多,但它兼顾了植物多方面的特性。

(四)景点的协调

园林化城市植物造景的植物景观还应充分体现整个园林设计的意图,与建筑、山石、水体、园路进行搭配时更应考虑协调性。在植物与建筑配植时建筑需要用植物衬托、软化其生硬的轮廓,给建筑以活力。体形较大的建筑多用树体高大、树冠开阔的树种,体形不大的多选姿态雅致、色彩较艳或具芳香的树种;在色彩上,植物的颜色与建筑的色彩应形成鲜明的对比,以取得更好的观赏效果。水给人以明净、清澈、柔和和亲近的感受,因此在水边配植时宜加强水面的宁静效果,创造更为幽静、含蓄的气氛。在选择植物上应选择线条柔和的树形且以绿色为主,色彩不宜太丰富。植物景观在与园路的配植上应强化园路的作用,增强方向感或创造幽静的气氛。

三、城市园林植物生态配置的原则

在顺应自然,掌握自然植物群落的形成和发育,其种类、结构、层次和外貌等是搞好植物造景的原理基础上,要创作"完美的植物景观,必须具备科学性与艺术性两方面的高度统一,即既满足植物与环境在生态适应上的统一,又要通过艺术构图原理体现出植物个体及群体的形式美,及人们在欣赏时所产生的意境美",是植物造景的基本原则。

(一)本土化原则

"景观文化"是人类社会宝贵的精神财富,而"植物景观文化"又是景观文化中最基础的一环,是"景观文化"的重要组成部分,唯有"景观文化"的本土化,才能实现一个地区、一个国家或全球城市园林文化的多样性。

文化都是在传统与创新中不断发展变化的。由于缺乏对乡土植物的深入研究及认识上的局限性我国对乡土植物在城市植物景观建设中的应用很少,而外来物种却占绝对优势。据有关研究报道,应用于上海、北京、南宁、柳州、桂林等我国主要城市绿化的植物种类中,乡土种类应用的比例也不大。在数量众多的外来植物中,一部分作为有用植物为人们的生活作出贡献,另一部分则成为可怕的植物杀手,严重破坏当地生态平衡,改变生物多样性。而且由于我国许多城市现在的绿化覆盖率也与"国家园林城市标准"相差甚远，园林植物多样性匮乏，这就给乡土植物提供了研发利用的机遇和广阔的应用前景。

完美园林化城市造景所采用的城市植物是城市自然植物和人工植物的总称，是乡土植物、外引植物和城市自然植物的园林化有机结合，已成为中国现代化城市大园林建设的主体。一个植物物种极为丰富的高水准园林化城市，是一个充满生机的特殊植物园，乡土植物在营造这一"特殊植物园"中的地位与日俱增。

（二）多重统一原则

配植与目的统一原则：完美化园林城市的因素各不相同，公园植物景观与道路植物景观等的形式不同，也造就了景观目的的不同，为实现设计的本来目的，要重视配植与目的的统一原则，使配植品种及形式更好地彰显目的和功能，从功能上达到统一的效果。

艺术统一原则：完美的城市植物景观设计还应遵循着绘画艺术和造园艺术的统一原则。包括统一、调和、均衡和韵律四大特点。植物景观设计时，要发挥树本身形态美的多样性和变化性，又要使它们之间保持一定的相似性，引起统一感，这样既生动活泼，又和谐统一，有对比和协调变化，注意相互联系与配合，体现调和的原则，使人具有柔和、平静、舒适和愉悦的美感，找出近似性和一致性，配植在一起才能产生协调感。将体量、质地各异的植物种类按均衡的原则配植，景观就显得稳定、顺眼，同时，配植中有规律的变化，产生韵律感，达到艺术的统一与变化。

（三）动态设计原则

如果说建筑是永恒的艺术，那么植物则是变化的音符。园林艺术讲究动态序列景观和静态空间景观的组织，植物景观完成后仍然在每年中发生季相变化，植物的生长变化造就了植物景观的时序变化，极大地丰富了景观的季相构图，形成三时有花、四时有景的景观效果。因此，季相设计图是组织景观的依据，最低限度的冬季植物景观是设计的基点，最佳季相（春季、夏季、秋季）景观是设计效果的高潮。同时，规划设计中，还要合理配置速生和慢生树种，兼顾规划区域在若干年后的景观效果。

（四）功能设计原则

植物景观除了供人们欣赏外，更重要的是能创造出适合人类生存的生态环境。满足功能设计要求是植物造景的一大目标。植物具有吸声除尘、降解毒物、调节温湿度及防灾等生态效应，如何使这些生态效应得以充分发挥，是植物景观设计的关键。

在设计中，应从景观生态学的角度，结合区域景观规划，对设计地区的景观特征进行综合分析，否则，会南辕北辙，适得其反。例如，北京耗巨资沿四环和五环修建的城市绿化隔离带，其目的是为了控制城市"摊大饼"式的向外蔓延带来的环境压力，但在规划中由于缺乏对北京区域环境、自然系统和城市空间扩展格局的分析，采用均匀环绕北京城市周围的布局方式，不但不能真正防止北京城市无序扩张，而且可能拉动和强化这种扩张模式。

（五）经济性原则

植物景观以创造生态效益和社会效益为主要目的，须遵循经济性原则，在节约成本、方便管理的基础上，以最少的投入获得最大的生态效益和社会效益，为改善城市环境、提高城市居民生活环境质量服务。强调植物群落的自然适宜性，力求植物景观在养护管理上的经济性和简便性。应尽量避免养护管理费时费工、水分和肥力消耗过高、人工性过强的植物景观设计手法。多选用寿命长、生长速度中等、耐粗放管理、耐修剪的植物，以减少资金投入和管理费用，坚持适地适树，多用乡土树种。节约并合理使用名、特、贵重树种，降低成本造价。强调风景树种与经济树种结合、经济树种与生态树种结合，取得生态、生活、社会、经济多重效益。

四、城市园林植物生态配置的方法

（一）城市道路植物的生态配置

1. 道路景观功能

道路绿化景观是改善城市道路环境最常用、最有效的方法之一。在道路景观营造方面，植物景观在丰富、统一街道立面；分割、组织道路空间；体现时间变迁上起着重要作用。在道路绿化景观实用功能上，有组织交通、形成荫棚效应，有隐蔽作用和防护作用。同时，道路绿化在形成景观之外还有着增加空气湿度、降低大气温度、改善城市小气候的生态效应。

2. 道路景观特性

道路景观的形成是现代城市中诸多因素协调的结果，进行景观设计的过程，其实就是一个解决协调诸因素之间矛盾的过程。包括：人与车的矛盾，解决人车分流，创造更合理的人车共存空间；空间形态上长与宽的矛盾，道路景观绿化要考虑观景视线的引导和序列空间的开合变化；不同观景速度之间的矛盾，考虑行人与车辆的观景速度不同而考虑两种大尺度及细部景观的分别设置；景观搭配上硬与软的关系，与街道建筑路面铺装等硬质景观在节奏及色彩上相协调。

3. 道路景观植物的选择

首先，以乡土植物首选为原则，选择适应性强、抗污染、耐干旱、易养护、抗风和抗病虫害的树种。其次，从实用功能方面要根据道路的性质，选择树干直、健壮、分枝点高、冠大荫浓、树叶茂密、花果无毒、无黏液、无臭气、无污染的树种，以便于通行、形成绿荫等；而有些地段为了显现街道的宽阔，为了充分展现建筑立面效果和良好的通透视线，则应选择低矮的小乔木，冠幅小、分枝少、锥状或柱状的树种，以满足不同道路功能。

最后，作为城市生态系统的一部分，保持道路绿地的生物多样性，使生态系统稳定，选择植物种类时，考虑不同植物生长发育规律及其相互作用影响，使道路景观富有变化，又能防止虫害，保护城市生态系统。

（二）工矿企业植物的生态配置

1. 工矿企业植物景观的营造意义

工厂生态环境的好坏直接影响整个城市的生态环境。工厂绿地的生态效益体现在净化环境作用上，能明显净化厂区废气；改善厂区小气候；改良土壤；吸收生产中的废水；繁衍生物；释放空气负离子；同时减弱工厂噪声。

工厂绿地在发挥生态效益的同时，也发挥景观效益。它通过景观的改变从改善人体心理机能和精神状态上服务人们。植物景观为职工提供户外休息娱乐的场地，也美化了工厂厂房，使工厂环境美观、舒适、安全，直接提高工厂企业的生产效益，创造工厂绿地的经济效益。

2. 工矿企业植物造景特性

在立地环境方面，企业建筑占地率高，绿化用地少，绿化预留空间小；工厂三废对树种有高度抗污要求；临时货场等会破坏造景效果；同时管道多对植物配植带来不利因素。

3. 工矿企业景观植物种类选择

工厂功能区的不同使在植物选择上要从生态学角度考虑其防护性和适应性，再从美学角度考虑其造景需要。防治污染是工厂生产区绿化的首要目的，根据污染成分，有针对性地选择相应的防治树种，根据生态规律选择搭配植物，形成相互促进的稳定群落。

（三）城市居住区植物的生态配置

1. 居住区植物景观功能

居住区绿地是在居住区用地上栽植树木、花草，改善地区小气候并创造自然优美的绿化环境。就其功能而言，人们往往把居住区植物景观的主要作用归纳为三种：使用功能、生态功能和景观功能。

2. 居住区植物景观特性

居住区公共绿地的布局应在居住区总平面规划时统一考虑，居住区级、小区级及住宅组团绿地都应该有恰当的服务半径，便利居民使用，并重视宅间绿地的规划设计，形成点线面结合的绿地系统。

公共绿地应考虑不同年龄的居民活动的需要，按照各自的活动规律配备设施，并有足够的用地面积安排活动场地，布置道路和种植。公共绿地除有围合户外活动场地的作用外，还应具有环境识别性，创造具有不同特色的居住区、居住小区的景观。

3. 居住区植物景观设计要点

体现住宅标准化与环境多样化的统一，依据不同的建筑布局作出宅旁及庭院绿化的绿地设计，植物的配植应依据地区的土壤及气候条件、居民的爱好以及景观变化的要求。同时也应尽力创造特色，使居民有一种认同及归属感。

从景观方面考虑，确定基调树种，在统一中求变化，以适合不同绿地的需求；以绿色为主色调，乔、灌、草、花相结合，选用具有香味的植物，尽量保存原有树木，结合地形选择植物种类。

（四）公园绿地植物的生态配置

1. 城市公园植物景观功能

城市公园植物景观被人们称为"城市的肺脏"，对改善城市生态环境，维护城市的生态平衡起着巨大的作用。除此之外还有丰富城市天际线、形成区域景观特征、构成城市中心景观的景观功能。

2. 城市公园植物的生态配置原则

城市公园植物造景应考虑其生态习性；植物造景应根据不同公园绿地的功能、性质而定；植物造景应与城市天际线、街景形成统一景观；在植物种类选择上，避免使用有异味、有毒、多刺、易引起过敏性反应的植物；植物种类避免单一，应显示季相变化，保证四季有景，同时避免病虫害的发生。

3. 城市公园景观植物的生态配置

综合性公园：公园面积大，立地条件及生态环境复杂，活动项目多，选择绿化树种不仅要掌握一般规律，还要结合公园特殊要求，因地制宜，以乡土树种为主，以外地珍贵的驯化后生长稳定的树种为辅。充分利用原有树和苗，适当密植。选择具有观赏价值，又有较强抗逆性，病虫害少的树种，易于管理；不能选用有浆果和招引害虫的树种。

儿童公园：一般都位于城市生活区内，环境条件多不理想。为了创造良好的自然环境，外围用树林、树丛和周围环境相隔离。园内用高大的庭荫树绿化以利遮阴，各分区可用花灌木隔离。由于儿童年龄偏小，好奇心较强，活泼好动，但缺乏有关植物的科学性知识，且抵抗力较弱，所以在植物造景选择上应选用叶、花、果形状奇特、色彩鲜艳的树木；乔木应选用高大遮阴的树种；灌木应选用萌发力强，直立生长的中、高型树种；慎用有刺激性及有毒、有刺及过多飞絮的植物。

纪念性公园：在纪念性公园中多选择一些树形规整、枝条细密、色泽暗绿的常绿针叶树种，如柏等，营造一种庄严肃穆的气氛。在非纪念性功能区多由常绿阔叶树种、竹林以及各种灌木组成郁郁葱葱、疏密有致、层次分明的林木景观。

植物园：是植物科学研究机构，也是以采集、鉴定、引种驯化、栽培实验为中心，可供人们游览的地方。主要发掘野生资源，引进国内外重要的经济植物，调查收集稀有珍贵和濒危植物种类，以丰富栽培植物的种类或品种。

动物园：是集中饲养、展览和研究野生动物及少量优良品种的家禽、家畜并可供人们游览休息的地方。在植物材料选择上，应注意尽量选择能体现动物原栖息地环境特色的植物，不宜选用对动物和游人身体易造成伤害的树种，为了加强观赏性及趣味性，可多选用色彩丰富的花卉及花灌木，同时注意植株高度的搭配，以保证游览视线的通畅。

第四节　小区园林植物的生态配置

一、园林植物在庭园空间中的独特作用

庭园空间乃建筑空间的一个有机组成部分，是建筑室内空间的延伸和扩展，它是一种人为的围合体。所谓围合，并非完全用实体限定构件作封闭围合，而是指领域性的划分，往往用道路和建筑自身进行包孕式围合，亦可用外实内虚的天井式围合而成。围合的庭园抗干扰性极强，不受外环境影响，具有中心的地位，形成内向组合的空间秩序。

当然也不排除采用消极空间（指无确定的边界）组合方法，形成开敞式外向组合的庭园，庭园与四周空间融合，构成发散型的空间秩序。庭园空间组合灵活而丰富。从单一功能的庭园到多方面使用功能的庭园；从单院落的庭园到多院落的庭园组合，形成了一整套完善的庭园体系，并由此派生出各式庭园，以适应不同使用者多方面的需求。庭园的类别，根据建筑所处的空间位置和相应具有的使用功能有前、中、后、侧、内庭和屋顶花园之分。根据人的活动特点，可将其分为：以游赏为目的的公共游赏庭园，如宾馆饭店及文化娱乐建筑之庭园；以休息为目的的自然庭园，如居住区及工作场所之庭园；以参与为目的的专业性庭园，如儿童游戏场、游泳池、垂钓等；以综合活动为目的的公园庭园。根据庭园的风格不同分为东方庭园和西方庭园。各式各样的庭园，其功用的充分发挥固然离不开绿色植物的功劳。置身于优美的庭园之中，犹如徜徉在富有吸引力的大自然怀抱，让人处处呼吸到自然界的浓浓气息。绿色植物除了有效地改善了庭园空间的环境素质外，更充分地发挥了其在特定环境条件下独特的功效。

（一）植物柔化了庭园空间的建筑线条

建筑的形体时常出现刺目而生硬的线条。植物的形体和质地，比起生硬呆板的建筑显然要柔和多变，种植后会使这一部分空间和谐而又富有生气。其中以蔓性植物的效果最理想。再则植物也可以改变假山生硬、厚重的感觉，如广州白天鹅宾馆中庭内假山的悬崖峭壁上预留了许多种植穴，栽了蕨类、绿芋、玉堂春、杜鹃、迎春、丹桂、四季米兰、含笑、紫藤等，绚丽多姿，消除了生硬和体量太重的感觉。

（二）植物改善了庭园空间的环境质量

植物为庭园空间创造了良好的环境质量。因为庭园内人员集中，停留时间长，易造成园内高温和大量污浊空气；还有由硬质材料产生的日照辐射等均可被园林植物调节；再者庭园空间组合中空间的分隔、过渡、融合等所采用的花墙、花架、漏墙、落地窗等形式都要借助于园林植物来装点。

（三）植物丰富了庭园空间的层次变化

大小不同的空间通过植物配置，进一步突出了该空间的主题，并有效地完成了对空间的组织及改善。某些庭园的公众集中区域，常布置大型的植物景观，并辅以山石、水池、瀑布、曲桥等，形成一组相对集中的游赏中心。

如：广州白天鹅宾馆采用我国传统的写意自然山水园，"小中见大"的布置手法，在底层大厅中贴壁建成一座假山，山顶有亭，山壁瀑布直泻而下，壁上种植各种耐阴湿的蕨类植物、沿阶草、龟背竹。瀑布下连曲折的水池，池中有鱼，池上架桥，并引导游客欣赏珠江风光。池边种植旱金草、艳山姜、棕竹等植物，高空悬吊巢蕨，景象异常优美。某些有特定要求的庭园空间，也可用植物来分隔和限定，形成一相对独立的小环境。运用花墙、花架、花坛、花钵等方式界定空间，分隔成具有一定通透感又相对隐蔽的小空间。运用花台、树木、水池、叠石等限定空间，形成相对独立的环境，供人们休息、娱乐、欣赏。运用观赏性强、体量大的植物来装点建筑空间灵活、复杂的公共娱乐场所，可起到组织路线、疏导的作用。某些庭园的入口、建筑物前、建筑物门厅、室内等处的一系列植物景观，让人充分体会到内外部景观层次的不间断感，充分体现了从外部空间到建筑内部空间的一种自然过渡和延伸。另外，从室内向外看，观者眼前婀娜多姿的自然植物又成为绝佳的"添景"。

（四）植物丰富了庭园空间的时序变化

"春则花柳争艳，夏则荷榴竞放，秋则桂子飘香，冬则梅花破玉"，生动地描绘了各类园林植物四季时序之烂漫景观。庭园空间利用不同植物四时互补之景的配置方式来表现春夏秋冬四季周而复始的丰富景观。如：苏州拙政园的"海棠春坞"、狮子林的"向梅阁"，都是侧重于展现春花烂漫的春景；留园的"荷花厅"、拙政园的"荷花四面亭"，则是侧重于渲染荷花满塘的夏景；网师园的"小山丛桂轩"、留园的"闻木樨香轩"及西部土山的枫林，则是以秋色桂香的秋景为主；拙政园的"雪香云蔚亭"，亭边广植蜡梅、竹子，蜡瓣舒香和丝竹玉树，是以欣赏冬景为主的。

另有，扬州个园的四季假山"春山宜游，夏山宜香，秋山宜登，冬山宜居"，植物配置以竹为主，花木配置兼顾四季景观效果，以烘托四季假山，做到"园之中，珍卉丛生，随候异色"，每季都有其代表植物。春景以竹石开篇，除栽植挺拔雄伟的刚竹外，院内花坛上还栽植了丹桂，并配有春季花卉迎春、芍药、海棠等，呈现出一派春意盎然的景象。夏山植物以竹、广玉兰、紫薇和山上古柏为主，同时配置石榴、紫藤等。夏山水竹纤巧柔美，与玲珑剔透的太湖石相配，二者相得益彰，进一步渲染了夏景之清丽秀美。秋景主要是表现北方之雄。秋山植物以竹和秋色树种为主，半山腰配以古柏、黑松，以添北方雄浑之气；红枫、青枫叶形美丽，秋季叶色鲜红。冬景以岁寒二友"竹、梅"为主要配植材料，天竹枝叶发红，叶形小巧精美，素心蜡梅傲雪怒放，花香袭人。

（五）植物创造了庭园空间的意境美

庭园植物造景深受历代山水诗、山水画、哲学思想乃至生活习俗的影响。在植物品种选择上，非常重视其"品格"，常与比拟、寓意联系在一起。形式上，注重色、香、韵，力求富有诗意；意境上，力求"深远"、"含蓄"、"内秀"，情景交融，寓情于景。如竹，因有"未曾出土先有节，纵凌云处也虚心"的品格，又有"群居不乱，独立自恃，振风发屋不为之倾，大旱干涸不为之瘁。坚可以配松柏，劲可以凌霜雨，密可以泊晴烟，疏可以漏明月，婵娟可玩，劲拔不回"的特色，被喻为有气节的君子。另外，还常常利用植物的优美形态和丰富的季相变化，表达人们一定的思想感情和形容某一意境。如"雨打芭蕉"表示宁静的气氛。杭州西泠印社以松、竹、梅为主题，来比拟文人雅士清高、孤洁的性格。个园宜雨轩为主人"迎宾"之所，屋前花坛上栽植了大量的桂花，取桂之谐音"贵"，意在欢迎贵人来园，表达了主人的好客之情，中秋佳节贵宾驾临之际，桂花飘香，对月饮酒赏桂，别有一番情趣。

二、城市居住小区园林植物配置要点

园林植物配置就是利用园林植物材料结合园林中的其他素材，按照园林植物的生长规律和绿地条件，采用不同的配置形式，充分发挥出各类植物的形体、线条、姿态、色彩等自然美的特点，组成不同的园林空间，创造出多样化的园林植物景观以满足人们观赏休息的需要。随着我国城市居民的住房消费心理日益趋于理智和成熟，对居住小区的环境质量要求也越来越高，优美的园林植物配置的绿色居住小区，成为城市居民选择住房的要素之一。那么要运用园林植物配置，来满足城市居民对绿色居住小区的需要，就必然要求在具体实施工作过程中很好地把握城市居住小区园林植物配置要点。

（一）要注重园林植物的搭配方式

一般面积 10hm^2 以上的小区的园林植物种类能达到当地常用园林植物种数的 40% 以上。不同小区所用植物种数与小区所在地区植物种类的丰富程度及该小区的设计手法、小区面积密切相关。而居民满意、园林植物绿化效果好的小区都达到了一定的园林植物种类。因此，城市居住小区应合理配置乔木、灌木及藤本植物、地被植物、竹类、水生植物、色叶植物、花灌木、芳香植物。还应以这些园林植物的多样性为基础，设计因地制宜的不同园林植物群落类型：乔木—草本型、灌木—草本型、乔木—灌木—草本型、乔木—灌木型、藤本型等。国内外的实践证明，在居住区中合理应用人工园林植物群落，小气候产生可感效应的最小规模为 0.5~1hm^2。绿地中树木的数量越少，其产生的生态效益也越低。由少量草坪和低矮灌木组成的小片装饰性绿地，生态效益也不佳。以乔、灌、草组成的人工拟自然群落，由于园林植物种类丰富，且绿叶面积增加，提高了单位叶面积指数，生态效益佳。而现代城市居住小区建筑密集，人口集中，热岛效应突出，加上建筑物间距小，容积率大，地面多硬化处理，对植物生长的光照和水分都带来变化，所以在这些不同的园林植物群落类型中的树种搭配上，要使喜阳、耐阴、喜潮、耐旱的园林植物各得其所，从而充分利用阳光、空气、土地、肥力，构成一个稳定有序的园林植物群体，这样既满足了园林植物的生物学特性，又考虑了居住小区园林植物绿化景观效果，做到绿化与美化相统一，创造出了安静和优美的人居环境；还可适当配置鸟嗜园林植物和蜜源园林植物，吸引鸟类和昆虫，使居住小区呈现人与自然和谐共存局面，体现"以人为本，天人合一"的园林植物配置理念。

(二) 要注意园林植物色调和季相的变化

要把不同花色花期的园林植物相间分层配置，可以使园林植物景观丰富多彩。背景树一般要高于前景树，栽培的密度要大，最好形成绿色屏障，色调也宜深，或与前景有较大的色调和色度上的差异，来衬托出整体效果。另外，园林植物的不同花期、不同的色彩也展示出季相的不断更替。四时景色各异，随季节而变化。在我国较长的园林植物生长期内，可以用较多的品种，满足对色调的需求，显示出季相变化。按照园林植物季相和不同花期的特点创造园林植物的时序景观，使在不同的季节，在同一地区产生不同的群落形象。春夏时节鲜花盛开，夏季绿树成荫，秋季硕果累累，冬季松柏银装素裹。按季节变化可选择的树种有早春的迎春、桃花、连翘、丁香等；晚春开花的蔷薇、玫瑰等；初夏开花的木槿、紫薇等；秋天观叶的枫香、红枫、三角枫、银杏和观果的海棠、山里红等；冬季翠绿的油松、柏树等。四季演变的园林植物景观全靠和谐的园林植物配置，这给远离自然的城市小区居民带来无穷的享受。

(三) 要注意根据园林绿地的不同类型配置园林植物

城市居住小区绿地类型一般包括宅旁绿地、绿篱地、道路两侧绿地、平台绿地和屋顶绿地等几种主要类型，应结合不同类型绿地配置好园林植物。

1. 宅旁绿地

宅旁绿地由于其贴近居民，根据通达性和实用观赏性要求，应考虑建筑物的朝向。在近窗不宜种高大灌木，以免影响采光；而一般在建筑物的西面，需要种高大阔叶乔木，对夏季降温有明显的效果，在冬季则可以享受温暖的阳光。宅旁绿地应设计方便居民行走及滞留的适量硬质铺地，并配植耐践踏的草坪，而且在阴影区宜种植耐阴植物。

2. 绿篱

绿篱应以行列式密植园林植物为主，分为整形绿篱和自然绿篱。整形绿篱常用生长缓慢、分枝点低、枝叶结构紧密的低矮类灌乔木，适合人工修剪整形。自然绿篱选用植物体量要求相对较高大。

3. 道路两侧绿地

居住区道路两侧应栽种乔木、灌木和草本植物，以减少交通造成的尘土、噪声及有害气体，有利于沿街住宅室内保持安静和卫生。行道树应尽量选择枝冠水平伸展的乔木，起到遮阳降温的作用。公共建筑与住宅之间应设置隔离园林绿地，多用乔木和灌木构成浓密的绿色屏障，以保持居住区的安静，居住区内的垃圾站、锅炉房、变电所、变电箱等欠美观地区可用灌木或乔木加以隐蔽。

4. 平台

平台上部空间作为安全美观的行人活动场所，要遵循"人流居中、绿地靠窗"的原则，将人流限制在平台中部，以防止对首层居民的干扰；绿地靠窗设置,种植一定数量的灌木和乔木,以减少户外人员对室内居民视线的干扰。

5. 屋顶

屋顶一般应种植耐旱、耐移栽、生命力强、抗风力强、外形较低矮的园林植物。

(四) 要注意发挥园林植物配置的综合功能

符合自然规律和风貌的城市居住小区的园林建设,也是创建自然生态人居环境中人与自然协调发展的过程。园林植物配置在遵循生态规律的同时,应运用美学观点,要充分考虑城市居住小区的规划格局、建筑风格、人文特点、地理地貌等因素,兼顾园林植物经济性、文化性、知识性、实用性等内容,进一步扩大园林植物的功能的内涵与外延,充分发挥其综合性的生态功能。园林植物绿化过程中存在的名贵树种盲目引进城市居民小区,不仅破坏了原地生态环境,而且造成城市居住小区园林植物绿化地景观单一、成活率低的现象,不应再发生。各地的乡土树种适应本地风土的能力强,而且种苗易得。短途运输栽培成活率高,能有效地防止病虫害的爆发,代表了一定的植被文化和地域风情,可突出本地城市居住小区的地方特色。

因此应以本地乡土树种为主,外地优良树种在经过引种驯化成功后,才能进入小区与本地乡土树种配合应用。攀缘绿化是攀附在居住小区建筑物上的一种绿化装饰艺术,在众多的新城市居民小区建筑物上加以合理利用,不仅起到增加绿视率、阻挡日晒、降低气温、吸附尘埃等改善环境质量和美化环境的作用,而且还有助于解决目前我国居住小区人口较多、建筑密度较大、园林绿地相对不足的实际问题。

第五节　空中花园植物的生态配置

一、空中花园概述

一般来说,空中花园包括入户花园、阳台花园、大露台花园等。但各者之间比较相似,并且大部分用户只有阳台,所以本书以阳台为例,进行阐述。

(一) 阳台的环境条件

阳台由于建筑物地势不同,朝向变化,阳台的光线、温度等生态条件会发生变化。具体如下。

1. 光线

阳台方向不同,接受阳光的程度差异很大。南向阳台受光时间长,适宜栽植喜光的花木。其顶部是遮阴区,采取吊盆悬空栽植,以利用上部的遮阴效果栽植喜阴的植物。另外,南向阳台随着季节的变化而变化;从夏至开始,阳光入射角较大,以后逐步减小,直到透进内室深处。利用这一规律,对阳台盆栽花木随阳光而进行调整,不仅喜光植物适宜生长,就是半阴性植物也可适当种植。

东向阳台一般上午接受 3~4h 的光照,而下午则成为荫蔽之所,最适宜栽植阴性、半阴性植物。西向阳台由于午后光照强度大,盛夏时还要注意对栽植的花木进行遮蔽,以防造成灼伤。西向阳台对植物选择性较大,适宜喜光耐热花木生长。北向阳台多数时间处于荫蔽条件下,是耐阴及阴生植物如兰草、吉祥草、吊兰、秋海棠类等的生长环境。

总之,不论何种朝向的阳台,如果其不是完全开敞露天的,光线照射总是从一定方向按照一定角度进入。这样,阳台上的植物接受光照,不完全均匀一致。所以,应经常变换种植器及花盆方向,使植物均匀接受光照,生长正常。

2. 温度

阳台温度是影响花木生长发育的重要因子。对于南向阳台的冬季,由于有充分的阳光照射,成为不耐寒植物的良好越冬场地。北向阳台的夏季比较冷凉,是不耐高热植物的良好避暑地。冬季则比较寒冷,宜放置耐寒植物。阳台绿化要根据温度、光照的变化,结合阳台的特点,合理地选择植物种类,使阳台栽植的植物丰富多彩。

3. 风

阳台的风力与建筑的地势、四周建筑的密度及楼层高度有密切关系。如建筑地势高亢,阳台顺着风口位置,则风力强,甚至可以吹翻放置在阳台栏杆上的盆花。处于地势较低的阳台,四周建筑群高,加以遮挡,则风力较弱。阳台上风力的大小,直接影响阳台的温度与湿度。风力较大的阳台,水分蒸发大,空气干燥,同时蒸发耗去热量,导致阳台温度下降。为使花木正常生长,要经常补给水分。

封闭式阳台,空气对流差,对植物生长不利,要注意通风。阳台的生态条件差异较大,绿化时要扬长避短,创造一个适宜于花木生长的良好生态环境。

(二) 空中花园的作用

1. 净化空气,防止污染

阳台上的绿色植物,在光照下,能进行光合作用,吸收人体呼出的 CO_2,放出 O_2。此外,植物还具有一种过滤作用,它能将粉尘吸附在叶上,保持空气新鲜。绿色植物还具有吸收有毒物质和杀死病菌的作用,有利人体代谢,增强免疫力。

2. 调节气温,增加湿度

在夏季,天气炎热,阳台绿化能使裸露的阳台遮阳,降低太阳辐射带来的高温,增加湿度。

3. 减少噪声

城市交通不断增长,给城市带来大量噪声,长期处在噪声的环境中,会使人疲倦、头晕等。在阳台上进行绿化,会降低噪声声级,减少噪声对人体健康的影响。

4. 美化环境,陶冶情操

阳台上的绿色植物,相互搭配,色彩绚丽,沁人心脾,使人感到舒适宁静。茶余饭后,倚窗而立,能使人缓解疲劳、精神放松、心旷神怡。

5. 具有一定的经济价值

阳台上的绿色植物，不仅能观赏，而且还具有一定的经济价值。例如，阳台上栽植一盆金橘，除了观赏外，还能收获果实；盆栽丝瓜，每株可结 4~8 条。各种果实，错落有致，经历春夏秋冬的全过程，真是其乐无穷。

（三）空中花园植物布置的原则

空中花园绿化布置时要注意以下几个原则：

（1）应充分考虑阳台的荷载，以保证安全。切忌配置过重的盆槽。

（2）栽培介质尽可能选自体重量轻、保水保肥较好的腐殖土、蚯蚓土等为宜。也可使用蛭石、煤灰等。

（3）阳台绿化的材料及植物栽植要注意与建筑物协调和谐，特别是临街的阳台在布置时更要注意建筑绿化的整体效果。

（4）植物选择应根据阳台形式与构造，合理地搭配，既要注意植物对外界环境条件的要求，如喜光、耐阴、抗旱、耐湿等，又要注意植物的不同形态特征及花期，做到"四时花不断，长年香袭人"。

（5）阳台绿化布置时，要注意阳台地面、扶手栏杆、阳台顶部及阳台内面墙体等多种环境的绿化层次，形成阳台内外结合、上下结合的多层次、多功能的绿化效果。

（四）阳台绿化的类型

1. 全沿式

用大小高矮、花叶色彩各不相同的盆花配置在台沿上，常选用罗汉松、六月雪、兰花、万年青、翠柏等。

2. 半沿式

只在部分台沿配置盆花，或在当晒的一角栽植稍为高大的花木，另一部分则让其敞开，或配置矮小的花木，宜选用梅花、白兰花、迎春花、四季海棠等。

3. 悬垂式

根据悬垂部位又可分：

（1）顶悬式：用小盆或小筐栽植吊兰、蟹爪兰等枝叶下垂、具有气根或耐旱的多肉多浆植物，悬挂于台顶。

（2）沿上式：用花盆栽植藤蔓植物，或用盆架托住，如蝉兰、迎春、枸杞等枝叶柔软又较长的盆花悬垂于台外。

（3）沿下式：利用栅柱式台壁的柱间空隙，将菊花、天竺葵斜出下垂。

4. 藤荫式

用较大的花盆栽植一株或数株如金银花、络石藤、葡萄等藤蔓植物。将枝叶牵引在当晒方向的网棚上。

5. 花架式

在阳台内设置高低适中的花架，选栽五针松、君子兰、茉莉、杜鹃等。

6. 壁附式

这种方式从台外着手布置，在台外花槽或台内花盆栽植常春藤、爬山虎等一类具有气根或吸盘、吸附力很强的木本藤蔓植物，使藤蔓牵引于台壁外侧或阳台两侧的墙壁上，在台外形成垂直绿化。

概括起来阳台绿化美化的方法主要是选用不同的植物品种。一般可分三种类型，即：

（1）花木型：以培植花木为主要手段，来达到观赏价值和绿化目的；

（2）盆景型：以盆景为主，将山石型和树桩型盆景与花木相配收到全面美化的效果；

（3）蔬果型：以栽培蔬菜或果树为主，既能收到蔬果，又可美化阳台。

二、阳台绿化的植物选择

（一）植物选择时注意的问题

（1）分析阳台的朝向及生态因子的变化特点，因地制宜地选择适合的花木种类。

（2）阳台绿化多用花盆及种植器，宜选择须根系的花木类型。

（3）选择观赏价值大、植株矮小、紧凑的花木。

（4）注意选择不同花期的植物种类，做到四季有花、次第开放。以花期长、色泽艳者为优。

（5）选择适应性强、耐旱、耐热、抗污染的绿化植物。

（二）阳台绿化植物的选择及举例

阳台朝向各不相同，有东西南北之分。在进行阳台绿化美化时，必须根据朝向来考虑所种植物的类型。如东、西向的阳台，日照较多，且有墙面反射热对花卉的灼烧，故宜选择喜阳、耐旱的植物；向北、朝南的阳台，冬季较冷，应考虑适宜于半阴半阳、既耐旱又能抗寒的植物。另外，为了使阳台在空中引人注目，要选择叶片茂盛，花色鲜艳的植物。

（1）木本植物：茶花、金橘、叶子花、茉莉等。

（2）草本花卉：五色椒、半支莲、矮雪轮、竹节万年青等。

三、空中花园植物的生态配置

阳台宽度一般在1m左右。布置时尽可能利用立体化的花盆、棚架来放置容器，进行栽植，使绿化向空间开拓。如在阳光充足的铁栅栏之前，加设套架，用套圈固定种植器，进行栽植。也可在阳台的一端或两端尽头，放置架式花盆棚架或花架，从下到上逐层放置花盆，利用空间。另外布置时要注意留有空间，以便有地方晾晒衣服。

（一）阳台铁栅的绿化布置

阳台铁栅通风透光好，绿化装饰可在铁栅上面、下面、内外两边想办法进行绿化。在铁栅上可以装置铁架，架上安置种植器及花盆，栽植草花，可按季节更换品种，使繁花连绵不断。在铁栅下面，放置种植器，栽植矮牵牛，让其自由生长，伸出铁栅栏之外；也可栽植牵牛、茑萝等1年生草质藤本植物，让其在铁栏杆上缠绕，形成绿墙；也可栽植松叶菊、紫鸭趾草等匍匐茎类植物，使其伸出铁栏杆外向下垂吊。在铁栅栏下面外部可以设置套架，安放种植器，进行绿化。种植器应从下到上重量逐渐减小，保持重心。一般铁栅栏柱高120cm，种植器不宜安放太多，要留有空间，要高低大小错落，才不使人产生紧迫感。在花木种类选择上，一般下部可选多年生花木，中上部则可选四季草花，以便随季节进行更换，使阳台绿化装饰经常保持新鲜活泼，富有变化。

（二）花架的安置与装饰

为了充分利用空间，使小小阳台尽可能多地栽植花木，通常还在阳台两端或靠居室墙体一侧，设置花架，花架上下层层置放花盆、树桩或山水盆景等，犹如展室陈列展品，典雅、整齐、大方。如果经常更换调节这些"展品"，就更会使阳台丰富多彩，具有新鲜感。

（三）窗台绿化

有些居室没有阳台，但也可在窗台边进行绿化装饰。其布局方式：一是直接在窗台上安放种植器或花盆，进行种植；二是在窗台外面加设挂架或铁栅，安放种植器进行栽植，种植器除栽植藤木、草花外，也可栽藤本植物，使其顺墙壁盘绕攀附，形成活的绿墙。有的朝西的窗户，可在窗台下外面墙壁设置挂架，上面放栽植槽，栽植藤本植物牵牛、茑萝，在窗户上方用绳向下牵引，让藤蔓顺绳上爬，形成活的帷幔，十分幽雅。

（四）吊盆的使用

吊盆栽植的应为较耐阴的蔓性植物，特别是喜阴湿的兰科植物，如吊兰、石斛、蕨类、蝉兰等，在阳光充足的大空间，也可利用吊盆栽植四季花卉起装饰美化作用。吊盆大小因位置而定，一般不宜过大，以免吊盆重量大，发生危险。植物栽入吊盆内后，再悬挂起来。吊盆的土壤，如观叶植物可用苔藓作填充土，以利保水；如栽植花卉，可用密度较轻的蛭石、蚯蚓土作介质，通气好，保水保肥性能好，对植物生长有利。在家庭阳台上，如果充分利用吊盆进行绿化装饰，可使阳台成为玲珑别致的"空中花园"。

就建筑与植物之间的关系而言，配置的基本原则是要发挥植物的自然生态功能，也许不能达到形成稳定的生态系统的作用，但可以将植物作为一种改善由于建筑的建设过程中过多的人为改变而导致的生态环境的负向作用的环境或生态协调因子，来达到改善建筑环境和生态的作用，同时通过美化环境来提高建筑质量，为人类提供健康的生活、工作和生产的环境。

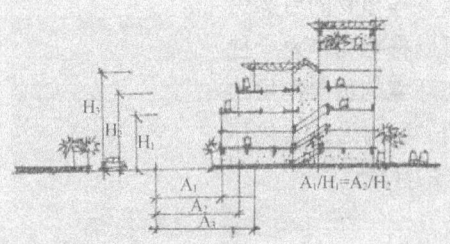

第六章 经典建筑的生态启示

建筑生态学

第一节　中国古建筑的生态启示

中国古建筑泛指近代西方文明决定性地影响中华文明之前，在中国古文化主导下产生的建筑物、构筑物、建筑方法和相关体制。中国古建筑的影响范围遍及半个亚洲和众多少数民族地区，在世界建筑历史中占有不可忽视的重要地位。

对于中国古建筑对现代建筑的生态启示，概括起来，有以下五个组成方面。

一、建设全方位绿色系统

《宅经》中提出的"天人合一"的思想，是古代人与自然和谐态度的凝练表达，与现代人的生态文明观一样，是科学的生态环境意识。"与梅同瘦，与竹同清，与桃李同笑，居然花里神仙"，"雪后寻梅、霜前访菊、雨际护兰、风外听竹"的亲近感悟、欣赏，融进中国民俗民居特有的梅、兰、竹、菊生态文化。北京四合院民居中的绿化，讲究春有花、夏有荫、秋有果、冬有绿，很有古典民居的生态特色。

而在当前小区绿化过程中有的过于强调大树木，对草坪、灌木、中小乔木缺乏重视；有的强调草坪而没有注意植被的多层次结构、多物种类型对维持多种动植物生存和生态系统的功能作用，树木种类单一，树龄一样，高矮没有差别，对固定二氧化碳、吸尘、减弱噪声贡献微小。居住环境科学绿化的总要求是立体化、有层次感、时间上分布要均匀。住宅小区规划设计中要有足够的公共绿地面积，仅就呼吸而言，成年人每日消耗氧气 0.75kg，排出二氧化碳 0.9kg，需要 $10m^2$ 阔叶林的光合作用来维持平衡，因此小区绿化覆盖率不应低于 30%。另外还要根据当地气候、土质特征，选择植物种类，合理搭配布置。研究资料表明：阔叶乔木、灌木、花草野草、草坪单位面积固定二氧化碳量分别为 808~536、217、46、0mg/m^2；种植常绿乔木、灌木、绿篱和草皮，绿带宽度 5m，减尘率可达 90% 以上；种植常绿针叶林，行距株距组合良好，噪声减弱量可达 80% 等。

总之要综合考虑生态、景观和功能三方面因素，合理布局，用于种植绿色植物的用地面积不低于公共绿地的 73%~87%，活动场地为 10%~22%。选择特色植物，结合环境小品设置，但面积不宜大于公共绿地的 3%~5%，营造小区形象景观，有助于培养居民对小区的认同感和归属感。

二、建设完善的给水排水系统

北京的恭王府位于什刹海西北角，始建于 18 世纪末，作为世界最大的四合院，是一处典型的王府花园，既有中轴线，也有对称手法，是北京保存最完整的清代王府，堪称"什刹海的明珠"。恭王府有较完善的排水系统：第一，恭王府地面的铺设有很好的雨水收集功能，王府中所有的地面都极为细致而周全地设计了能让降落的雨水自动流向路边绿地和树坑的雨水通道；即使现在也能看到"雨天不湿脚，绿地不用浇"的高水平雨水利用方式。第二，恭王府地面的古砖有极好的渗水性，因此夏季的恭王府地面能保持凉爽、潮湿、不起尘土。雨水多时，雨水还可以排向路边比路面低的绿地。

滨海、滨江、滨河、滨湖，依水、恋水是中国人居不解的情结。合理用水是古老传统，云南丽江古城四方街有三眼井，一眼供饮用水，一眼供洗衣，另一眼供淘米；徽州民居有"四水归堂"。这些古代合理用水的典范，给我们很多启示：

(1) 在住宅小区中建立分质供水系统，分别供应软水、饮用水、自来水。饮用水中含有适量的矿物质，有益于人的健康，但研究结果也表明水中有的化学物质（如甲苯、乙苯和苯乙烯）通过消化系统进入人体并不是主要途径，洗澡时通过皮肤吸入的化学物质远大于吞咽。软水洗脸洗澡有利于皮肤保养和身体健康，软水洗衣易去污。普通自来水中的钙离子和洗衣粉作用易生成磷酸钙，附着于衣物，不易洗净，结果用水量约是软水的 3 倍。但自来水供其他之用，能做到方便卫生，节约资源。

(2) 建设中水系统，收集住宅小区内排放的生活污、废水。建设雨水收集系统收集雨水，经过适当处理后再回用于住宅小区作生活杂用水，能大大提高循环利用率。某市调查显示：近年来水环境不断恶化，按卫生部 2001 年新颁布的《生活饮用水卫生规范》和建设部 2000 年发布的《饮用净水水质标准》(CJ 94—2005)，城市供水管网中卫生指标超标的色度、浑浊度、嗅味、总铁、锰、余氯、总大肠菌群等，主要由管网腐蚀和管网死水造成；83% 的居民使用桶装水，22% 的居民对自来水的水质不满意，85% 的居民希望进一步提高龙头水水质。这些数据很有参考价值，证明居民花钱买健康的支付意愿增强，随着水资源价格逐渐提高，此法经济上日趋合算。

三、节能技术

首先来看一下热量进入室内的几种途径（图 6-1）：①在太阳辐射和室外气温共同作用下，外围护结构表面吸热升温，将热量传入室内，并以传导、辐射和对流方式使围护结构内表面及室内空气温度升高。②通过窗口直接进入的太阳辐射热，使部分地面、家具等吸热升温，并以长波辐射和对流换热方式加热室内空气。此外，太阳辐射热投射到房屋周围地面及其他物体上，其一部分反射到建筑物的墙面或直接通过窗口进入室内；另一部分被地面等吸收，使其温度升高而向外辐射热量，也可能通过窗口进入室内。③自然通风过程中带进或带出的热量。

建筑防热的主要任务，就是要尽可能

图 6-1　热量进入室内的几种途径

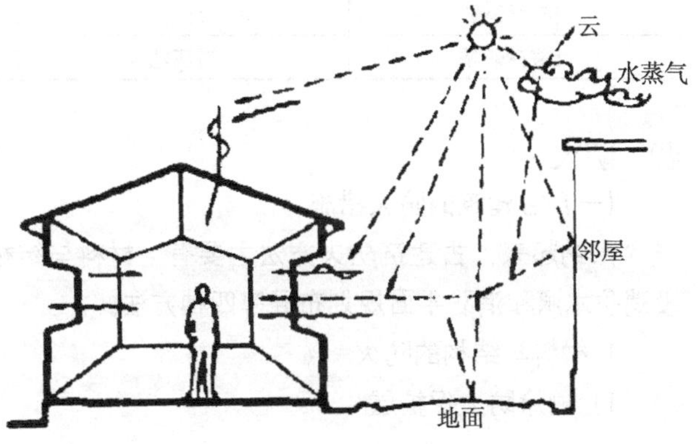

地减弱不利的室外热作用的影响，改善室内热环境状况，使室外热量少传入室内，并使室内热量尽快地散发出去，以免室内过热。综合起来，中国古建筑的阻热方式主要有以下五种。

（一）植物

植物的存在有效地吸收了太阳的辐射热，控制了院落环境的温度和湿度，降低了环境辐射和气温，并对热风起到了冷却作用，减弱了进入古建筑室内的热量。

（二）朝向

中国的古建筑基本都面南背北，东西两侧为山墙，并不开窗。这种建筑形制的特点恰巧有效地解决了西晒的问题。厚厚的山墙，青灰色的墙面减少了对太阳辐射热的吸收，从而减少了围护结构的传热量。

（三）房间的自然通风

自然通风是排除房间余热，改善人体舒适感的重要途径。古建筑以木制结构为特点，因此，在屋檐、斗栱处的封闭情况自然就不如钢筋混凝土建筑，即使能够遮风避雨，也会有缝隙。所以古建筑室内的自然通风问题也基本能够得到解决。

现代建筑除局部借助自然通风以外，大部分均为机械通风，虽然也取得了让人舒适的环境，但也消耗了巨大的能源。

（四）屋面

夏季房屋在室外综合温度作用下，通过外围护结构向室内大量传热，所以隔热的重点在屋面。屋顶（也称屋盖）是房屋的顶盖，起防备雨雪以及各种下坠物品侵害和遮阴蔽日、防寒保暖的功用。中国传统建筑的屋面为坡屋面，坡度一般为50°~60°。高高的坡屋面及青灰色的屋面颜色都有效地阻止了太阳辐射热的进入。

（五）材料

中国传统建筑的特点是木结构。木结构中起到了填充和围护作用的是硅酸盐砖墙。通过图表可看出木材、硅酸盐砖墙的表面对太阳辐射热的吸收系数都较低。因此，材料在隔热中所起到的作用也十分突出（表6-1）。

表面对太阳辐射热的吸收系数　　　　表 6-1

材料名称	表面颜色	ρ
沥青屋面	黑	0.85
灰瓦屋面	浅灰色	0.52
黏土砖墙	红色	0.75
硅酸盐砖墙	青灰色	0.50

四、防火

（一）古建筑的防火措施

归纳起来，古建筑防火方法主要有：材料与结构的防火、防火分隔、广设消防水源和消防平面规划布局等四种方法。

1. 材料与结构的防火

1）刷涂防火保护层

木结构古建筑的易燃性是造成火灾频发的最主要因素,用涂抹灰泥的方法来增加可燃构件的防火性能,在我国古建筑中是采用时间最长且最广泛的一种技术措施。春秋时期《左传》就有记载:"火所未至,撤小屋,涂大屋"。甘肃秦安大地湾大型建筑遗址的发掘证明,早在5000多年前,古人就已经用刷涂防火保护层的办法对木构建筑进行保护了。在秦安大地湾古建筑遗址里发现的木结构外表上,有一层"胶封材料",类似于现今的硅酸盐水泥,厚度为0.8cm,平整光滑,颜色青灰,质地坚硬。这是迄今为止,我们所知道的世界上最早采用的防火涂料。据推测,这种"胶封材料"是用当地随处可寻的料礓石煅烧以后制成的。把这种"胶封材料"作为防火涂料涂抹在木柱表面,色泽光亮、美观,又起到防火保护的作用。

2) 不燃的建筑结构

随着砖石建造技术的不断发展,到明代出现了完全采用砖石结构砌筑的不燃建筑——无梁殿。这种不燃建筑是用砖石材料砌筑成拱券结构体系,进而构成一幢完整的建筑物。例如北京皇史宬,这幢建筑建于明嘉靖十三年(公元1534年),整座建筑用砖石建成,不用一点木料。殿的结构是一条筒形长券,正面开五个券门,山面开两个方窗。门有两层,外层的门扇是用石头制成的。墙身由灰色的水磨砖砌成,檐下的柱头、额坊、斗栱、椽子等都采取了木结构的形式。但是为了适应材料和制造的特点,斗栱的拱长都相等,并以通长的石条代替万拱。整座建筑具有防火、防潮、防蛀的特点,是一座实用性极强的皇家档案馆。

2. 防火分隔

1) 室内隔墙

室内用非燃烧体的实体隔墙。室内防火墙可以有效地阻止火势在建筑物内部肆意蔓延。在明代,为确保盛放皇帝銮驾仪仗等器物的仓库万无一失,除了仓库沿护城河设置外,还建造了绝对可靠的室内防火隔墙。每隔7间房屋空出1间,并将这间房屋的四壁砌成无门无窗的砖墙;然后,在房间内充填三合土,直到顶部用夯压实;最后,封砖盖瓦。这样,从外部看,是一间无门无窗的房屋,从内部看,却是一堵5m厚的防火墙。这是中国古人的一大创造,在世界上也是独一无二的。

2) 封火墙

封火墙始于明代。明代时,我国南方的建筑多采用竹、木搭建,起火后极易蔓延,为解决这一问题,各户之间或每隔若干户,即修建高出屋面的防火墙或连同屋檐在内的封火墙。封火墙可以阻止火势从外部向内部或从内部向外部蔓延。这种墙不仅不能开设门窗洞口,而且还要把墙上的屋檐用砖或琉璃等非燃烧材料封严,不允许可燃构件外露。采用这种墙的古建筑,不仅两端的山墙需要这样处理,即使是后檐墙也这样处理。

此外,在古建筑中防火墙还采用硬山、悬山、歇山、庑殿等屋顶形式。为了防止火灾自下而上地顺着柱子向上蔓延,又出现了把木柱砌于砖墙之内的立贴式建筑体系，这种结构体系有效地防止了火灾的发生和蔓延。

3) 隔火门

清代故宫乐寿堂与寻沿书屋之间，有一道石门，其外观与木构建筑的门完全相同，但却完全是石制的，可以说它是仿木构件的石制构件。这个门就是具有防火性能的隔火门。这种隔火门不仅可以起到防火的作用，且不阻碍交通。在功能方面与现代防火门已十分相似，足以显示古人的智慧。

3. 广设消防水源——水井、水缸

古代没有水泵加压设备和消火栓，灭火主要靠开凿河渠、打井修池和广备水缸（太平缸）。江南民间建筑中还常有大大小小水池的花园。这些水池平时可以养鱼种荷，发生火灾时便成了灭火取水的绝好水源。在明清故宫中除有金水河外还打了80余口水井，这些水井除了满足平时的生活所需外，也是一种遍布备用的"消火栓"。据《大清会典》记载，紫禁城内曾有大缸308尊，这种大缸每尊可储水3000多升。

这些大水缸过去有专人管理，每天要把缸水打满，夏天保证水质干净，冬天加盖，并且在大缸外围上棉外套，特别是在严寒季节，要把大缸架在特制的石圈上，在石圈内点燃炭火，昼夜不熄，直到大地回春。用现在的说法，"太平缸"就是现在的"消防水箱"。

4. 消防平面规划布局

在城市规划和建设中，消防通道是建筑防火的一项重要技术措施。设置消防通道不仅可以帮助建筑内部人员逃生，还为扑救火灾提供了方便条件。我国五代后期，柴荣在扩建汴梁城时，明确提出了在人群聚居的建筑物之间，必须设置火巷的主张。设置火巷的做法，延续到元明清三个朝代。如元大都就设火巷384条。江南古建筑中的备弄也是早期消防通道的代表之一，其设计是在位于建筑群最右边或最左边的轴线上设置一条长长的弄堂。平时一般供下人进出，在发生火灾时，则充当人们从被大火围困的内宅、里院应急疏散出来的一条紧急通道，其功能类似于现代建筑中的消防通道。

（二）古建筑防火措施的启示

古建筑防火思想的精髓是针对自身建筑结构和建造技术水平的不足，采用对房屋自身包括结构与材料的防火处理、封火墙的设计、消防平面规划布局的科学处理，达到预防火灾和阻止火灾蔓延的目的。但是以上这些古建筑防火设计在我国历史进程中，广泛地分布于民间，具有地域性、离散性、没有形成一套较为完整的设计方法体系和系统设计思想。

随着科技的进步，城市的发展和建筑工程技术的提高，大型、多功能建筑的迅速增多，加之每座建筑的结构、用途及内部可燃物的数量和分布情况都不一样，于是针对建筑类别、建筑形式、建筑规模和建筑用途等的防火设计思想应运而生，即当今所提倡的性能化消防设计方法及思想。它结合建筑的实际功能需求与情况，假定不同的火灾场景，来分析建筑物火灾的发生、发展过程，由此来制订建筑防火设计方案，并就采取这些方案的效果进行比较和评估，从而进一步完善和优化。性能化消防设计方法及思想重视建筑本身的实际功能与安全需求，从建筑自身特点出发，这与古建筑以弥补建筑结构和建造技术水平不足为出发点的防火设计思想有着一脉相承的特点，即在解决问题的理念上有着面向客观实际需求的共同的出发点。但是同时，性能化设计方法又是建立在科学基础之上的，是一种客观公正的设计理念，突出地强调科学技术在工程设计中的指导作用，是古建筑防火设计思想的继承与发展。可见，古建筑的防火设计对当今建筑防火设计中防火分隔、消防规划布局、消防道路、水源布局等方面的理论研究和实际应用都具有重要的借鉴意义。

五、防震

（一）抗震古建筑

1. 广西合浦县的四排楼（大士阁）

大士阁因经历多次地震及强台风却安然无恙，而被称为"抗震阁"，其位于合浦县山口镇永安村。大士阁因过去在阁楼上曾供奉观音大士而得名。该阁始建于明初，清道光年间曾重修一次，为中国距海最近的古建筑之一。整个建筑布局合理、协调，组成一个优美稳固的统一体。两层木结构，总建筑面积 $248.5m^2$。全阁由两亭组成，亭高 6~7m，主要承重为 36 根木圆柱，柱脚不入土。支承在宝莲花石垫上，垫下无基础。全阁均为榫卯连接，无一钉一铁。屋脊、飞檐和封檐板均雕塑或绘有神话人物、飞禽走兽和花草等，极壮观艳丽。据合浦博物馆馆长叶吉旺教授介绍，自明代至清代合浦地区曾遭多次风暴袭击和地震摇撼，附近几里内庐舍倒塌，唯独大士阁岿然屹立。该阁在建筑学上有很大的科学艺术研究价值。

2. 独乐寺

独乐寺位于天津蓟县，被建筑学权威梁思成先生誉为"集古代建筑之大成"，能抗 8 级以上地震。该寺的主体建筑观音阁高 23m，是我国现存双层楼阁建筑最高的一座。它的突出特点是采用了 24 种不同的"斗栱"结构，经受过 20 多次地震独乐寺的山门和观音阁却安然无恙。寺内存有珍贵的元代壁画。

（二）古建筑抗震的原因分析

中国是地震多发国家，在长期与地震灾害的斗争中，我国匠师积累了丰富的房屋抗震经验，形成了独特的防震结构体系。迄今最早、最确凿、最完整的关于工程结构的历史文献要属宋代全国颁行的《营造法式》，是当时的工程规范。宋代以前的工程做法我们可以从遗迹、遗址、墓葬、壁画、石刻中考证得出。

中国古代大型殿堂结构从竖向分为四个层次：台基层、柱架层、铺作层、屋顶梁架层，各层都是独立的整体，层层垒叠，宋代《营造法式》中记述有详细的建造规定，《梦溪笔谈》中也有结构分层的论述。

（1）台基层：《营造法式》中有"凡开基址须相视地脉虚实，基深不过一丈浅止于五尺或四尺"，"并用碎砖瓦石札等"分层夯实回填，并有"筑基之制每方一尺用土二担，各层用碎砖瓦及石札等亦二担"，"每布土厚五寸筑实厚三寸，每布碎砖及石札等厚三寸筑实厚一寸五分"。此时的台基是刚度均匀、竖向分层的承载力较高的整体，底面积扩大的础石就浅埋于台基顶面。础石本身是经过精心制造的。《营造法式》的石作制度中严格规定了"造石作次序有六，……"要求对石料进行碾平和打磨，成品础石也叫柱顶石、古镜石，是顶面光滑水平、面积明显大于柱顶面的石墩。《营造法式》还有立基、定平的规定，并附有精准水准仪的做法，看来一定要造成一个稳定、顶面光滑水平的基础。

（2）柱架层：由柱和搭头木（额枋）构成整体稳定的柱架层，《营造法式》中除了明确规定构件截面尺寸外，还对柱高和房间跨度作了规定："柱虽高不越间之广"，四柱为一间，间广就是柱间距，通常大型宫殿都由许多间连成，面阔和进深都有2倍间广以上的长度。

（3）铺作层：铺作层是柱架层与梁架层或平坐层之间的过渡层，由斗、栱、昂等构成，斗栱本身分层铺排，以横木交叠形成一朵朵水平方向允许层间滑移、竖向可发生大的弹塑性变形的准弹性支座，上托架梁，斗栱每层高宽比都很小。

（4）梁架层：由于铺作层的层层分离，屋盖及梁架整体可等效为带坡面的刚性整体。

整体上来说，阁塔等多层结构的构建思想可以简单概括为"刚块叠置"。其抗震机理与殿堂相似，可以概括为：刚体平搁，柱底摩擦滑移隔震；控制高宽比防倾覆；层间大摩擦防错移。

我国古代劳动人民在长期与地震灾害的斗争中，不断总结经验。如在地震灾后区至今流传有抗震口诀"柱加栓，墙筑半"，及"台子要高，架子要低，进深要大开间要窄"等，逐渐形成了一整套独到的防震要领，其内涵博大精深。诸如刚块叠置、摩擦滑移、侧脚生起等抗震思想的成功应用，为我们今天的结构隔震、控震、减震研究和应用提供了宝贵的借鉴。

第二节 中国民族建筑的生态启示

一、中国民族建筑概述

中国地域辽阔，历史悠久，有着光辉灿烂的民族文化。建筑是文化的结晶，中国民族建筑蔚为大观、丰富多彩，是中华文明的宝库。对民族建筑的研究是中华建筑学人以及相关专业人员的重要课题，对民族建筑优秀遗产的保护则是全社会的共同责任。中国民族建筑的宝库浩如烟海，博大精深，进行理论总结须从多角度认识其特点。中国多民族荟萃，民族建筑类型众多，各有特色；中国地域辽阔，各地区又是特点纷呈。中国民族建筑经历了几千年的历史，至今体系未变，在世界建筑之林独树一帜。王景慧（2008）认为可以从以下几个方面总结认识其特点。

(一) 中国民族建筑的多样性

汉、藏、蒙、傣……各有特色,十分鲜明,这是大家所熟知的。中国建筑又有地域的多样性,东北平原、江南水网、黄土高原、热带林区,建筑上的差异也很大。这二者有什么关系吗?我认为,在中国地域差异和民族差异共存,而地域差异是主导因素。同地异族与异地同族相比,它们虽都有不同,但是比起来还是地区造成的差别更大一些。各民族都有自己的信仰、观念、风俗习惯,它们传承着民族特色,但作为建筑,又更多地受自然条件、建筑材料、工程技术的影响,这使得建筑的民族性和地域性产生了相互交叉的复杂关系。

(二) 中国民族建筑的历史稳定性

中国现存地上的建筑实物最早是汉代的,至今已有两千多年的历史。绵延至今的中国建筑造型体系自西汉已基本形成,至今未变。这种不变是相对的,中国历代建筑的发展变化还是很大的,如汉代建筑是坡顶平屋檐,屋顶的坡面是直线,檐下有人字拱、平拱。到唐代,其特点是斗栱雄大,出檐深远,"柱高一丈,出檐三尺",屋檐做成了两端微微翘起的曲线,文人形容是"如翼斯飞"。到明清斗栱变小,栱间朵数增加,屋檐从唐宋时连续的曲线变成直线,只在翼角处起翘,它依然有轻盈的效果,施工却方便多了。

(三) 中华民族建筑的包容性

中国各民族的建筑相互影响、相互吸收、相互融合,即使对外国的建筑文化也能兼容并蓄、消化吸收。例如在西藏、青海,汉、藏结合的建筑样式很多,布达拉宫的宫墙上出现了汉族的斗栱,夏鲁寺的屋顶为黄琉璃四角攒尖顶,汉藏结合得天衣无缝。在湘西地区各民族的吊脚楼大同小异,相互交融十分明显。对外来文化的吸纳也有许多例子,佛塔本是印度传来的,形体如钵,传到中国与传统的楼阁相结合,将原塔缩小放在楼的顶部成为塔刹,整个塔的造型完全中国化了。

二、辽东满族民居

满族是我国主要的少数民族之一,有着悠久的历史文化。传统满族民居建筑所蕴涵的一系列适应性地域营造技术是满族人民在寒冷地区移住定居后经过长期的历史发展所积累的宝贵经验。采用适应性技术手段、形成适居性环境的地域技术已成为满族住居营造中不可分割的一部分。满族民居尤以其独特的炕居生活空间,因其长久不衰的生命力和在当代的生态学价值,获得传统文脉和建构地域风格的技术思路(汝军红,2007)。

(一) 辽东地区寒冷气候影响下的满族炕居空间及其构造

1. 地理环境、文化习俗与住居空间

辽东地区平均海拔 300m 以上。冬季极端温度 −36.5℃,夏季极端温度 35.1℃;冬季平均气温 −14℃,夏季平均气温 22~24℃,冬冷夏热,季节分明。由于植被覆盖率较高以及地形特点,很少出现风沙和扬尘。气候因地域不同而存在差异,在寒冷气候的影响下,辽东村镇建筑必然存在对这种气候的适应措施,同时基于满族的生活特征和文化习俗,形成了传统满族民居独特的平面布局形式和建筑立面特色。

在古代严寒的东北地区,人们就产生了对太阳的崇拜,认为房屋的入口应该朝向太阳升起的地方——东方,便产生了古代满族的筒子房。后来出于对环境的适应,入口逐渐转为南向。满族民居建筑平面有五开间和三开间之分。进入正门为灶间,灶主要是为了烧南北大炕和兼做饭。西间"万字炕"的空间布局是满族传统炕居空间的典型形式。炕沿南北西三面墙体布置,形成南北大炕和西炕。南北大炕作日常起居之用,西炕及上方的山墙上供奉有祖宗牌位,体现出满族传统中以西为尊的习俗。东侧房间一般设"一字炕"的南北布局形式(在清故宫中称"暖阁"),南北炕分别沿南北墙设置,形成房屋东西两侧的跨海烟囱。

2. 火炕形式与构造

满族民居火炕的构造形式主要由加火口(炉灶)、烟道、炕板(石板)和跨海烟囱组成。这里有两点比较重要的因素影响着火炕的使用效果:一个是烟道的砌筑,砌筑从灶口到烟囱底部必须有合适的坡度,以利于排烟,炕垄的砌筑采用多种组合形式,使烟能够在烟道中迂回,维持火炕温度的均匀性;另一个是烟道和烟囱的连接,在烟囱和烟道的连接处设置"狗窝",以防止冷空气倒灌到室内。

现代满族住宅随着时代的发展和生活水平的提高,无论在房间的组成、规模、布局及标准方面都发生了较大的变化。首先,为适应现代起居生活的需要,逐渐取消了南炕而增加了厅室空间,形成南厅北炕的复合型空间布局;其次,为增加居住生活的私密性,北炕由火墙分隔成两部分,中间设置隔断,以满足家庭不同成员的空间需要。

随着满族民居空间的发展和演变,炕的形式也产生了一系列的适应性发展,出现了节能型"吊炕"、"燃池"、地热炕等多种形式。"吊炕"的出现是应用混凝土材料和现代结构技术创造出的一种能够充分发挥炕的热辐射作用的新型火炕形式。如果说"燃池"是适应了林区就地取材、因地制宜的一种火炕形式,那么地炕则体现了满族民居中"全屋炕"对其的影响和融合。

(二)满族民居中地域性营造技术

1. 选址与建筑布局

在长期的发展演进中,传统满族民居已形成背风建宅的选址原则。背风建宅又可分为在山脚、山腰、台地三种不同气候影响下的情况。山脚一般来说是选址建宅的理想场所,旁边的山体可以遮挡冬季寒风的侵袭,但对辽东寒冷地区来说,容易产生霜冻效应且不利于防洪。这里产生霜冻效应的原因主要是由于冬季晴朗无风的夜晚,冷空气沉降并滞留在较凹地形,犹如池水一样集聚在一起,使地表空气温度比其他地方低很多,从而对建筑形成霜冻侵害。背风向阳的山腰和台地便成为满族人民建宅的理想选址,后来建州女真人从山区到丘陵及平原地区，也较多采用在高处筑城建宅的做法。在台地和较高的房屋基座上建宅，既满足居住上的安全防卫，又有较开阔的视野。

由气候条件和生态效应而兴建的我国北方广大村镇建筑，在院落总体布局上方正宽敞，冬季日照充分，具有防风沙侵袭，并适合植物栽植等优点。据调查，新宾县和清原县满族民居庭院是我国较为开敞的庭院，除了土地条件宽裕，生活习性所致以外，北方寒冷的气候使人们渴望更充沛的日照。在单体建筑平面布局中，早在勿吉和靺鞨人居住的房屋里就出现了沿房墙三面（北、西、南）布置的火炕，以阻止来自西北向寒冷气候的侵袭。后来的"女真"型火炕由于空间组成的复杂化，结合"火墙"既分割空间，又增加采暖面积，这时的火炕技术已经成熟，在平面布局中完全适应了地域性气候特点。在调查中发现，当代满族住宅增加了具有保温防寒功能的内外部过渡空间——门斗，这样既减少了冬季的风力，又具有控制建筑热损失的功能。同时，住宅采取双进深平面布置，将厨房、仓库、卫生间等辅助用房布置在北向，构成防寒空间，住宅和起居室争取布置在阳光充足的南向。

由于新宾县和清原县有着丰富的太阳能资源，日照充足，在住宅建设中采用被动式太阳能方案，即通过增加南向卧室和厅室的开窗面积和开窗方式，构成阳光间，使得阳光充满整个室内。另外利用对流原理，在内窗和前后室的隔断间设置通气孔，南向被加热的空气由于对流进入北向的房间，如此达到提高室内温度的效果。

2. 保温墙体

满族民居中的墙体基本采用三种不同的材料：砖、石和草泥。传统木构架体系的房屋早期大都采用土坯、草泥为围护结构，其优点是比较经济，保温防寒性能也较好，但室内环境条件较差和易破损。该地仍以农耕为主，产有大量的稻草可供回收利用，如能在技术上对其进行加工处理，则可成为一种理想的保温材料。农作物纤维在人类的建造历史上占据着重要的位置，欧洲、俄罗斯东亚北部地区，包括日本都有用茅草覆盖屋顶的做法。日本的榻榻米就是用农作物纤维块编制而成的。所以，本地区亦可以利用当地丰富的稻草资源，加工制作稻草板墙体和屋面保温材料，在热工方面将取得较好的效果。同时要利用被动式太阳能利用的基本原理，对保温墙体（包括窗体的性能）的种类、厚度和位置进行仔细的考虑，热量通常在其主墙体内的传输速度大约为每小时 20~30mm，因此一面 200mm 厚的保温墙体在中午吸收的热量大约会在晚上 8 点左右进入到起居空间。

3. 屋面构造

屋面是一个散热量很大的地方，因此屋面的保温至关重要。满族传统木结构屋面材料与构造采用的是以黏土和植物纤维相交结的塑性构造处理，热工物理性能好，天然材料自身具备较好的温度应变能力，且能起到更好的保温蓄热作用。传统满族住宅屋顶中采用一种当地产的油质泡白灰青灰背，其油性大，防水性能好，工艺虽然复杂一些，但能够就地取材，成本低廉。而在昼夜温差较大的情况下，工艺过于简单的现浇或预制混凝土的屋面结构往往容易产生开裂以致保温性能不佳。在现浇混凝土屋面基层上采用传统的泥土混合植物纤维作为保温和防水层，在实践中证明也是行之有效的做法，能显著地减少热量的散失，同时利用其热惰性大的特点起到一定的保温防寒作用。

4. 乡土材料

乡土建筑材料具有可持续利用性，其可持续利用的价值在于它的生态适应性、经济性和就地取材的方便性，是材料、结构、形式对自然环境与生活的真实反映。传统住宅由于条件限制往往就地取材，并保持材料的原生性，像土坯砖、木材、稻草等。满族民居中使用的材料大致分为两类：一类是木、土、石（块石、石板、卵石）、草（稻草、稻秸）等天然材料；另一类是砖、瓦、石灰等人工材料。传统满族民居大量运用石材、草泥、生土混合材料，用毛石砌筑房屋基础，块石砌筑窗下墙体，采用木屋架结构作为支撑，然后用碎石、土坯加草泥作为外围护填充材料。在今天的农村，这一类构造方式得到了进一步的发展，砖得到了大量的使用，并出现了发挥多种材料优势的构造方法。如双层复合墙体和稻草板保温墙体的运用：双层复合墙体采用内砌 120mm 厚土坯砖外包砌 240mm 厚烧制砖的做法，充分发挥各自的特性；稻草板保温墙体则采用压制稻草板作为墙体的保温层，外包 240mm 厚砖墙，内衬 120mm 厚砖墙砌筑。

另外，在寒冷的北方，住宅在材料的选择上要充分考虑吸热和蓄热的性能，改变人们一味追求白色光亮的陶瓷锦砖外贴面的做法，应选择颜色较深和蓄热系数大的外墙砌筑材料，有利于充分利用太阳的日照而储存热量，以达到节能的效果。常用的采光面或太阳能收集器是窗户，热吸收装置是指蓄热材料的表面，一般为深色、硬质，其材料的颜色对阳光中短波辐射的吸收率较大，而材料的粗糙程度对短波辐射吸收率影响较大。蓄热材料指保留或者储存阳光产生能量的材料，如砖石砌筑的墙体、盛水的容器、相变材料等，常位于热吸收装置的下面。应根据采暖需要计算蓄热材料的面积和厚度。

三、苏州民居

（一）苏州民居简介

苏州民居是江南民居的典范，充满了江南水乡古老文化的韵味。脊角高翘的屋顶，加上走马楼、砖雕门楼、明瓦窗、过街楼等，远远望去，一座座枕河民居，一排排粉墙黛瓦，鳞次栉比、轻巧简洁、古朴典雅，体现出清、淡、雅、素的艺术特色。

苏州民居的院落以天井庭院式为主，其布局类似四合院，但是比较灵活。每一座深宅大院由数个或数十个院落组合而成，重门叠户、深不可测。

组成庭院的四面房屋皆相互联属，屋面搭接，紧紧包围着中间的小院落，因其檐高院低，形似井口，故称"天井"。天井内的每座房屋都有宽大的屋檐，主要是为了方便雨季行走；有的还建成敞口厅，这样可以在湿热的夏季形成凉爽的对流风，驱除闷热。整套建筑一般是由数进房屋组成的中轴对称式的狭长院落，依次为门厅、轿厅、过厅、大厅、正房。大厅是宾客汇聚之处，正房多做成"冈"形两层楼房，为家眷的卧房。苏州民居大部分不设厢房，前后房屋间的联系是靠两侧山墙外设置的避弄。一般人家在天井内都会设立一座雕饰华丽的砖门楼，以示富贵。富舍大户还要加筑一座精美雅致的花园。

苏州民居非常注重空间环境的布局，庭院里俊秀的窗棂、飘洒的挂落、轻巧玲珑的坐槛、镂空的栏杆、廊坊与峰石花卉交相呼应，自然地融为一体，使极为规则严整的建筑物处于自由活泼的环境中，体现出吴地建筑文化的奇光异彩和独特风格。

（二）苏州民居文化生态解析

传统民居的形成和发展受到自然地理环境、社会人文环境和思想观念等因素的影响，同时形成地区的建筑文化，并具有遗传性，进一步影响民居建筑的发展。这三种环境因素与民居文化的关系有各自的特点，针对苏州民居，剖析如下（曹婷婷，2008）。

1. 自然地理环境与环境决定论

环境决定论原称地理环境决定论，它强调自然环境对社会发展的决定性作用。认为人类的身心特征、民族特性、社会组织、文化发展等人文现象受自然环境，特别是气候条件支配的观点，是人地关系论的一种理论。自然地理环境由地球表层中无机和有机的、静态和动态的自然界各种物质和能量所组成，具有地理结构特征并受自然规律控制的环境整体。其中对民居建筑影响较大的有地形、气候和地方材料三个因素。

苏州地区河网密布的地形决定了苏州民居临河的布局，居民的生活用水、灌溉用水、交通运输以及污水处理等在当时较为落后的经济技术条件下，都离不开河流，河流对苏州民居的选址与布局有着决定性的作用。另外一方面，苏州地区夏季炎热多雨、冬季寒冷有风的亚热带季风气候形成了地方民居空间的结构特点：利于遮阳防雨的屋顶、檐廊；利于采光通风的天井；利于防寒隔热而又形成灵活的空间布置以及构造措施。可以看出，地方气候决定了地方民居的空间特点和构造措施。

此外，按照就近取材的做法，苏州民居都是木结构的建筑，制约了民居的体形和高度，同时形成了地方民居特有的审美特点。

从这三方面看来，在经济技术条件较为落后的情况下，传统民居文化是受自然地理环境的制约，并形成相对应的地方特点，可以说，自然地理环境是民居建筑形成和发展的基础，符合人地关系理论的环境决定论的看法。虽然现代经济技术条件提高了很多，可以大面积地改造地形，人工营造气候环境，但是这种不顾地方自然条件的做法,既割裂了人与自然的交流,也破坏了地方的生态环境。

2. 社会环境与可能论

可能论注重人对环境的适应与利用方面的选择能力。可能论认为,在人地关系中,人是积极的力量,不能用环境控制来解释一切人生事实;一定的自然条件为人类的居住规定了界限,并提供了可能性,但是人们对这些条件的反应或适应,则按照他们自己的传统的生活方式而有所不同。同样的环境对于不同生活方式的人具有不同的意义。因此,生活方式则是决定某一特定人群将会选择哪种可能性的基本因素。

这里的社会环境主要指人类生存及活动范围内的社会经济、制度等条件的总和,包括生产力、生产关系、生活特点、社会制度等,其中对民居影响较大的有经济技术水平、生产方式、生活方式、等级制度、家族形制这几方面。明清时期苏州地区经济繁荣,建造技术水平在当时闻名全国,因此也带来了苏州地区建筑文化的昌盛,精湛的造园技巧和复杂的雕刻工艺均需要有雄厚的物质和技术的支持,可以说,地方的经济技术水平制约着地方建筑的发展水平,而地方建筑的发展也会对当地的经济技术产生一定的影响。

苏州地区明清时期商品经济发展迅速,众多家庭参与其中,也就形成了富有当地特色的店铺与住宅相结合的"前店后房"、"下店上房"的住宅方式,而乡村民居因为多从事农业生产,因而乡村民居多有畜舍和晒场。家族形制对民居的影响在大型民居中体现较为突出,相应"男女有避"而产生了为女性行走的"避弄"设计,相应"尊卑有序"而产生了严格的空间秩序的安排,相应"内外有别"而产生了群体围合空间的特点。封建社会的等级制度按照居住者的社会地位对其住房的规模大小、开间进深、装饰用色等都有相应的规定,因而民居也呈现出相应的等级现象。

不同的生活观念主要反映在民居的装饰图案上,以植物、动物、故事人物的雕刻等表达对美好生活的希望,而婚丧嫁娶等地方生活习俗对民居的空间有一定影响,例如苏州地区屏风门的灵活使用为婚丧嫁娶留下了方便的空间。

从以上几点分析可以看出,与自然地理环境的影响相比,社会人文环境对民居的影响具有鲜明的时代特征。在一定的自然条件为人类的居住规定了界限的前提下,人们对这些条件的反应或适应,按照他们自己的传统的生活方式而有所不同,符合人地关系可能论的观点。虽然这些建筑的地方特点在现存的民居中还可以见到,但是对于现代社会来说,这些设计是不能满足当今的社会生产、生活需求的。

3. 思想观念因素与文化决定论

随着科学技术的发展,人类对环境的利用和影响与以前相比,可以说是已达到了相当高的程度。特别是在一些国家,为了克服自然条件的不足,设计和建设了一些伟大的工程。例如,在一些河流上,建造巨大的水坝,把河水储起来,形成了大面积的水库。水库中储存大量的水,不仅可以发电,还可以防洪、灌溉、改善航运、供水,这些既有利于经济的发展,又能改善环境。在这种情况下,一些人认为在现代技术条件下,人类不仅可以利用自然,而且可以按照人类愿望来改造自然,征服自然。于是在人地关系中出现了一种人起决定性作用的观点,而人是通过文化在起作用,故称之为文化决定论。

对苏州民居建筑影响较大的传统思想有儒家思想和"风水"学说。儒家思想的"贵和"有两层含义,一是"天人合一",传统民居中庭院的设计,就是在住宅内部留出与自然接触的过渡空间,另一个是"人际之和",传统民居中的小巷、河埠、檐廊在生活中是日常居民社会交往的共享空间,是有利于人与人的交往的。而儒家思想的"尚中"对应于传统民居的中轴对称设计、以居中为贵等特点。"风水"学说是传统民居建造的指导原则,民居的选址、朝向在《阳宅十书》中有具体的方法,对建造过程、单体空间设计和室内空间安排也有相应的好与坏的判断标准,在传统文化影响较大的苏州地区,"风水"学说是深入人心的。

从上面两点看来,儒家思想和"风水"学说对民居的影响符合文化决定论的观点,即人类不仅可以利用自然,而且可以按照人类愿望来改造自然,征服自然。而人是通过文化在起作用的。从现代看来,儒家思想和"风水"学说还在继续影响着住宅建筑的设计,开发商在建造住宅和人们在选购时很多都受到"风水"理论的影响,"风水"学说也被看做是建筑科学的一部分。

(三) 苏州民居的生态启示

通过对苏州民居的分析,可以看出,在自然地理环境提供的界限与可能下,不同社会文化的人们选择与其生活、社会相适应的住宅建筑,而思想观念因素穿插其中,有些是与前两者有关联的,有些是没有的,它们对民居的设计、建造起着决定性的影响。当代人们对住宅的追求,从传统民居与环境因素的作用分析,可以得到以下生态启示(曹婷婷,2008)。

1. 充分利用地区自然地理条件

住宅建筑的规划与设计应因地制宜,尽量降低对原有生态系统的阻断或隔绝,不破坏原有地形与水系,保护地方生物物种的多样性。在居住建筑与自然环境相和谐中,创造良好的生活外环境。在住宅的单体空间设计中,应该考虑到地区的气候特点,建筑的室内布局与外部的自然界相呼应,通过优化设计,降低住宅内各种人工环境的能源消耗。尽量利用天然的采光、通风、保温和降温,减少使用人工的能源环境。

在现在都是全国统一的工业化生产的建筑材料的情况下,尽量减少不可再生的有限自然资源的消耗量,并尽可能节约和循环利用材料,降低资源消耗量。

2. 与社会人文环境协调

现在城市的生产活动多为机器化大生产,在这种情况下出现的居住区与商业区、工业区相互分离,相应在住宅区规划中应特别注意公共交通的通达性,尽量减少交通能源消耗。现代住宅区的规划和设计与建造都应该遵循公平公正原则,融合各收入层次居民,体现社会主义国家人人平等的关系。增加房屋类型和户型,考虑到各类家庭的需要。

3. 有利于地方历史文脉的延续

住宅作为物质文化和精神文化的载体,其发展变化是一个地区思想文化发展变化的记录者。当今建筑技术发展迅速,在新建的住宅中已很少见到传统形式的住房,能见到的只是些保存下来的旧宅,城市的住宅发展改变了多年遗传下来的传统民居风格,取而代之的是砖混结构的集合式住宅小区,这样的住宅失去了建筑的精神和文化性。可持续发展的住宅建筑应是传承地方文化特色的现代化住宅,并尽量体现新的居住方式与传统居住方式的传承,同时,在城市规划中有意识地保护好过去不同时期的典型住宅,以展示城市居住文化的延续。

另外,城市住宅必须同城市的总体规划要求相一致,同城市的总体布局相吻合,同城市的总体风格相协调,尊重城市总体协调的原则。

四、岭南民居

(一)岭南传统民居建筑与生态技术的地域特点

1. 岭南地区的自然地理特点

岭南地区位于我国最南方,地跨中亚热带、南亚热带和热带地区,气候湿润,降水充沛,处于我国丰水地带,汛期长达半年以上。岭南地势自西北向东南倾斜,地貌的基本特征是山地丘陵众多,平原和盆地的面积一般不大。山地大多呈东北—西南走向,多由花岗岩、红砂岩构成,易风化成丹霞地貌。岭南地区气候湿热,四季不明显,受季风、台风的影响较重。

2. 岭南传统民居的地域性建筑特点

岭南传统民居给人的面貌是:开敞通透的平面与空间,布局轻巧的外观造型,明朗淡雅的色彩,空间轮廓柔和而富有美感。除此之外,建筑能充分利用天然的即大自然的山、水,如山崖、峭壁、溪水、湖泊作为环境,以增加建筑物的自然风光和建筑与庭院独特的结合方式。这些方面都是岭南传统民居建筑形象的独特之所在。岭南建筑今天仍然充满了生机,岭南新式建筑也随处可见。作为一个传统建筑流派,融古雅、简洁与富丽于一身的岭南建筑仍然保持着独特的艺术风采。

(二)岭南传统民居选址与传统建材的生态分析(车元元,2007)

1. 岭南传统民居生态选址分析

传统民居中对选址的认识是古人对生存环境的综合考虑,是为营造舒适宜人的小气候环境服务的。岭南传统民居一般与地形环境紧密结合,从而,在形成具规模的建筑群落后,村落的安全防护与营造适合的小气候就成为选址考虑中很重要的一个方面。中国古代环境分析中重整体、重关系、重小环境与小气候，仍是当今在建筑与规划设计中值得借鉴与学习的。

1）气候以及地形影响

气候条件是影响传统民居的主要因素之一。岭南地区夏季气候炎热，高热时又经常无风，这对人民生活带来不利因素。而梳式布局的平面，由于巷道与夏季风向平行，当有风时，南风可沿巷道和屋面直接吹入室内。当晌午气候高热时，天井和屋面的温度不断上升，整个村落上空笼罩着热空气，这时，密集毗连的建筑物所产生的阴影区和檐下通廊，由于阳光少而形成的冷空气，就不断向天井补充，造成上下对流，产生微小气候的调节。因此，在炎热气候下，不论有风无风，都能使村镇住宅通风良好。

在冬季时，寒风来临，因有果树林带和绿篱，可以起到屏挡的作用。兴梅客家地区的村镇布局，因地处山区，山多田少，村落布置在山坡或山麓。它有方围和围垄（带半圆形后屋的）两种，布局多数以围垄为主。方围一般10~25户，个别的有30户；围垄一般住20~45户，多的住80户以上，内部组合严密。围的朝向不定，多半面向耕地。围前有池塘，便于排水和灌溉农田。围后及左右多为树丛和竹林，以防台风和东北寒风。围与围距离较近，由若干个围组成一个村落，村落沿山丘布置，不占耕地。

2）岭南传统民居选址的安全性因素

从现代生态设计范畴来讲，设计的范围已扩大到设计心理学、设计行为学等学科，而优秀的设计的确可上升到影响人的心理活动，甚至行为习惯。英国设计师曾在关于设计心理学研究的讨论中提出过设计对居民区犯罪活动的影响，以及如何运用设计手段来减少犯罪率的问题。由此可见，设计中的安全性因素是我们研究设计作品，以及设计构思的重要考虑内容之一，这符合我们生态设计所提倡的"宜人原则"。归根到底是从设计作品使用者的角度出发，最大限度地实现对使用者的保护。对于岭南传统民居所存在的村落来讲，影响其安全性的最大两点是洪水与战乱。

2. 岭南传统民居传统建材的生态分析

岭南传统民居在建筑材料的选择上，与其他形式的传统民居基的目的和用料都有相似之处，都是以砖、木、石为主要原料，这些原料都以就地取材、方便运输的天然材料作为建筑和营造环境的原料与装饰手段，只是岭南建筑的岩石用的是当地所特有的红砂石，在岭南传统民居中引用得较为广泛。

由于传统民居中砖和木的应用多有相似，且离不开中国传统建筑这个大背景，所以本文就只将对岭南地区所特有石材——红砂石，进行生态分析。在石材中有密实的花岗石和疏松的红砂石。前者特点是坚硬，不吸水，但蓄热系数大，被日晒时，吸热多，吸热后表面温度升高，散热又慢。后者特点是蓄热系数较小，被日晒后吸热不多，表面温度不高，且易加工。防水、耐用性不如花岗石，但优于木材。岭南传统民居就抓住此特点，多处使用红砂石，如大门入口门套、外墙下部墙体、廊柱（柱基用花岗石）、"花之径"地面等处，既可防水，又可防热，也有一定的耐用性。东莞可园就是岭南传统建筑红砂石运用的典范。

(三) 岭南传统民居具体构造技术的生态分析(车元元, 2007)

1. 围护结构的防热

在建筑气候分区中,岭南属于夏热冬暖的湿热地区。相对于全国来说,岭南纬度最低,太阳高度角较大;又因靠近东南沿海,海拔高度低,空气湿度大,因而太阳辐射强烈,人体蒸发散热困难。即使空气温度低于32℃,因空气相对湿度达90%以上,人们也因蒸发散热困难而感觉很闷热。一年中,炎热时间很长,达7个月左右。因此,防热一直是岭南建筑要解决的主要功能问题。

岭南传统民居厚墙薄顶,对外开窗少,开窗面积不大。所以,外墙热阻大,外界热量不易传入室内;屋顶瓦片轻而薄,热容量小,白天吸收太阳辐射热少,温升小,对室内长波热辐射也少;瓦件散热较快,太阳落山不久瓦面就很快降温,晚上有利于室内热通过大面积的屋顶向天空辐射散失。

遮阳隔热采用绿化遮阳、活动或固定遮阳设施遮阳。在围护结构隔热方面,广东农村采用生土墙隔热;在构造隔热方面,广东传统民居采用双隅或三隅的中空青砖墙;在室内遮热板隔热方面,多利用吊顶遮住长波辐射,通风散热,一方面利用岭南较凉较强的风压,通过屋顶架空层和门窗洞口的合理设置,带走外围护结构内外表面的热量和室内较热的空气,也就是常说的室内穿堂风。另一方面,通过建筑设计,如设置天井、冷巷、廊道、天窗等创造热压风的必要条件——冷、热空气和进出风口的高差,排走室内较热空气而达到散热的目的,也就是热压通风。辐射散热只是在背阳的外围护结构表面或晚上屋顶向天空的长波辐射才见效果。导热散热是利用导热系数较大的水流或水雾导热和蒸发带走外围护结构表面的热量。

2. 传统屋顶的防雨

防风遮雨、隔热保温是屋顶的物理功能。岭南传统民居建筑侧重于遮雨和隔热,且防雨重于防热。因为在岭南地区,日晒时易下雨,下雨时又能降温,因此遮雨又显得比防热更重要。岭南传统民居建筑防雨包括遮雨、排雨、防漏。岭南建筑抵御气候侵袭的做法从来不会是单一功能的。避雨和遮阳虽然做法有同有不同,但是往往两者相结合。所以将遮雨与遮阳相结合是岭南传统民居建筑的特色。最明显的做法是群体布置的"连房广厦"和构件设计的遮雨遮阳相结合。

"连房广厦"就是把众多单个小房子连接起来,构成一个类似大厦的整体。这种连接有串接、并接和串并接多种。如祠堂把一进一进的房子用边廊等连接,各进之间用天井和庭院相隔,这就是串接;如骑楼,把一间一间竹筒屋并排,共用侧墙,共同朝向架空的人行道,这就是并接;如西关大屋,左、中、右三路并接,每路又多进串接,就是串并接。此外,岭南传统建筑虽较分散,但也用廊道连接。可见,高低搭接的屋墙、各户门前的连廊、各进之间的侧廊、跨水的廊桥、分散布置的大小天井等,都是"连房广厦"的常见做法。"连房广厦"除了使建筑空间丰富、交通便捷外,还有有利于避雨和遮阳的一面。

密集的连房必须有大面积的屋顶来覆盖。这大面积屋顶是由许多大小屋顶檐檐相接组成，它们互相遮掩，既遮阳又遮雨。

3. 建造技术中的防湿冷

岭南的寒不同于北方的寒,岭南的寒"湿冷",北方的寒"干冷"。在岭南,人们都有一种感觉,就是"湿冷"季节比"干冷"季节更觉得寒冷。原因不是湿空气比干空气从人体皮肤导热传走的热更多,而是因为人体经皮肤蒸发散热的难易决定于空气的水蒸气压力,而湿冷季节的空气水蒸气压力比干冷季节的空气水蒸气压力大,人体不容易蒸发散热。

"湿冷"季节比"干冷"季节更觉得冷是因为人体对外界的长波辐射热更容易被湿空气吸收。如果在"湿冷"季节创造一个湿度较小的室内环境,人体就不会向外散走更多的热量。岭南传统建筑是通过建筑围护结构内表面材料对水蒸气良好的呼吸作用而创造一个湿度较少的室内环境,如墙体石灰砂浆抹面、地面大阶砖铺地、大量的木装修和木家具。这些表面都可以较多地把潮湿空气中的水蒸气吸收到材料内部储存起来,到天气转晴、空气湿度减少时,围护结构内表面材料就把内部储存的水蒸气呼出来,以保持自身的湿度平衡。

（四）岭南传统民居与自然的共生性

一般住宅设计出发点以适用、耐久、经济、安全为主,主要是为满足现行的标准规范,房产商主要考虑建筑立面丰富点、小区绿化景观漂亮点,但对住宅内涵重视不够。而生态型住宅小区真正地考虑如何改善热舒适性、声环境、室内空气质量、绿地生态效应等,不仅重视"以人为本",强调自然环境、物理环境等的舒适性、健康性,而且更应重视"人与自然和谐共存",从生态角度讲就是"共生"的观念。对于岭南传统民居来说,"共生"的观念集中体现于人工环境与自然环境融为一体,具体表现在对民居的绿化处理、空间关系的创造等几个方面。

1. 民居的绿化处理

合理的绿化规划与设计可在一定程度上减弱对环境的污染。例如城市内居住区的热岛效应,当增加绿化面积,特别是大量地种植树木提高绿化时,可以改善小气候,抑制和消除热岛效应。种植植物有助于减少建筑对环境的影响并调节小气候,因此被广泛地应用于世界各国的民居中。岭南传统民居从外部来看注重树木与建筑和人共同构成完整的建筑环境,实现着自然界中物质和能量的大循环。岭南传统民居还在视觉上引入自然环境,例如庭院的设计中,为改善自身小环境,进行建筑室内外景观一体化设计。让建筑成为自然环境中的有机组成部分,也使人身在室内时可以最大限度地欣赏室外美景。岭南传统民居还在室内运用各种盆栽、盆景、瓶插、山石,巧妙地将人工与自然融合在适当的范围内,在小中见大、假中有真、近中透远中,达到了多方胜景、咫尺山林的自然感受。精心布置的盆景、盆栽展现了以绿色陈设为主的室内自然景观与室外的景物交相辉映,争奇斗艳,将人工与自然巧妙地融为一体。

２．空间关系的创造

岭南传统民居的空间关系的处理也非常注意与自然的融合。岭南传统建筑的明堂、天井、屋顶的几个构成要素体现了建筑空间上"天人合一"的关系。以民居院落内部对天井的处理为例。天井由于占地面积较小，围合高度较高，底部日照时间短，外面的主导风不容易吹到底部，因此天井下部温湿度相对稳定。于是，天井下部就成为岭南传统建筑热压通风的"冷源"。又由于天井上部的开口不加顶盖，天井上部就成为风压通风的出风口和热压通风的进风口，这就是岭南传统建筑天井的通风功能。除此，天井还有集雨、排水、换气、采光、家务等物质生活功能以及玩耍、观赏、聊天、看天等精神生活功能，在这里"天人合一"得到充分的体现。

五、川西羌民族建筑

羌民族建筑是羌民族意识、宗教信仰、地方经济、自然条件和历史变迁的集中表现，同时又是该民族勤劳勇敢地开发岷江上游地区的宏观证据。不仅如此，羌民族建筑还是集建筑造型、建筑装修、建筑抗震于一体的可贵的人类建筑的原始标本。研究羌族建筑为现代人在从事建筑活动中诸如怎样利用地方材料、降低建筑工程造价、加强建筑的抗震性能等方面，都将起到重要的指导作用。

（一）羌民族建筑的布局、功能及造型

羌民族建筑均以部落或村寨整体布局，以户为个体方案设计，户与户之间既分离又有联系，使整个村寨成为若干条狭窄的巷道，无论是整体布局，还是单家独户的方案设计中都有着强烈的意识形态方面的排他性。羌民族在历史上经常发生战争，这均决定了羌民族建筑在防范设施、建筑造型、使用功能中的一切特点。

１．布局

在战争过程中羌民族建筑主要为用于退守时的居住地碉房。"羌戈大战"造成了"南氏北羌"的大融合以后处处都能看到备战的遗迹，可见羌人随时都保持着战斗的警惕性。碉楼的最顶层是瞭望哨，从一个隐藏得很巧妙的梯子上去有一个小小的平台，往下可以俯瞰整个寨子的状况，做好防御准备。与瞭望哨相结合，碉房的各层都设有射击孔与观察孔。羌寨里的水源是隐藏在地下的，一条条暗沟从每家的碉房下穿过，上面用石板遮盖，这就是他们的"土自来水"。

在和平环境中羌民族建筑体现为羌民生息的碉房。羌民居住的石屋大多筑于高半山腰台地，靠近泉水，少数居高山河谷地带，三五家、七八家聚住一起，石屋顺山排列，或高或低，错落有致。寨房外形一律取堡垒形，基部较宽，逐渐向上收缩，最高处为一方形之小石板堆，平顶，故外形呈四方锥形立体。这两种房屋的特点，使用的建筑材料、砌筑及建筑造型均相同。所不同的是房屋的层数及用途，前者最多层数为三层，9m 左右；后者最少层数为四层，一般在 20m 左右。前者是羌族生活的聚居处，后者是发生战争或遭遇不测的退居地。前者为单家独户个人所有，而后者则属于几户或几十户，甚至整个存在共同所有。

2. 功能

羌民族建筑各层分工明确：一层为圈，饲养家禽，以黄石筑成，留一小窗通风透光。二层为主功能区，有居室、客厅、厨房等空间划分，由村落通道上的石梯进入大门，高于地面层，整个空间被一些精细的、有雕花的木隔断分割成，锅庄是这一层的中心。门窗的取向严谨，构成考究。房屋冬暖夏凉。三层为次功能区，有居室、储物等空间划分。四层为晒坝层，用于晾晒谷物等。五层为"神圣空间"，专用于放置白石。在羌族信仰中，羌族崇拜的众多神灵几乎皆无塑像，而统统以白石为象征。

3. 造型

羌民族建筑均为下大上小，呈梯形形状，整个建筑为四边形、六边形、八边形，每墙面向内凹进少许的弧线。屋顶用透水性差的黄泥覆盖，这种屋顶既防水，又可以用作打晒粮食，还能产生冬暖夏凉的理想效果。室内连接各层的交通工具是独木楼梯，这种楼梯便于拆除和安装。房屋每边均设窗，并且窗均为内大外小，这种窗便于观察，便于向外射击。进入室内的门只有一道，并且没有固定的朝向。以上这些特点说明羌民族建筑不仅是羌民族的居所，而且是一个复杂多变的战壕、坚不可摧的堡垒。

羌族建筑及建筑装修都体现了该民族的宗教信仰和该地区的自然条件。有的建筑用白石镶出各种几何图形或羊角、牛角图形，绝大多数建筑的门上方、窗上方及房屋突出部位都立上一个或几个白色的"白石神"，使建筑物克服了单调的装修又不失明快，这种装修手法既体现了本民族本地区的特点，又给人一种原始的、质朴的、醇厚的自然美。

(二) 羌民族建筑的选材、结构构造及抗震（马勇，2007）

1. 选材

羌民族建筑所用材料多为毛石、黄泥、木材、毛皮、树枝、竹类等地方材料。第一是黄泥石料，一般砌体的毛石直径不小于 15cm，强度等级不低于 MU20，黄泥强度等级不低于 M2.5，在使用上对毛石进行小加工，使毛石的表面尽可能平整，砌筑中尽可能分层，使整个墙面向内凹进少许的弧线，在线条处使用白色石英石，这样就使墙面线条尽可能突出加强建筑物的立体造型。

2. 结构构造

羌民族建筑的古碉房室内像一个倒立的水桶，呈圆形，墙与墙的交接处向外突起一条线。这种内圆外方、下大上小的石砌古碉房无论是否在承受水平荷载的情况下都具有其独特的优点。他们在石墙的砌筑中，上下石块均错缝搭接，乱毛石块尺寸不小于墙垣的 1/3，不大于墙垣的 2/3，石块分层卧砌，上下错缝，内外搭砌，在墙体水平方向和垂直方向一定距离均设与墙厚相等的拉结石，拉结石的位置又是错开的，门窗洞口处一般设有片石或方木过梁，并且伸入墙体20cm以上。墙体砌筑一层完工后，再搁置木大梁，木梁断面不小于30mm×210mm，然后放上楞木，楞木断面一般不小于180mm×210mm，楞木的间距均在80cm左右，最后在楞木上搁置柴块，在柴块上放苔藓，再在苔藓上放5~8cm的黄土，这种露面具有良好的热惰性，能产生冬暖夏凉、防火的理想效果。

3. 抗震

羌民族建筑的砌筑手法及墙体的高度比完全符合物理力学的抗震要求，外看加强了房屋的立体造型，而实际上好似一个石柱砌体，这样使墙与墙之间互相约束，整个建筑成为一个整体，共同抵抗地震的冲击。据查，岷江上游两岸成百上千栋石砌建筑在近百年来的数十次大小地震中安然无恙，没有被地震破坏的记载。分析主要有如下原因：第一，基础置于坚固的岩层上，地震作用下地基不易失效；第二，建筑层数多、高度大、消耗地震能力强；第三，建筑造型下大上小，抵抗水平荷载扰度好，抗倾覆能力强；第四，石墙砌筑好，门窗洞口小，墙体在地震作用下不易失效。

第三节　国外建筑的生态启示

一、欧洲古建筑的启迪

关于欧洲古建筑，学生在《中外建筑史》中已经学习，这里就不作过多的介绍，直接分析其生态启示（李振宇，2005）。

（一）建筑风格的保护与继承

世界上很难找到一个国家像中国一样，整个国家的城市与建筑都在以无可比拟的速度发展着，城市急速地膨胀，新建筑大量地产生，取代着一个又一个经过千百年时光淘洗的古建筑。然而，欧洲人对于自己祖先留下来的传统建筑很多都是立法保护，就像柏林那样，在二战中被轰炸得不成样子的城市，战后也被恢复得近乎完美。有人说，把帕拉蒂奥的建筑从头至尾参观一遍，就能对文艺复兴的历史有深刻而又直观的认识与理解。

反观中国的城市，经过了20多年的"整容"，已经看不见作为城市特质的一面了，到处是高楼大厦,风格迥异,张牙舞爪,随意在城市里抓拍一个镜头，你难以分辨照片中的情景属于哪个中国城市，甚至有的时候连南方北方也分不清楚，就连闻名于天下的七大古都之一的西安，也已似古非古了，如今城内只留下少数几个纪念碑式的古建，周围簇拥着密密麻麻、高耸入云的摩天大楼，中华民族耗费几百年上千年积累的那种曾经吸引了世界目光的古老庄严底蕴也渐渐地消失殆尽了。

（二）具体设计之前的思考

在作设计之前，或者说无具象设计的状态下的时候，自己有没有思考过建筑本身的意义是什么？自己对设计又有怎样的追求呢？也就是说如何树立自己的建筑价值取向。这一步至关重要，很多人拿了设计题目后就埋头苦干，集中精力在"作"上面，却没有在"想"上深花功夫。这样的设计只能说是没有错误的设计，但深度上有所欠缺，所以先建立自己的建筑价值观，定位一个努力的方向是作设计前应该思考的，有个目标后，自身常常会陷入一种自问自答的状态，伴随着越来越丰富的履历与理论的影响，自己该走的那条路也渐渐明晰起来。

拉菲尔·莫内欧认为："如果不根植过去，不根植历史和传统，想要建立一个有着坚实基础的未来，或是一个能真正保证人类文明社会持续良性发展的文化是不可能的。"同样，对于建筑师的责任而言，建筑师不仅应成为文化的保护者和鉴定家，而且更应是它的创造者。回想一下改革开放 30 年间，有多少新建筑可以与开国十大建筑，如人民大会堂等相媲美，又有多少会在百年后载入史册延续那燃烧千年的文化火苗呢？思考的结果往往不言而喻。

在设计之前，需要经常思考建筑为什么存在，除去功能和最基本的要求，建筑又应该体现什么呢？我认为建筑最终体现的是一种对人文的关怀。现在看到的传统建筑形制是在人类世世代代发展与改进中形成的，然而这些形式上的特征只是表面的表达方式，这种形制的形成是由人类最基本的生活方式与心理结构而决定的，形制风格的成熟表明这种建筑适应了当地人们的生活方式与心理结构，这就是为什么说建筑是哲学的末班车，永恒的建筑形制必将符合人类哲学理念，这也是隐藏在建筑背后却又是能让建筑散发永恒魅力的关键。

心理学家荣格在精神分析学上发展了弗洛伊德的学说，将人的精神分为三个层次：意识、个体无意识与集体无意识，处在心灵最深层的集体无意识，是人类演化过程中的精神剩余物，包含着远祖在内的过去所有世代积累起来的经验。这是一个抽象的事物，而建筑就是把这抽象的事物引导向实体发展，说白了，建筑就是一个载体，承载着像"根"一样植于人类心底的那份情感意识。好的艺术作品都具备同一点要素，都体现出了人类普遍共有的情感，建筑也不例外，要使建筑具有持久的生命力，就应该把目光转向历史，转向传统，用建筑来承载与续写文化的精髓。

确定了这个设计目标后，具体的步骤就可以展开了，笔者习惯于把设计过程分成"内"与"外"的两个部分。

1. "内"的研究

"内"是指建筑生成的逻辑，要建造一个建筑就必须有场地，而一个地方必定有自己的历史，这个历史对于建筑师来说是非常重要的。作为建筑师，应该去了解场地，了解它的历史，它的根。这时，我们就会回顾传统建筑中功能相近的空间并对其进行研究与分析。在这个过程中，许多人只是对传统空间进行简单的元素提取，拼接出所谓的"仿古式"现代建筑，这种方式无异于复制传统，复制只会带来感性的麻痹，也是一种很愚蠢的行为。那么，应该如何面对传统建筑与文化背景呢？

　　这也就回到了之前的讨论，传统建筑形制是通过人们的行为方式与心理结构长期的选择与改进而产生的，建筑由此承载了文化的沉淀，这也是荣格所提到的"集体无意识"层面，它带有一种意象，可以唤醒人们最心底的共鸣，而这种精神在建筑方面表现在具象的空间品质之中。我们所要做的应该是研习人们的文化与心理，提取一种精神，然后用建筑的方式表达出来。

　　对于这种感性抽象体验的提炼，有时不一定都只是分析建筑，艺术五大类中其他任意一类都可以，文化、音乐、绘画与舞蹈在精神的表达上相对于建筑来说受限更少，更直接而彻底。因此，艺术学多方面都可以激活你的思路，你可以欣赏一首古诗，从意境中得到启发，你也可以品味一幅山水国画，在浓墨淡彩之间感受那份情感。学会用自己的内心去进行调查与思考，捕捉最内心的感官体验，找寻属于自己的那份"根"的情结。

　　"精神"找到后，接下来就是怎样去营造空间了，这些知识在学校中都会系统地训练，例如如何控制光线、如何把握比例等。这属于手法方面的问题，这里就不多讲述了。但要强调的是设计一个带有"传统"味道的建筑不一定全都需要运用传统的元素，用现代的手法也可以创造出古典意味的空间，不需要拘泥于形式，最重要的是在建筑中体现那份传统的精神。

　　2."外"的思考

　　"外"是指强调与重视场所对建筑的影响意义。记得拉菲尔·莫内欧讲过："场址是一种有期待的实体，它总是等待着它所期待的建筑建于其上，通过这个建筑物来表现它隐藏着的特征。"的确，在我眼里，场所如同人类一般有着自己的感情与特征，作为建筑师必须静下心来去聆听场地的低声细语。在我看来，每个场所都是独一无二的，都有自己最独特的特征，这些特征是由场地内部与场地周边环境一同影响而生成的，如果不重视场地的话，作出来的设计就会显得与环境格格不入，或者如"国际主义"式一般，处处皆行，建筑也因此失去了自己的表情。正是因为场地间的相异性，才使得相同类型的建筑也可以展现出不同的形态，世界因此丰富与多彩。

　　讲了许多关于场地的重要性，那么如何才能把握场地特征，唤醒人们对场地更深层的认识呢？这个问题关键在于一个眼光的培养。面对基地，我们通常思考的是交通出入口、流线与日照、景观面等基础问题，当然，这些必要的基本功，是学生时代应培养的能力。但在这种基地分析的项目里哪一项才是你最应强调、最应放大的呢？在这里，建筑师的决策力发挥了关键作用，有的人看重流线，有的人强调与历史连续，有的人发掘与环境的形态处理……当然，这个问题的答案因人而异，每个人思考的角度不同结果也不同，不好说谁对谁错，艺术的东西有时难分对错。在这个问题上我只能讲讲自己的看法。

　　面对场所，我更看重的是这个场所在城市中处于什么地位，城市对它的要求是什么，思考应该用怎样的方式面对城市。这里我不单是考虑建筑这一功能空间对城市的影响，而更多的是把建筑与建筑以外的空间一同放入城市之中思考，这种情况下很多时候建筑外空间对于城市的意义会比建筑本身更大，场地之中往往隐藏着潜力和暗示，它可能很早就已经存在在那里了，等待着你用建筑的方式让它展现于世人面前。其实这种感受常是只可意会不可言传，面对场地更多地去亲身实地地感受它，不同时间、不同气候会有不同的感受，多去听听在城市母亲怀抱下，回荡在场地的"低声细语"。

二、欧美群宅运动的生态启示

（一）欧美群宅运动的内涵及其特点

群宅就是社群住房方案的简称。所谓群宅运动，是指社会上具有购房意愿的人，自发地组成团队，在一到两年时间内，以每周召开计划会议的形式，群策群力，以设计和建造群宅的一系列活动（包括住房选址、购买地皮、选定顾问工程师和建筑设计师，设计反映集体意愿的社群住房方案，与营造商签订建筑合同等）为平台构建社群的过程。因此，群宅运动的目的，就是通过设计和建造社群住房来塑造社群的生活方式，并最终形成社群价值观。

20 世纪 80 年代，社群主义兴起，群宅运动便作为一种反映社群主义政治哲学的时尚运动发展起来，并迅速从丹麦扩展到欧美等国家。目前它在许多欧美国家正方兴未艾。作为欧美社区建设的成功之路，群宅运动有以下几大特点（晏功明，2009）：

（1）它是社会成员自发组建团队，群体参与群宅建设的过程。因此，群宅运动从表面上看有点类似于我国 20 世纪 90 年代的集资建房。我国的集资建房，往往是单位发起的，利用本单位的闲置地皮，组织单位个人出资建房的行为。群宅与集资建房都有着降低建房成本的特点，但二者有本质上的不同。首先，集资建房，单位才是主体，而群宅运动中社会成员自发组成的团队才是主体。其次，集资建房是在市场经济不完善情况下发生的行为。对个人来说是规避市场、降低成本的行为；对单位来说，则是一种变相的福利分房行为。因为个体缴纳资金数额与房屋分配情况往往反映和体现单位内的权力结构。参与集资建房的个人往往只有住房的使用权，而没有所有权。而群宅运动中的地皮购买、雇佣建筑工程师和建筑设计师、选择营造商都是市场经济条件下的商品契约行为。作为参与群宅运动的个体对自己的住宅，拥有完全的产权。第三，集资建房，单位内部的权力结构往往决定了个人资金缴纳数额与房屋分配情况，因而参与集资建房的个人之间并不是一种平等参与关系，而在群宅运动的团队内人与人之间却是平等的关系。第四，集资建房，单位内原有文化一般不会发生实质的改变，而群宅运动不仅改变了个体也塑造了社群。参与群宅运动，对个人而言，不仅降低了购房成本，而且通过自身的普遍参与，培育和塑造了个体的公民意识，以及个体对社群的归宿感和认同感。对团队而言，群宅设计和建造只是一个构建社群的平台或载体，通过这个平台或载体，团队成员在群策群力、普遍参与过程中培育和塑造出社群的价值观。

因此，形成自然和谐的社群才是群宅运动的根本目的。团队成员对组建中的社群的共同目标有着良好的理解。这是群宅运动能有效开展的前提。

（2）群宅的设计、建造反映了团队成员对社群基本价值观的理解，它兼顾了私人生活与群体生活的需要。群宅设计要求在满足个人生活私密性的前提下，力求尽可能多地为社区居民交流，特别是群体公共生活创造条件。因此，群宅中除了个体家庭住宅外，还存在相当比例的公共活动空间和场所。之所以如此，就在于群宅的设计和建造反映了西方社群主义对现存的现代建筑的批判。现代的城市建筑集中满足个人的需要，但它画地为牢，使人生活在模块化"笼子"内，造成人与人之间的隔膜与自私。换言之，现存的现代建筑在实现人与人有效交流，建构社群共同价值观方面存在着结构性缺失。群宅的设计与建造不仅要打破现存住房结构对群体交往的阻隔，更为重要的是要为新社群的建构提供平台。

（3）群宅运动折射出团队成员通过群体参与群宅建设的方式来实现对保护环境的身体力行。群宅设计与建造作为一个平台，它不仅要塑造新型的社群关系，而且还要塑造新型的人与自然的关系。群宅方案中不仅要建造公共空间开展社区活动，形塑社群价值，而且群宅在设计和建造过程中要充分保护和利用自然。因此，群宅项目在土地开发、公用设施建造等方面都要考虑对环境的影响，如植被保护、水土保持、日照通风等。群宅建成后，在社区运作过程中，其履行居民管理和服务等职能方面都坚持可持续发展原则。群宅的垃圾处理、资源回收和能源节约方面都力求体现出生态环保社区是群宅建设的目标。

（二）现阶段我国城市和谐社区建设的现状及其困境

社区是城市社会的细胞，城市社区和谐是社会和谐的基础。建设城市和谐社区，是构建社会主义和谐社会的必然要求。随着城市化步伐的进一步加快，城市和谐社区建设就成为推进我国社会改革的一个重要任务。

现阶段我国城市和谐社区建设，主要集中于（晏功明，2009）：

（1）健全和完善居委会组织，强化居委会在社区管理和服务中的主体作用，同时调动社区内各种团体和组织积极参与社区管理和服务。如建立社区指导委员会，指导居委会制订和实施《居民公约》或《社区自治章程》；吸收辖区内热心社区工作的居民参加，建立居民互助协会；发挥社区内商贸、医疗、体育等单位及共青团、妇联等群众组织的作用，建立社区联动组织和志愿者服务队伍参与社区治理和服务。当前，我国城市和谐社区建设已初步形成了"政府领导、民政主导、典型扶持"的社区工作体制。

（2）多方筹措资金，开展社区基础设施建设。社区基础设施建设主要集中于：改善社区道路；通过种花、养草、植树增加社区绿化面积，改善社区生态环境；建立社区服务中心，增设社区便民信息公告栏，开设社区便民服务热线；开辟社区公共活动场地和场所，如建篮球场，添设体育健身器械，设图书室、娱乐室等公共活动场所。

（3）增加社区服务功能。社区在提供传统治安保卫、人民调解、计划生育、公共卫生等服务基础上，围绕社区热点和难点问题，组织实施光明工程、绿色形象工程、再就业工程，做好社区共建互助。必要时，围绕上级政府有关精神，不定期地开展创建如"安全文明小区"、"学习型社区"专题活动。

我国城市和谐社区建设取得了不少成绩，但也存在一些问题，主要表现为：一是管理体制不健全。居委会是社区群众性自治组织，但在实际运作中，仍然呈现出较浓的行政色彩，承担了过多的政府职能，在经济上和管理上依附于街道，"小政府"形象日强，而"大社会"功能日弱，使社区难以有效地依法履行其自治、服务职能。随着城市商品房建设步伐的加快，业主委员会、物业管理公司都承担了一定的社区管理和服务职能，但它们与居委会之间却缺乏明确的职能定位。二是和谐社区建设居民参与率低，社区居民缺乏社群意识。具体表现在：居民往往把社区当"住处"，社区居民人际关系冷漠，居民对社区缺乏归属感和认同感。三是社区工作缺乏配套法规支持。近年来，国家、省、市有关部门陆续下发了关于加快社区建设的文件，但在执行过程中缺乏必要的配套措施和监督约束机制，使社区工作很难依法展开。四是社区服务相对滞后，主要表现为："社会化程度不高，多数社区服务组织还停留在政府包办层次，没有形成市场化、产业化组织运营体制；部分社区存在认识误区，把社区服务完全'商业化'，将社区服务看做发展街道福利的财源经济"。

（三）欧美群宅运动对我国构建城市和谐社区的启示

建设城市和谐社区是一项综合的系统工程。在我国目前它还处在起步阶段。构建城市和谐社区不仅要创新建设模式如上海模式、沈阳模式、江汉模式、深圳莲花北模式，而且要善于总结各地建设的经验，完善相关法律法规，进行配套改革。此外，还要适当吸收和借鉴欧美社区建设的成功经验。他山之石，可以攻玉。欧美群宅运动也可以为我国城市和谐社区建设提供有益启示（晏功明，2009）：

第一，城市商品房的设计与建造应广泛地吸收社区居民的意见，特别是商品房设计建造要有一定比例的空间和场所供社区居民参与公共活动。欧美群宅的设计与建造，一个重要目标，就是要克服现存的现代建筑对人际交往所形成的结构阻碍，为社区居民交往提供一个公共活动平台。所以群宅的设计，不仅有公共活动场所，而且公共活动场所往往安排在社区中人员经常出入、特别显眼的地方。现阶段我国城市和谐社区建设面临的一个突出问题是社区居民对社区缺乏归属感和认同感，社区活动居民参与率低。其原因之一就是现存的城市建筑结构在社区人际沟通与交往方面往往画地为牢，使人局限于模块化的"鸽子笼"中。因此，我国商品房的设计和建造不能仅局限于满足家庭居住的需要，还应为生活于其中的社区居民提供塑造群体生活方式和群体价值观的公共活动空间。故加强城市和谐社区建设和新居民小区建设，公共活动空间和场所尤不可少。

第二，城市和谐社区建设应有意识地寻找和拓展以构建塑造社区群体意识的平台。欧美的群宅运动，群宅本质上讲只是塑造社区群体意识的一个平台。在这个平台上原来分散的社区居民，群策群力，最终走到了一起，形成和树立了社群共同价值观。目前我国城市社区活动之所以难以培育居民对社区的认同感、归属感，其原因之二往往是缺乏发动社区居民普遍参与的平台或者平台活动对社区主体居民缺乏吸引力。之所以如此，一方面，社区居委会功能过于行政化，社区活动如书画展、摄影展等没有逸出传统行政管理居委会支配社区居民的模式。这些活动只是居委会主导下的少数人自娱自乐。另一方面，社区所办活动议题很少出自社区居民（自下而上），而是多出自居委会成员（自上而下），加之居委会成员年龄结构老化，社区所办活动除老人和儿童参加外，对社区青壮年缺乏吸引力。从欧美群宅运动来看，形塑社区居民认同感和归宿感的议题（群宅）往往是自下而上产生，由社会成员自主发动。它能吸引团队成员普遍参与，群策群力，塑造社区群体价值观。因此，开展和谐社区建设，社区主办的各种文化娱乐活动，其"点子"或议题应更多地来自社区普通居民。主题应更多地突出人际间理解、尊重、信任、互助、合作等社区价值，应改变现有社区活动以个人为单位参与的方式，以家庭为单位吸引社区青壮年普遍参与。

第三，和谐社区建设应坚持可持续原则，把社区建设成生态环保社区。欧美群宅运动，不仅重视塑造社群意识，而且重视环保意识，付诸环保行动，努力把社区建设成为生态环保社区。借鉴欧美群宅运动，我国城市和谐社区建设，要努力树立社区居民的群体意识，坚持社区可持续发展原则，把社区建设成为生态环保社区。首先，社区居委会人员设置中，应设置一名环保信息员或监督员，其职责是监督社区养护员和保洁员工作，负责处理社区噪声、废气和废水所引发的环保纠纷。其次，加强社区环保，解决社区脏、乱、差问题，强化社区绿化，见缝插针，扩大社区绿地面积，使社区实现净化、美化和亮化。第三，社区应出台措施鼓励环保。要强化居民自主意识，实现垃圾分类处理；提倡居民使用购物布袋，减少塑料袋的使用；倡导社区楼道内安装声控灯，居民家里使用节能灯和节水龙头。

三、欧洲住宅建筑发展趋势及其生态启示

20世纪70年代以来，欧洲发达国家的住宅建筑发展发生了重要的变化，大致可以归结为八个趋势。这些趋势在很大程度上与中国目前住宅发展的方式恰成对比。从这些对比当中，我们可以发现契机，对于中国在将来的10~20年住宅需求基本满足之后的发展方向有一定的启示作用（李振宇，2005）。

（一）住宅构成：福利住宅、市场出租住宅与自有住宅"三分天下"

纵观欧洲国家住宅发展的进程，从国家调控到市场化发展是一个漫长的

循序渐进的过程。通过政府行为、政府资助来逐步解决住房的数量以后，才逐步开放住宅市场。以德国为例，在普法战争（1870年）到1970年这100年间，一直在抑制房地产市场，保障承租人利益，由政府和福利性的非政府组织长期建造福利住宅来完成住宅数量的满足，而英国、北欧一些国家政府调控的力量更为强大。在20世纪70年代后期，这些国家的房地产市场逐步开放，政府开始鼓励市民购买或建造自有住宅，并形成了多样化多层次的福利补贴体系。历史的发展是"先福利，后市场，逐步放开"。到今天，基本上形成了自有住宅、市场出租住宅和福利出租住宅三分天下的局面。

反观中国的住宅发展，是通过近20年来住宅市场的发展来解决住房数量的满足；通过出售公有住房和土地使用权出让来归集资金，发展房地产业，促进城市建设，市场为主，福利解困，急速放开。20年时间在住宅总量上增长几倍乃至10倍。急速的发展也带来了一定的不平衡：商品自有住房和出售的公有住房占了较大比重；福利住宅的存留是一个组成部分；而作为可以起调节作用的市场出租住房发育不完全。

虽然在实际生活中出租住房已有相当的份额，但它仍然无法与另二者匹敌：没有形成产业，没有户籍登记的法定地位，没有在城市规划上的性质确定，还不能成为一种普通的生活方式。这对城市面貌的多样化，对城市生活丰富性带来了一定限制，也不利于社会资源的有效利用。

在中国城市住宅数量基本满足之后，住宅的结构性矛盾将会突现。一些学者早就提出："商品化不等于自有化"，住宅构成需要多样化发展。在出租住宅领域如何正常化发展，在住宅福利上如何进一步保证社会公正和关心弱势群体，这将成为今后的重要任务。

（二）区域功能：从功能分区到功能混合

在现代主义的城市规划理论里，功能分区是很重要的一条，理想的城市似乎应该把居住、生产、商业办公、游憩分开，通过大片的绿化和宽阔的道路来承担过渡和连接的功能作用。在20世纪70年代以后，这种思路的弊病在欧洲被人们注意到了：住宅区缺少城市感，中心城区夜间成为"死城"，交通问题突出。新的规划观念是：适度混合，促进"微循环"，提高中心城区的可居住性和多元性，提高郊区住宅区工作的可能性。在柏林1999年建成的中央商务区波茨坦广场，每个基地的办公商业建筑，必须依法配建20%的住宅，以促进城市功能的混合。郊区住宅区则创造办公和小企业工作机会。这种方法收到了明显的社会效益和经济效益，也减少了交通流量，有利于环境保护。欧洲原有的福利性住房建设造成了一定的社会问题：低收入家庭聚居于一区，造成城市各部分教育、文化、社会地位的不平衡。近年来他们通过一系列的措施调整这一现象，例如商品住宅、出租住宅和福利住宅混于一区甚至一楼；改福利住宅为"与收入挂钩的租金补贴"方式等。这些措施对孩子的成长和社会和谐发展是有帮助的。

我国目前住宅建设还是十分强调功能分区，再加上"封闭式小区"的通用管理模式，人们的生活流线是"盲肠式"的而不是"网络式"的。街道空间的功能正在向单一的交通功能退化，城区局部的多元化受到影响，多样化的就业和廉价的社会服务正在受到抑制。我国的社会福利水平还很低，商品住宅受市场左右一般都是"人以群分"、"择邻而居"。其实这对社会生活的多元化和以人为本的思想从长远来说是不利的。要改变这种现象，一要等待社会意识的改变，二要有政策作为保证，单靠市场自身的发展是难以达到的。

功能混合对于城市生活的多样性是很有好处的，功能混合需要观念的改变，城市规划法规的保证和促进。但是，这也对城市管理、法规建设、安全防范和城市文明水平提出了更高的要求。

（三）空间形式：从新村式回归城市街道

"新村"是现代主义建筑的最广泛的居住模式。欧洲的新村首先出现在城郊，以良好的日照采光通风，合理的间距和绿化改善了居住的卫生条件。从20世纪50~70年代，新村蔓延到城市里面，大量地进行"推土机式的改造"，在满足功能的同时也对城市结构平衡产生了破坏。20世纪60年代后期，欧洲诸国对这种方式进行了质疑，意大利建筑师罗西在《城市的建筑》一书中提出了新的见解，强调形成城市的传统特征。1984~1987年的柏林"国际建筑博览会"（IBA）邀请世界数百名建筑师进行了305个项目的建设尝试，产生了"批判的重构"和"谨慎的改造"两种模式，即反对成片的老城拆除重建，要在尊重城市的原有空间结构的前提下进行多样化、小规模、融入城市肌理的改造；改善居住条件，保持城市文化的连续性，鼓励创新，鼓励"回归城市"的居住，出现了大量成功的实例。在城市规划的法规上，给予内城特殊的政策（如德国内城住宅间距可以是普通住宅间距的一半，而高度加以强制限制）。远郊住宅区建设出现了再造小城镇的倾向。

我国目前的住宅实践对于城市住宅和城郊住宅并无明显的区别对待，中心城区拆光重建是通用的方法，在学术认识上与欧洲20世纪70年代以前颇为相似。特别是通过级差地租的运用，进行商业化住宅建筑开发，在经济运作上效率很高。对规划指标的要求，仅仅在容积率上城内高，城郊低；间距上内城稍紧，城郊稍宽；其他如建筑密度和绿化面积的指标很相似，没有保证城市中心区风貌的特别措施。因此，城市住宅是城市内的新村，郊区住宅是郊区的新村；因此容易导致城市的空洞化、乡村化，建筑空间的离散。

中心城区能否成为有城市特征的居住场所，城市空间怎样通过法规的特殊保证来体现其延续性，这是一个迫在眉睫的课题，这需要正确地平衡商业性开发利益和城市公共资源之间的矛盾。

（四）层数和密度：层数由高到低；密度由低到高

20世纪50~70年代，欧洲城市建筑也强调降低建筑密度，增加绿化面积，提高层数；新建住宅层数往往在10~30层之间；20世纪70年代以后，城市整体绿化环境提高了，人们更多追求心理上的舒适感和近人的尺度，住宅越来越体现出层数降低（3~5层）、密度增加（30%~50%），有些中心地区甚至可以达到100%的建筑密度，住宅区内的大绿化风光不再。这为城市中心地区空间的连续性，城市郊区居住建筑的亲切宜人提供了条件。

我国目前高层和中高层住宅建设方兴未艾；建筑密度控制在25%~30%，绿化率的强制标准不可动摇。住宅建筑（特别是中心城区住宅建筑）开发的强度决定了高层低密度的住宅建筑方式是经济的。但是，通过一段时间的建设发展，高层低密度的弊病也已经突现：空间尺度与人的尺度对立，重视建筑物理而轻视建筑心理对人的影响。

目前，这一问题已经引起了一些城市规划管理部门的重视。在一些历史文化名城，限制高度的问题已经争论了多年并且有付诸实践的成功实例（如苏州）；在一些大城市，是否需要对内城和城郊的住宅建筑区别对待，鼓励降低高度和容积率，提高建筑密度，已经开始提上议事日程。

（五）个性化设计：从标准化向多样化发展

为了加快住宅建设和满足居住的数量要求，从20世纪20~70年代，欧洲住宅建筑在标准化、产业化、预制化、装配化方面作过许多努力。但近20年来出现了很多个性化的创造。特别是在福利住宅和出租住宅上，风格各异，令人赞叹。不仅在住宅平面上，而且在外部空间和建筑造型上，都有丰富的变化和创新。他们通过城市设计竞赛来保证住宅区的个性化，通过组织不同的建筑师在同一个项目里比邻而建来获得到丰富的建筑景观。在城市设计中则强调"类型学上的贡献"和"城市公众利益"。

我国目前受投资方式和时间进度的限制，住宅的个性化、多样化虽有一定的发展，但还远远不够。在城市设计方面，与外部空间上不够协调；在建筑单体设计上受销售的顾虑突破不多。住宅成为"商品"之后，为了追求最多的顾客和规模化的生产效率，往往有趋同的倾向，限制了个性化的发展。住宅个性化的发展，需要多方面的努力。住宅的构成需要多样化，特别是出租住宅和福利性住宅要得到发展；城市规划管理部门要提高管理水平，加强对公众利益的重视；设计人员要提高业务水平，通过竞争突现多样化的风格；投资者要放远眼光，兼顾经济效益和社会效益。

（六）旧建筑改造：与居住生活相结合

从20世纪70年代起，欧洲开始特别重视旧建筑的保护、改造和再利用，称为"谨慎的城市更新"。不仅针对文物建筑，而且那些普通的旧建筑，都是构成地方特征和维系原有社会经济文化延续的载体。在住宅改造上，最突出的要点是："旧如旧，新如新，控制体量，改善功能，保留居民，公众参与"。在经济上，通过政府和企业的投入来保证社会文化财富的继承和增值。在建筑物本身的处理上，主要侧重三种类型：原有旧住宅添加建筑设备，保留居民，改善功能；非居住建筑（如老厂房、办公楼等）改造为居住建筑；对20世纪50~70年代建造的住宅进行空间上和建筑物理上的改善。

中国现在越来越开始重视旧建筑的保护更新，但是存在三个问题：重视文物建筑的保护，不重视一般旧建筑的更新利用和旧城结构肌理尺度的延续；重视旅游和仿古，不重视使用中的利用，往往把居民全部动迁，改老建筑为商业设施和高级住宅区；重视单独的物质性保护，不重视居民的保留和对原有社会生活关系的尊重和发展。究其原因，还是对投入和产出的经济关系过于重视，把旧建筑改造当做商业开发而不是城市文化的多样化建设来看待。

在经济建设大发展之后，城市的文化属性必然会越来越受到重视。旧建筑的改造和更新，是需要大量投入资金和精力的事业，仅仅依靠市场是不够的，必须通过行政管理立法和专业工作者的高度责任心以及公众参与来实现，以此保证城市特征的延续。

（七）生态住宅：文明的居住观念和适用技术

欧洲住宅在生态问题上取得了较大的成就。其特点是：以文明的居住观念作为引导（而不是以单纯经济效益为引导），以适用技术的普及推广为措施。主要的工作重点是：节能；减少废弃物；资源的回收和循环利用；减少对自然环境的改变；自然的建筑和外部空间的处理；生态的建筑材料。值得注意的是，在实践中越来越重视对生态观念的普及宣传，重视技术的适用性，并不是片面追求高技术。

我国的住宅建设中，生态环保观念正在受到越来越多的重视，生态技术运用日益广泛。但是，一些"生态住宅"的项目往往带有以经济效益为先导的动机。我们的优势是：相对的生态技术产品价格比较低廉，群众有节俭的传统美德。从长远来看还是要把生态观念作为一种居住文明来推广，而不能简单局限于经济效益。相比之下，我们有两个困难：第一个困难是由于气候的原因，我国大多数地区的建筑节能要同时应对冬季保温和夏季防晒通风，不像欧洲中部生态住宅发达地区那样是以保温为中心；第二个困难是我们的生态教育、行政法规和社会文明还有待进一步提高。

（八）居住氛围：从壮丽气派到返璞归真

欧洲住宅，特别是大住宅区，也曾有过追求壮丽气派的经历。到了近几十年，在气质风格上，虽然讲究个性，但是不追求宏大华丽，提倡贴近人的尺度，自然清新的风格。在住宅建筑的造型上，越来越转向崇尚简洁朴素、尺度细腻、返璞归真。在绿化环境上，强调节约管理和运行成本，节约能源和水，处理简洁，一般很少有喷泉水池雕塑出现。

我国的住宅建设由于市场化的开发而过于注重包装。建筑造型往往装饰过度，动辄运用曲线造型和屋顶装饰，追求肤浅的"豪华"气氛。在绿化环境的处理上，经常采用大水池、大喷泉、大雕塑、亭台楼阁争奇斗艳。而另一方面，对建筑的个性化处理和为人服务的细节方面，独创性还不够，推敲不仔细。

在美学观念方面，简洁和克制确实是我们现在缺乏的。从对住宅的长期使用来看，也应该为住户节约将来的运行和维护费用。

　　用这么多的篇幅来对经典建筑的生态学进行分析是期望对这些历史文化的优秀成果的发现和传承。建筑生态学中研究和探讨这些内容，主要是从生态学的角度去研究和发现。人类在历史长河中对自然的认识，经过长期的实践所形成的科学、文化和社会进步成果，并将生态科学的理论和技术和这些成果结合起来应用到建筑的设计和建设之中，相信虽然会有不同的理解和应用，但肯定会给建筑和生态科学的发展带来新的促进和发展。

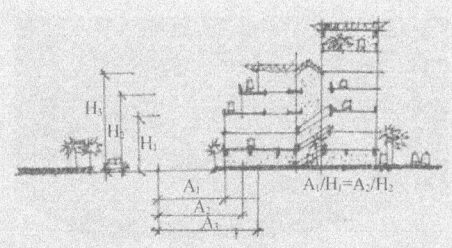

第七章 建筑创作中的生态构思

建筑生态学

第一节　建筑的生态构思

一、建筑设计构思概述

构思被普遍认为是一种思维"活动"。思维有狭义和广义之分，狭义的思维一般是指与感性认识相对应的理性认识阶段的思维，而广义的思维则包括了上述两个方面，它贯穿于人类创造实践活动的整个过程。就建筑设计而言，构思贯穿于建筑师建筑创作的全过程，也可以说是设计中的思考。所以本章中提到的构思，主要是用于建筑设计阶段的构思。

构思是人与外部世界的交互机制和一种互动行为，建筑设计的生态构思也一样，它是用生态学的理论和技术成果来综合构思的抽象概括和虚拟想象的一个过程。其中抽象概括是指将已有的理论概念或实物形象演绎成建筑语言或工程技术形象；而虚拟想象则是指建筑师以已有的建筑语言作为基本要素，通过大胆想象、演绎、组合，创造出前所未有的、带有虚拟色彩的建筑形式。一般来说，建筑设计的设计构思过程为：①设计构思；②结合工程技术知识的抽象概括和虚拟演绎；③建筑创作成果。

从客观条件的角度，社会经济、历史文化、建造意识、现状、结构、材料、施工等因素都可能成为构思的触发点，都是建筑设计中构思的来源。而且对于同一个建筑师，在不同的时间面对相同的项目，也会由于彼时彼地的思考侧重点不同而得出不同的设计结果。杨震（2003）提出，建筑设计中构思的来源主要分为以下七类。

（一）功能的构思

功能的构思以适用为目的，指满足人的行为需求空间的实用要求。这也是建筑创作构思的最基本要求之一。功能构思首先来源于人们生产、生活、工作上对建筑的功能需求，其次是行为、活动表现的场地以及空间使用上的要求。当然，功能构思除考虑人的使用外，还涉及自然环境（声、光、热）对人的适应情况，如隔绝噪声、遮阳隔热等，这些都会在建筑形象上产生新的表现特征（图7-1）。

（二）结构的构思

结构总是与社会当时所能运用的技术、材料密切相关的，远古人类在构筑巢穴的过程中本能地使构架完善和美化。随着时代的发展、技术的进步，在满足使用需求的前提下，那些独具魅力的结构形式开始成为技术美学、应用美学的表现物，起到了"诱导人们从建筑的外形识别建筑的内涵"的作用。

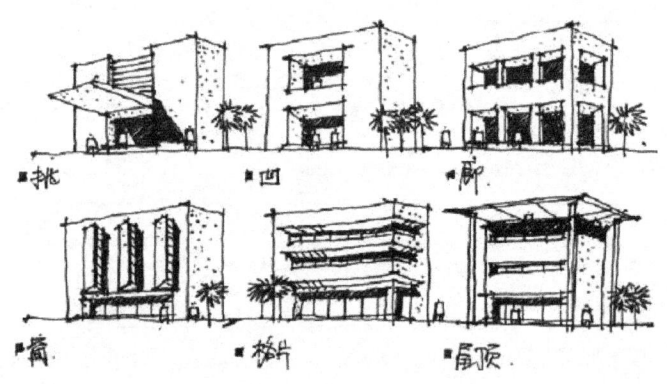

图7-1　不同的遮阳方式在建筑形象上产生不同的表现特征

（三）形象的构思

一般层次上的建筑形象的构思主要是符合公认的建筑美学法则，满足普通大众的建筑审美情趣，比如形体构成是否得当、门窗洞口比例是否适宜、材质搭配是否协调等。但对于某些特殊建筑，其形象却被人们寄托了情感，赋予一定的内容、意蕴，例如体现自然崇拜的远古图腾、表现宗教信仰的中世纪教堂、反映时代和科技进步的现代标志性建筑等。有时形象的要求甚至会成为压倒一切的主导构思，比如纪念性建筑，其形象已超越建筑本身而成为某种历史、文化的传承物。

（四）空间的构思

任何建筑都具有空间和空间感，空间的范围、大小、尺度以及产生的体量都是构思的触发点。但不同的建筑要求不同的空间感受，如宗教建筑的神秘、虚幻，皇家建筑的森严、压抑，文化建筑的宁静、安谧等，建筑师应该根据不同的建筑性质作出相应的空间构思。实际上"空间构思是综合建筑诸手段的综合表现"（齐康），因为空间离不开结构的支撑，同时空间要满足功能的要求，最后空间感还有赖于建筑实体在形象上的表达。

（五）意境的构思

齐康先生指出，"意境的构思是灵感表现艺术上最高的境地"。意境的构思首先是和环境的构思结合在一起的，即要求建筑在环境中有一种生长感，与环境取得默契、和谐，这种和谐不只是形象、体量上的，更是在生态和自然机理上的。深层次的建筑意境则是"有意象地追求实体形象和空间造型达到某种情趣、某种遐想、某种意念以表达人们心神的向往"。

（六）技术的构思

在体系上，生态建筑是现代建筑在环境和时代上的深化和继续，因此生态建筑的设计方法与一般现代建筑设计方法的不同在于它在后者的基础上增加了环境和资源这两个重要参数，使建筑设计从以往的"功能—空间"这一单一目标转变为"功能—空间"和"环境—资源"并重的双重目标，而连接这两个目标则依赖于不同的技术手段。由于生态建筑的这一特性，技术的作用就显得十分突出，不同类型的技术可以产生不同类型的生态构思以适应不同的环境条件。

（七）规则的构思

设计规则包括强制性设计规范、规划法律条例、一些硬性的设备技术要求等。满足规则是建筑创作的基本要求，但在一些客观条件十分苛刻的设计中，规则甚至会使创作构思产生唯一性。例如根据一些地方规划管理条例，建筑与城市干道中心线的距离与建筑的高度成正比，在最大限度争取建筑面积的情况下，则只能考虑将建筑作退台或后斜切面处理（图7-2）。

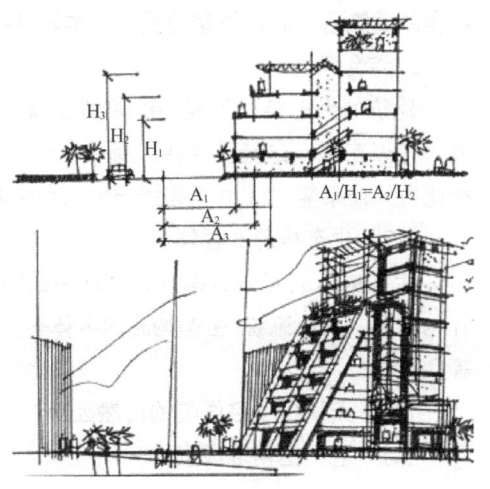

图7-2 某综合楼构思草图：根据城市规划的要求，建筑与城市干道中心线的距离与建筑的高度成正比，这使退台式的体量处理成为合理的选择

二、生态构思

生态构思常用的思维方式有"日常—综合思维"和"计量—运算思维"两种。在"日常—综合思维"中,客体性的思维内容是针对生态环境中的诸多客观因素与条件,实际也就是建筑存在和人类活动的日常状况;而主体性的思维形式则必须涵盖这种日常状况中的种种生态问题,提出综合、全面的策略来解决。对于"计量—运算思维",主要是一些具体的建筑问题或生态处理措施必须通过精密严格的计算才能解决,是定量研究结果的客观表达。

如果从构思的来源来解释生态构思,则首先无疑是功能的构思,是出于满足建筑的生态功能和环境保护的需求;其次则是技术的构思,如上文所述,连接"功能—空间"和"环境—资源"这两个目标依赖于不同的技术手段,而且在科学研究的意义上,生态建筑依赖于许多相关技术的最新发展以及根据具体条件而对这些技术的最佳搭配,或称研究性技术组合,但在实际运行方面,生态建筑则主要建立在现有的成熟和经济合理的技术之上,亦即实用型技术组合。

具体来说,建筑创作中的生态构思就是建筑师在生态理论的指引下,有意识地在建筑创作过程中遵循生态学的基本原理和规律、运用生态设计方法或引入生态构造技术以完成建筑创作的设计方法和构思过程。

(一) 生态构思的主体

建筑师是建筑创作的主体。一个生态化的设计构思能否被完美地实施,取决于主体的三个方面。

1. 建筑理念

建筑师必须具备相当的社会意识、环境意识、生态意识、可持续发展意识以及对"以人为本"、"建筑、环境、人三位一体"等观念的深度认同和相当的理念建构。

2. 专业修养

专业修养要求建筑师首先有相当的生态理论积累,熟悉生态学的基本规律、原理、方法,其次要掌握大量的生态建筑语言和生态技术知识,能运用扎实的建筑组合和形体塑造能力将构思顺畅地表达出来。

3. 综合能力

建筑的生态特征不能始终停留在概念阶段,必须通过不断的深化发展而最终得以实施,这就要求建筑师在创作的全过程中具备相当的统筹能力、分析能力、处事能力,也即起到一个综合协调的作用。

(二) 生态构思的客体

生态构思的客体是指设计过程中面临的诸多客观因素与条件,可称为设计的依据。具体来说,生态构思的客体有"天"、"地"、"人"、"物"、"法"和"时"等六方面:

(1) "天"指项目面临的自然因素;

(2) "地"指用地因素;

(3)"人"指人的因素；
(4)"物"指物质条件；
(5)"法"指现行法律、法规；
(6)"时"指时尚和风潮。
（三）生态构思的本体

生态构思的本体是指"建筑设计的多元、多矛盾最后集中统一于设计载体"，即设计的作品。

三、生态构思研究导则

生态构思研究导则主要由以下几个方面组成。

（一）思维模式从"清晰"到"混沌"

对构思的研究必须破除极端理性和非此即彼的思维模式与研究方法，承认建筑构思问题有其必然性、有序性，但同时承认其中也有偶然性、复杂性和无序性。比如，看似简单的建筑功能问题，实际上客观地存在很大的不确定性。

（二）研究方法从"笼统"到"深入"

对构思的研究不能停留在对思维过程总的概括性描述上，必须涉及构思过程中的诸多技术问题以及各个阶段的工作内容、思维特征、表达方式等的深入分析和研究，才能产生在方法论上有价值的指导和启示。

（三）树立整体的生态构思观念

对生态构思的研究，不能局限于考察构思主体本身，应该延伸到客体，即建筑所处的环境及其所在生态系统的产生、变化和发展过程，这样才能对生态构思的来源有合理和动态的解释；还应考察构思的本体，通过研究构思成果总结经验，转化为有价值的设计方法与理论。

（四）树立有机的生态构思观念

生态构思并不完全等同于生态建筑，因为主体在进行建筑创作时，其构思总能体现一定的生态设计思想，例如热压通风和风压通风的原理在任何建筑中都适用。因此对生态构思的研究不能陷于片面，应该更多地从方法论、有机论的层面来把握，认识到生态构思在建筑创作中具有普适性，对任何类型的建筑创作都有指导意义。

四、建筑生态构思范畴

建筑生态构思范畴主要包括总体考虑、材料与设备、气候、资源与能源、建筑使用、地域和人文环境等方面。

（一）总体考虑

总体考虑首先要确定合理的建筑规模，测算投资与效益平衡情况；其次是预先评估建筑对周围生态环境的正面和负面影响，估量对城市土地、能源、交通配套的使用情况；最后因地制宜地选择合理的生态技术手段和结构、建造形式。

（二）材料与设备

尽量选择耐久性强、耗能低和危害小的材料与设备；尽量选择本土化、可再生、可循环利用的材料与设备。同时，设计还要有利于设备的运行经济和管理方便。

（三）气候

建筑总体布局和体形要顺应主风向、朝向，并充分利用地形、水面、植被等自然环境来调节建筑内微气候。不同的地区有着相应的设计，例如对于湿热地区强化通风、降温、遮阴、蒸发、除湿等设计；对于干寒地区强化日照、供暖、保暖、增湿等设计。

（四）资源与能源

关于资源与能源，尽量做到以下几个方面：合理利用和保护自然资源，如水、土地、植被等；尽量利用高效清洁的能源，如地热、太阳能、风能、光能等；合理使用不可再生能源，如矿物燃料等；尽量利用自然采光和自然通风，避免不必要的人工照明和机械通风。

（五）建筑使用

建筑在投入使用以后，需要强化控制管理系统的设计，降低管理、维护、耗能成本；同时还要创造良好的物理环境，如温度、湿度、光环境、声环境等，使建筑内的人感到舒适。

对于建筑垃圾和装修材料，在排放前经无害处理。对于建筑完成历史任务的，解体时尽量不对环境产生再次污染。

（六）地域、人文环境

建筑的设计还需要注意继承地方传统技术，吸取传统建筑中的生态处理方式。同时对古建筑、古树等文化遗址，需要采取保存、更新的方式，继承和发展传统区域中有价值的景观和风貌。通过设计优化使用者原有的生活方式，保持区域的持久活力，体现地方的特色，积极创造区域新景观。

第二节　建筑的生态构思过程描述

一、生态构思的过程与表达

美国的约瑟夫·沃拉斯在《思考的艺术》一书中提出一切创造性构思的"四阶段模型"，即：准备阶段、孕育阶段、明朗阶段、验证阶段。参考该模型，建筑设计的生态构思可以分为意念建构、意象发展、意象完善三个阶段。

（一）意念建构阶段

1. 意念建构阶段的工作内容

意念建构阶段的工作重点是逐渐进入"角色"，理解消化项目任务书，调查研究设计目标的背景资料，了解和掌握各种有关的外部条件和客观状况。这个阶段的工作都应该是细致而全面的，搜集的资料应该包括前面论述过的

"天"、"地"、"人"、"物"、"法"、"时"等所有内容。在意念建构阶段,资料收集是否充分,现场勘察是否详尽,能否把握住生态关键点,都将成为设计结果成败的关键因素。

2. 意念建构阶段的思维特征

模糊和无序是这个阶段的特征,一切都是不确定的、各种各样的。创作者似乎已经从远处听到了微微的声音,然而仍然不能推测这声音的含义,但他从微小的迹象中窥见了一种希望,一系列远景展现出来,就像梦幻世界那么广阔,那么丰富(图7-3)。

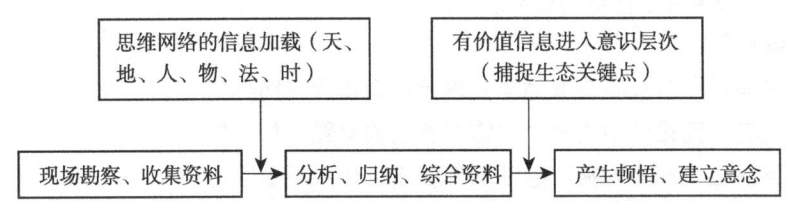

图7-3 意念建构阶段的思维流程

3. 意念建构阶段的构思表达

短暂快捷的构思表达是深厚的积累、长期的孕育以及片刻的灵光闪现综合作用的结果。该阶段构思意念表达规律主要为强调真实性和突出侧重点(图7-4)。

(二)意象发展阶段

如果说意念是指建筑创作主体产生的生态设计概念,那么意象发展则指创作主体在初步的设计意图的指引下,对建筑物的布局、功能、结构选型等作通盘考虑,对未来作品的形式进行一系列的抽象概括、虚拟想象、选择加工以产生形象性的结果,并通过一定的表达手段使之物化的过程。

在意念建构阶段,创作主体除了收集资料以外,也往往对思考内容作草图表达,但如前所述,这种表达是概念性的,显得模糊、不够清晰,对于受众而言,可解读性很低;而在本阶段,建筑物的生态构想较之"意念"阶段逐渐成形,建筑师内在的生态观念经过反复推敲后,成为可以表现的雏形,按照德国美学家布罗克的说法,这时它成为成熟了的"被表达的直觉"。

图7-4 环境分析草图:设计前期针对日照、通风、建筑与地形的关系的分析

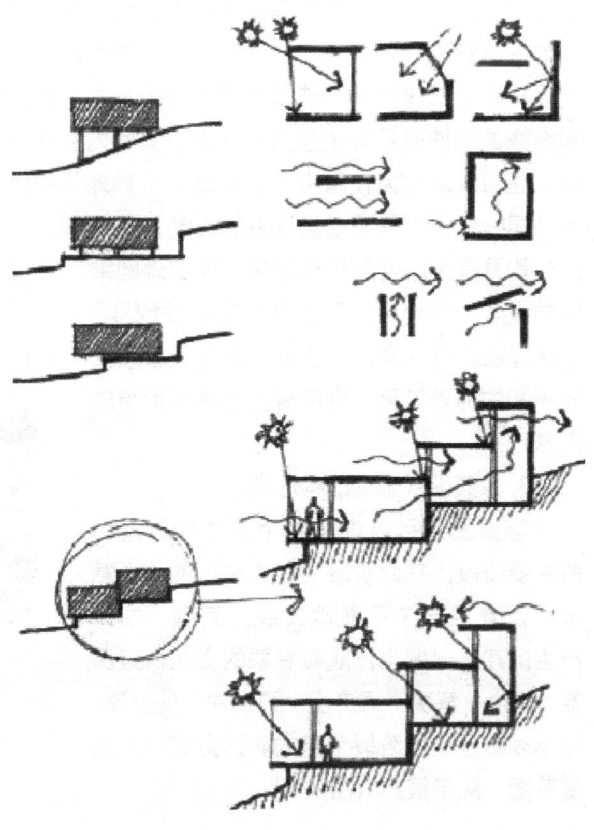

1. 意象发展阶段的工作内容

该阶段的首要工作内容是生态建筑基本形象的确定,这涉及意象的选择和组合。意

第七章 建筑创作中的生态构思

象选择是对建筑基本形式要素的选择；意象组合则是指在生态意念构思的调节下进行的一种有目的、有方向的形式要素与生态语汇的组合，它在创作主体的大脑中以不合常规的方式活动，组合的结果是建筑形式反映生态功能，建筑新形象得以建立。

除此之外，意象发展阶段还包括的工作有：考虑和处理建筑物和周围环境的关系，考虑建筑和城市规划、城市交通、区域发展的关系；对建筑物的主要功能安排结合形象有大概的布局设想，初步考虑建筑内部各功能块的交通联系、各主次空间的塑造；为了实现生态意象构思考虑合理的结构选型、材料设备的选择、工程概算和技术经济指标是否合理等。

2. 意象发展阶段的思维特征

创作主体的前期意念建构和个性特征使其意象的确定呈现出因人而异的特点，闪现着感性的灵感火花；而设计中面临大量错综复杂的问题又使主体必须依靠理性的力量去理清脉络、权衡把握。感性思考使建筑意象不致因为相同的外部约束而陷入"千人一面"的雷同，而理性思考则保证建筑意象不会由于主体的天马行空而变成虚幻的"空中楼阁"。

另一方面，意象本身的形成必然要经历一个"确定目标建筑意象—发展建筑意象（发现并解决建筑问题）—基本达到目标建筑意象"的过程。

荷兰建筑师麦坎奴在设计荷兰戴尔福特技术大学的中央图书馆时，打破图书馆设计的窠臼，提出了"没有墙的图书馆"和"一座建立在100万本科技图书上的风景"这样充满感性和浪漫色彩的设计目标。为此他采用了覆土式的生态意象：建筑空间被埋藏在一片葱绿的草坪下，建筑元素被淡化，只是在草坪上部建有一个玻璃圆锥体作为标志。巨大的草坪屋顶由于其热积聚和绝缘的特性而具有生态上的优点，其室内空间几乎不受外部气温波动的影响；屋顶绿地还为校园中心区营造了"额外"的活动空间，夏季是休憩闲谈的公园，冬季则是滑雪爱好者的天堂。这些设计均具有生态上的积极意义。而玻璃圆锥体的设置很好地传达了建筑师的感性构思：自然光由此洒入室内，渲染出类似教堂般安静平和的神圣气氛，也带有几分技术幻想的气息。

图 7-5　德国法兰克福商业银行总部中庭构思草图

3. 意象发展阶段的构思表达

意象发展可以说是整个生态构思过程的主要阶段。在此阶段，创作主体的构思意象在反复推敲中不断地发展、完善，由此产生的建筑问题也伴随着意象的变化而经历着"产生—解决—再产生—再解决"的过程。图示表达是这个阶段常用的表达方式，尤其是草图，应用很广（图7-5）。

（三）意象完善阶段

意象完善阶段是指在生态构思方案基本确定以后，对其尺寸、细部以及各种技术问题作最后的调整，使建筑的生态意象更加具体化，并将这种完善的建筑意象充分"物化"，以各种方式表现出来，成为最终的设计成果。

1. 意象完善阶段的工作内容

意象完善阶段的工作内容主要有解决技术性的问题和完成建筑意象的最终表达。

在该阶段，应注意一个问题：该阶段的工作不仅要靠创作主体个人的积极思维，还要综合多方面的力量和智慧。比如解决技术问题时，要征求结构、水、电、暖通等专业人士的意见；最终成果的表达，可以委托绘图公司、模型公司等制作。但所有的这些工作都应以创作主体为核心，按照其构思意图进行；创作主体也应根据自己建构的建筑意象，对各方面的工作提出要求和意见，并不断加以比较、综合，最终完成建筑设计工作。

2. 意象完善阶段的思维特征

在对技术问题的处理中，往往要受到很多法规、条例、技术水平、客观条件的限制，因而主体的创作思维以理性成分居多，需要作多方客观、理性的分析、综合和评价。而在设计成果的表达阶段，思维的理性和感性则呈现出并行不悖的势态，因为就建筑意象的最终表现成果上看，既必须具有真实和精确的特点，以满足工程的要求，又要富于表现性，以反映主体追求的建筑意境，同时令旁观者可以充分领略设计者的匠心所在。

这就要求创作主体在意象完善阶段，既要保持思维的理性，又要发挥思维的感性，真正体现建筑是技术和艺术结合的产物。根据 GA 杂志出版的安藤事务所施工详图专集可以看出，该事务所擅长以轴测图和剖面图结合来表达设计成果，这些图纸构图复杂、制作精确但又异常精美，即使只从图面上看，也能令人领略和遐想建筑之美。据说，安藤的图纸表达"基本采用的是一种手工制作的方式，而无论其造价或是施工期限是否允许，其结构是科学的，并不存有含混性，每一件事情直到细部都能得到逻辑的理解"。

3. 意象完善阶段的构思表达

意象完善阶段的构思表达方式主要有：图示表达法、实体模型表达法、计算机表达法等。具体的方法，在相关的课程中有专门的介绍——例如"计算机辅助设计"课程中介绍了计算机表达法——这里就不再讲解。

二、生态构思激发策略

注意当代的科学技术发展，在设计中引入高技术手段是激发生态构思的有效策略。尤其是高技术生态建筑，已广泛地在建筑与城市环境设计中采用了电子计算机、信息技术、生物科学技术、材料合成技术、资源替代技术、建筑构造措施等，以降低建筑能耗、减少对环境的破坏、维持生态平衡。

例如德国建筑师英恩霍文在德国埃森设计的 RWE AG 大厦，业主要求建筑具有"透明的形象",并且希望内部房间尽可能地有良好的自然采光和景观条件,建筑师因此决定采用大面积的玻璃幕墙;但同时玻璃幕墙透射的热量将大大增加空调负荷,造成能耗的不经济。为了解决这个矛盾,英恩霍文借鉴了 20 世纪 70 年代以来发展起来的"双层/多层幕墙系统"技术,提出"可呼吸的外墙"的构思:在外层的单层平板透明玻璃和内部的双层平板透明玻璃之间留出 50cm 的空腔,里面设置 8cm 宽的、可旋转的铝板百叶,同时在玻璃间填充氩气,这样每个幕墙单元成为"能呼吸的肺",通过铝板的调节起到遮阳和热反射的作用,而玻璃内气体在温度升高时,能迅速地从下到上带走热量。

一般来说,生态构思常用的激发方法为再造性构思,即对现实生活和自然环境中具有生态特点的现象进行联想、组合,继而优化、抽象出具有原型意义的生态构思方案。例如巴格斯设计的乌泽鲁——卡塔丘塔国家公园文化中心位于澳大利亚阿亚斯山山脚,这里是阿那古土著文明的发源地。

建筑师花费了大量时间对阿那古文化进行研究,抽象了三点文脉原型应用到设计上:一是建筑群的总平面布局模拟阿那古人在红砂地上的手绘画,重复运用弧线形母题,显得自由洒脱、不拘一格,仿佛完全融合在浩瀚的荒野环境中;二是建筑屋顶曲线隐喻阿那古神话中主宰分离和结合的蛇的形象,蜿蜒盘旋,呼应着高低起伏的山脉,而由此产生的巨大挑檐屋顶在建筑外墙上投下浓重的阴影,起到了降低室内温度的作用;三是建筑构造直接借鉴了阿那古古民居:红色砂土筑墙成为良好的储热体,内部采用传统木结构,利用多方位的天窗、高侧窗采光,柔和的光线在室内形成漫反射,从而减少了人工照明。

第三节 低技术建筑生态构思

本书针对建筑设计本身而言,探讨建筑个体的发展及其与环境的关系。根据其生态技术的含量、类型、产生的来源等,将生态建筑大致划分为"低技术生态建筑"、"适宜技术生态建筑"和"高技术生态建筑"三种类型。

一、低技术建筑生态构思概述

无论是原始的地域建筑还是当代地方主义建筑,均能在技术水平上因地制宜,注意充分利用地方材料、地方资源,巧妙而合理地利用本地传统技术进行建造,其建筑形式几乎完全由当地的气候特点、地理状况、地域风俗等决定,从而取得良好的生态效果。这样的建筑我们将之称为"低技术生态建筑"。低技术生态建筑的技术特征有本土化、技术低、经济性和环保性好。所以其能遍地开花,达到"分布广、类型多、造型异、效果好"的局面。

低技术生态建筑由于其所处的地方自然条件和文化传统不同,"不可能有共同的纲领主张,它们分散在不同的国家和地区,有不同的背景,解决不同的问题"。但在其应用价值方面,"低技术生态建筑"基本上具有共同的诉求,即在不发达地区解决人居环境的基本需要。借用同济大学戴复东教授的论述,"低技术生态建筑"可以认为是"普通百姓为了维护和提高自己的生存和行为环境而进行的因时、因地、因事制宜的环境创建"。实际上,就生态建筑创作而言,这种"环境创建"更多的是一种建筑师的行为。例如埃及建筑师哈桑·法塞(H·Fathy)就以"把建筑师的注意力从现代主义的大规模项目的建造主流转移到'穷人问题'上"而著称,他为了探求低造价建筑在乡村的实现可能,参与了大量的乡村社区规划,如新巴里斯村规划、美国新墨西哥州伊斯兰社区规划等,在这些设计中,他尝试将穹顶小凉亭、风廊、内向庭院等伊斯兰建筑元素加以解析、移植、重构,创造了既具有地方传统特色、又具有生态功能的乡村住宅。

　　有学者认为,"低技术生态建筑"的美学意义只有在体现明确的生态功利的前提下,也就是说在使原有的自然背景和生物种群不受或尽可能少受打扰,在对人类、自然和生物种群不产生负面影响的前提下,才是真实的、可能的。据此,我们也可以认为,低技术生态建筑美学应该是一种能充分体现建筑形式与生态秩序密不可分的自然主义美学。该类建筑美学意义在于其体现了自然美法则和具有建筑文化的方言。

　　例如芬兰建筑师海基宁—科莫宁在非洲西部设计的建筑就充分体现了建筑的自然美:将当地的泥土通过一定的胶粘剂砌成的墙体在西非的阳光下微微闪动着土黄色的光;西沙尔麻屋面砖铺就的屋顶出檐深远,造成的大片阴影使下部房间荫凉幽暗;局部使用了竹子作为遮阳墙和平台屋顶支架,封闭的建筑由此形成了虚实的错动。

　　而斯里兰卡建筑师巴瓦在他的建筑中充分体现热带地区的气候特征,强调建筑的开敞性,同时又注意把斯里兰卡传统的建筑形式以现代建筑语言表达出来,其自由的布局与地形、风景相互融合,创造出如画般的建筑群体;他在材料的运用上也独具匠心,如在建筑立面上重复使用多重红瓦层叠的屋檐,既具有装饰性又强调了横向的线条。

二、设计策略研究

(一) 整体性策略

　　"低技术生态建筑"由于其建筑单体的生态技术含量相对较低,因此为了营造良好的生态环境,在设计上往往采用整体性策略:生态设计措施自上而下贯穿于建筑选址、规划布局、单体设计与构造设计中,大尺度的设计措施是建筑生态效能的有力保证,而小尺度的设计措施是其有益的、必要的补充。这样有效地保证了建筑的生态效能与建筑形态、地区风貌的和谐统一。我国古代即十分重视建筑之初的选址工作,"风水"学说阐述了建筑与天象、地域、人事相互协调的哲理,分析了地质、水文、日照、风向、气候、气象、景观等一系列自然地理环境因素,进行评价和选择,以采取相应的规划设计和建筑设计措施，创造适宜人们长期居住繁衍生息的良好生态环境。云南丽江古城的选址择地就是最好的典范：古城北依象山、金虹山，西枕狮子山，东面和南面与开阔平原自然相连，既避开了西北寒风，又朝向东南光源，接引东南暖风，形成"坐靠西北、放眼东南"的整体格局；发源于城北象山脚下的玉泉河水分三股入城后，又分成无数支流，穿街绕巷，流布全城，充分利用了地利之便，既保证了日常生活用水，又达到了夏季降温的目的。

（二）材料策略

对于"低技术生态建筑"来说，建筑材料的选取十分重要，其基本策略就是广泛地采用当地资源。例如我国北方某些使用低技术的原生态建筑，常常大量采用当地土质材料制成砖坯，将谷物收割后的麦皮和麦秆用作燃料烘焙石灰石和白垩以制成水泥和石膏。除了土质材料外，还大量利用芦苇、麦秸等柔韧的植物材料与黏土结合在一起制成土坯砖，可以砌筑成既坚固耐久又保温隔热的墙体材料。在南方农村一些地区还将水稻收割后密布植物细根的土地直接晒干、切割成块，作为建筑墙体材料。芦苇、麦秸、竹子还可以编织成门帘、窗扇等用于室内通风和遮挡阳光，茅草更被广泛用作屋面材料，在非洲的有些地方，甚至用牛粪作为屋顶的覆面材料。

（三）设计结合气候策略

气候因素是所有生态建筑设计都必须重视的关键，但对于"低技术生态建筑"而言，由于其在能源利用、建筑构造等方面处于"低技"状态，所以其在应因环境气候上基本还是采取因地制宜、设计结合气候的策略。

1. 炎热地区

多利用空间组织和特殊的建筑构筑增加室内的空气流动速度，结合建筑的造型防止太阳光线直射室内以降低室温，选择当地储热性能较高的构造材料和结构以隔热。例如云南西双版纳的"竹楼"大多为竹、木结构，屋顶挑檐深远，造成大片阴影使下部房间阴凉；底层架空和带缝的木楼板，使底部较为凉爽的室外空气渗透到室内，空气自然流动带走热量，也避免了雨水的淹没和蛇虫的侵扰。

2. 严寒地区

广泛利用地方材料的导热性以充分吸收太阳热能，并采用某些遮蔽手段以抵御寒风的侵袭。例如黄土高原上利用条条冲沟、块块坡地挖掘而成的黄土窑洞，既不占耕地，还可防止水土流失，泥土良好的储热性使洞内冬暖夏凉，适合于人的居住要求。

3. 温带地区

即使设计策略基本相同，建筑形式也会随地域环境的差异而有所不同。如院落和檐廊是中国大部分地区传统民居的平面布局形式，但在寒冷干燥、日照较少的北方，表现为建筑南北向较长，院落空间开阔，以得到充分的日照；而在湿热多雨、日照较长的南方，建筑南北向相对较短，院落空间较小，建筑的阴影正好投射于院落中，形成阴凉舒适的小天井。

三、类型示例

本书以乡土建筑为例。乡土建筑指在特定的地理位置和特定的地域文化圈中，运用自然生长的传统建筑形式、空间、材料，甚至建造手段设计营建的建筑。乡土建筑中的生态意识一是体现在建筑有机结合当地的自然地理属性，二是借鉴引用传统建筑的符号以达到自然的生态目的。杨震（2003）认为，可以将乡土建筑的传统符号划分为空间、形式（构造）、材料三方面。

（一）乡土空间的生态构思

鲁道夫斯基（B·Rudofsky）在《没有建筑师的建筑》一书中指出：传统建筑形式是气候、经济、社会、文化等因素综合作用的结果，其中最重要的一点是建筑空间组织及其形式都与地方环境及资源条件密切相关。拉普普特（A·Rapoport）在《住屋形式与文化》中认为：空间组织形式必须对其所在环境（Immediate Environment）作出直接呼应，并随环境的变化而变化。这样才能解释为什么传统建筑中空间组织形式的数量远远多于民族、文化及气候带的数量。乡土建筑的空间布局通常是固定"形制"，其中蕴涵着经过历史提炼出的巧妙生态处理手法。

例如江浙皖一带的民居常见"四合院"的形制，但和北方不同，其天井空间十分狭窄，而四面的房屋很紧凑，有两层以上，连为一体，因此天井显得像一条缝。这样的空间形式包含了生态上的考虑：南方夏季炎热、潮湿，阳光照射高度角大、时间长，天井狭窄，有利于形成阴凉环境，冬季也不致因风沙雨雪影响起居、家务，因此厅堂的前檐才有可能根本不设装修；天井四周有排水沟，常置水缸蓄水，可以调节院内微气候；还常在天井中搭起架子置兰、桂、珠兰等南方盆栽，夏季用竹帘搭起顶棚，防阳光直射，既凉爽，又保护花卉，顶棚把花香留住，全宅香气浓郁。

（二）乡土形式（构造）的生态构思

乡土建筑的形式构造常常呈现出有机而自然的特征。以我国传统的木构建筑为例，其在三方面含有朴素的生态观念：

（1）整体结构的仿生特性。中国乡土建筑以木材为主要建筑材料，木材具有柔性和弹性，木构架中的节点又都普遍使用榫卯构造连接，如同动物的骨骼关节能在一定程度中伸缩和扭转，地震时能通过自身的变形吸收和消耗地震的能量。这种结构是我国传统建筑仿生柔性结构的一个组成部分，它体现了中国建筑哲理中"顺应自然，以柔克刚"的思想。

（2）构造标准化、模数化。在宋代的《营造法式》和清代的《工部工程做法》中，均详细地规定了各种部件成模数的关系和做法。在施工中，穿斗式木构体系被坦率地暴露出来，梁、枋、柱、檩受力明确、脉络清晰，每一个构件目的明确、自得其所、不多不少、各有其用。没有可有可无的构件，表现了极强的结构逻辑和技术美学，十分类似于现代的高技派建筑。

（3）开放式结构。木构建筑由立柱、横梁、檩条、椽子等结构构件组成，哪个部件损坏了，可以替换而不影响整个结构；围护结构的门窗、屋面上的瓦等构件更可以随时更换，这使传统乡土建筑易于维修，可以持续使用。现代的轻质高强材料和预制装配技术也正是致力于建立这样一种开放式结构，组成的部件可维修、替换、搬迁而不影响结构体系，围护构件也可以维护、更换，而且是与外界交换能源流、物质流和信息流的开放构件，使建筑功能可持续发展、建筑成为开放式建筑。

（三）乡土材料的生态构思

乡土建筑在材料运用上注重就地取材。材料来自于大自然，废弃时再回归自然循环，不污染环境，建设过程中也节约了运输成本；自然材料在使用中常表现出多方面的生态功能，即使经过加工，在很大的程度上还能反映自然的特征和满足人们返璞归真、回归自然和与大自然融合的心理要求。

美国建筑师詹姆斯卡特勒（James Cutler）擅长在自然环境中使用木材与石材的组合，他的作品被认为是"与环境之间关系的叙说"，是"安静、不突出，对生态予以回应"的。班布里奇岛的"桥屋"（The Bridge House）主要由木材组成：墙和地面采用天然松木板，窗用外包冷杉木，家具用天然色泽装修的实心冷杉木。木材的纹理如烟云流水，质地温暖而亲切，使建筑仿佛在自然中舒展地生长。施工中没有使用胶合板和含毒的油漆，使之成为真正的生态建筑。

第四节　适度技术建筑生态构思

一、概述

所谓的"适宜技术生态建筑"，就是根据当地实际情况，侧重建筑技术的适宜性、高效性，通过普遍的建筑设计手法，精心设计建筑细部，提高对能源和资源的利用效率，减少不可再生资源的耗费，保护生态环境；同时有选择地借鉴当地建筑文化传统和技术，使建筑具有一定的地方特色，实现技术的人文提升。

适宜技术生态建筑的技术特征主要体现在适宜性、高效性、场所化三个方面。其中适宜性可以理解为需求性、普遍性、限制性三个角度的适宜性。正因为如此，适宜技术生态建筑实际上在全世界均得到广泛的应用。"高技派"建筑代价往往过于高昂，是否具有真正意义上的"生态"尚存争论，而"低技"建筑则在生活模式和人居环境等方面不尽如人意——"很难想象高度工业化了的城市能够重返前工业社会的生活模式"。而"适宜技术生态建筑"则在平衡经济性和人居环境方面取得了较好的结合点。从我国及大量发展中国家的实际情况出发，"适宜技术生态建筑"尤其适合于工业化水平处于中下等、具有一定的经济基础、地方材料和技术相对成熟、仍然有现代建筑表达可能性的国家和区域。一个国家和地区的建筑技术水平和建筑艺术水平并不能简单地画上等号，也绝不是一一对应的关系，正如吴良镛在展望21世纪的建筑学时指出的——应总结传统经验，走适宜技术道路。……如能根据具体实际，在科学的基础上对其加以总结、提高、创新，适宜技术将大有可为。

二、设计策略研究

（一）技术策略

适宜技术生态建筑在其技术策略上必然遵循以下原则：

(1) 自觉融汇科技发展成果，在经济、适宜的前提下最大效能地表现新技术所提供的可能和蕴涵的精神；

(2) 根据地域条件，对技术进行比较和选择，以符合地域需求和特定情况为标尺，进行价值与效益的判断；

(3) 注重技术发展与地域自然生态协调，不以牺牲地域生态平衡、耗用地域自然资源作为发展技术的代价；

(4) 注重技术发展与地域文化传统的协调，在技术现代化的进程中，努力保护地域文化结构的连续和完整；

(5) 注重技术发展与地域社会经济状况的协调，避免脱离实际经济发展水平、盲目追求技术的高新以至导致目标和效益的失衡；

(6) 重视对现有技术的改进和完善，重视挖掘传统地域技术的潜力，对某些具有代表性的传统地域技术给予有效的保护。

（二）材料策略

适宜技术生态建筑的基本材料策略是充分发挥材料效能，发现平凡材料的不平凡性，赋予其最大的美学表现力和生态功效。常见的玻璃、铝、钢等现代材料固然具有现代感很强的表现特征，但古老的地方材料如砖、石、竹、木等仍然可以创造出富于现代感的建筑精品。

例如中国建筑师刘家琨的设计思想就呈现出追求经济、适宜技术和艺术相结合的特征，他在成都郊外设计了一系列小型建筑，包括犀苑休闲营地、罗中立工作室、丹鸿工作室、何多苓工作室等。他在设计中大量采用砖混结构抹灰墙面这种在当地最大量、最常见以及最廉价的构筑方式，并巧妙地利用红砖、灰砖、砂、木、石、铁等地方材料所具有的质感来满足建筑师对于建筑艺术效果的追求。犀苑休闲营地是其中的代表作：外部采用的粗粝的鹅卵石墙就地取材，穿插于绿地之间，成为"更具表现性的方言"；所有的灰砂、木、石、铁等材料都采用粗作工法，如墙面的粗抹、石料毛打、木料做旧等，甚至刻意表现出手工的痕迹。选择这样的材料和做法不但使建筑完全融入了周围的环境，而且克服了经济条件对建筑设计的制约，并巧妙地掩盖了恶劣的施工条件对建筑的消极影响；建筑中流露出的协调、适宜、手工和简单的原则与自然界朴素清新的境界融合得恰到好处，透露出了对可持续发展的理性追求。

三、类型示例

本书以清华大学设计中心楼为例，对适度建筑设计进行简单说明。

该建筑是北方地区高校科研用房，面临的主要建筑问题是：气候冬季寒冷而夏季炎热，要求创造健康而高效的建筑空间。设计者通过普适性生态策略的应用，成功地创造了一座"绿色"建筑：

（1）平面布局结合朝向。设计楼建筑平面基本呈长方形，平面尽可能地紧凑、完整以减少建筑冬季的热损失。平面的长轴为东西向，楼梯、电梯间、门厅、会议室等非工作空间布置在建筑的东西两侧，以缓解东西日照对主要工作区域的影响。

（2）缓冲层阻挡热辐射。设计楼的主入口出于用地条件的限制不得不朝西，因此如何有效防止西晒成为重点考虑问题，实施方案采用了一面大尺度的实心防晒墙。这面由混凝土浇筑成的墙体和建筑主体脱开一定距离（4.5m），混凝土的吸热性能和这段距离中的拔风效应，有效地阻隔了西晒对建筑主体的热影响。在大楼顶部的设计中也导入缓冲层的概念，其上架设了太阳能板及架空层，通过架空层下空气的流动，减少了屋顶表面的太阳辐射热获得量，在夏季有效地降低了屋面温度。

（3）中庭改善建筑内环境。建筑南侧配置了一个贯通三层的开放式绿化中庭，作为室外和主要工作区域间的热缓冲空间，这一空间的物理功能与通常配置在中央的"中庭"比较起来要丰富一些：在冬季，这一中庭等于一个全封闭的大暖房，温室效应有效地改善了办公空间的热环境并能节省供暖能耗；在比较温和的季节，中庭部分窗户打开，促进室内外空气的自然流通；在炎热的气候条件下，中庭南侧的百叶能遮蔽直射阳光，减少室内的太阳辐射热吸收，使中庭成为一个巨大的凉棚。中庭内还引入了一定面积的绿化。这些植被在给人以视觉和心理舒适感的同时，可通过蒸发作用使室内温度低于一般建筑，并且使空气相对湿度增加10%~20%。绿化系统也能够通过白天的光合作用，释放氧气并吸收空气中的二氧化碳和甲醛、苯等有害物质，从而提高室内空气质量。

（4）尽量利用自然能源。设计方案中考虑了在屋顶设置太阳能光电板，为设计楼中的某些独立部分（如报告厅的照明与电器系统）提供部分电能。还考虑了对大地能量的应用，采用深井水回灌技术来提取深层地下水（80~10m）作为空调系统的天然冷源（热源）。

第五节　高技术建筑生态构思

一、高技术建筑生态构思概述

在建筑学界，"高技术"则通常指一种建筑流派，其特点是广泛应用最新的建筑技术与材料构筑建筑物，使用高端的机械加工工艺制作精致的结构构件和节点，建筑具有科技含量高、现代感强、智能化、信息化等特点。业内往往将具有"高技术"特征的建筑物和建筑师称为"高技派"。

高技术建筑的技术特征主要有：新材料技术；新结构技术；逻辑性、标准化、轻质化；计算机控制技术。从高技术建筑的特征可以看出其成本很高，所以多被应用于工业化程度高、建筑水平领先、经济基础雄厚的国家和区域。这种类型的建筑，一般都作为地标性建筑，具有长期的经济效益、社会效益，所以被很多国家和地区采用。同时应该认识到，高技术建筑指示了建筑的发展方向，随着科学技术的发展，今天的高技术建筑也许在明天就会变成适度技术建筑，所以需要辩证地看技术含量的高低。

高技术生态建筑都是一种美的享受，其美首先在于其创造的富有强烈时代感和力度的空间结构意象。高技派建筑师精通结构的基本力学特性，擅长利用计算机辅助设计和足尺模型来进行试验，并从几何学、仿生学和自然界中寻找启示，广泛地运用受拉结构体系、向心结构体系、开放式结构体系等多种结构形式，由此形成的空间意象具有一种充满力度的雄奇和伟岸，显示着令人叹服的流动感和速度感。北京的鸟巢、天津的水母，都属于这种类型。

二、高技术建筑设计策略研究

（一）能源策略

高效清洁的能源是生态建筑设计的重要目标之一，而"高技派"建筑却往往在施工、使用和后期维护等环节上耗能巨大，因此"高技术生态建筑"在宏观的设计策略上必须有良好的能源控制方法，基本要点有：

（1）在确定建筑的朝向和设计主立面时考虑各个季节太阳的高度和方位，必要时利用先进的计算机技术对日照效果和太阳轨迹进行研究；考虑用地的朝向和坡度，建筑主立面避免朝向主风向，以减少建筑的热负荷。

（2）考虑用地周围建筑物对阳光的遮挡情况以及植被潜在的遮阴效果。

（3）充分研究建筑的立面形式和表面材质，考虑内部空间的热需要与太阳热的关系；考虑南立面有收集太阳辐射并以电能、热能形式存储的功能；设计固定或可动的遮阳装置减少日光直射，防止室内过热，从而减少空调系统的负荷。

（4）在设计中最大限度地考虑使用被动式能源系统；注意利用清洁能源，例如风能、水能、太阳能、地热能等。

（二）模型辅助设计策略

模型制作是被广泛采用的建筑设计辅助方法，对于"高技术生态建筑"来说，由于其在结构、材料、技术等方面面临大量复杂精密的问题，利用模型来推敲检验就显得尤其重要。除了常见的体块模型、概念模型以外，"高技术生态建筑"的设计过程中还常常用到以下两种模型制作方法。

1. 结构模型

结构模型的作用是作为三维的实体工作图，常常表现为自然的骨架而不进行外表的装饰，用于检验结构、构造、支撑系统和装配形式是否合理并达到预期的技术和艺术要求。结构模型可制成各种比例，有时还要配合场地模型作为底板来推敲结构形式，因为地形条件的不同关系到结构选型和构成方式不同。例如尼古拉斯·格里姆肖设计的伊甸园（Eden）项目是一个展示生物群系的气候温室，整体造型要求完整而肯定；但是用地位于一个废弃的高岭土采矿场上，地形条件参差不齐。为了解决结构网格之间、结构网格与建筑球体之间、建筑球体与起伏的地面之间的交接问题，设计人员用木材和黄铜制作了大量的六边形和五边形结构模型，由此找到了合理的结构形式。项目建筑师迈克尔·帕夫林（M.Pawlyn）说："尽管一些设计方面的问题可以借助计算机来解决，而设计过程中出现的其他问题要是借助实物模型就会变得愈加清晰而易解决。"

2. 足尺模型

足尺模型就是将设计方案直接制成实际尺寸，包括1∶1的建筑构件、足尺的房间和建筑局部。实大的足尺模型往往用于在作施工图之前研究和推敲建筑的重要部位，同时查看建筑光学、声学、热工等潜在的问题。例如尼古拉斯·格里姆肖设计的滑铁卢国际航空站（Waterloo International Airport），为了检验结构的跨度和承载能力，设计师制作了钢结构玻璃屋顶的局部实体模型，其与真实建筑之间的微妙界限已很难划分。

（三）计算机辅助设计策略

计算机辅助设计的运用可以使"高技式"建筑的结构计算、构件的精密加工和装配式施工等多方面的精确度得到保障，同时使建筑师得以虚拟复杂的建筑模型，使一些怪异的三维线性、非线性设计能够合理、安全、经济。例如弗兰克·盖里的建筑造型设计十分复杂，他先用草图和实体模型的方式使概念成熟，然后将模型扫描入电脑，并将其以数字化的形式再现出来。扫描通过机械操作臂来完成，模型以点和线的形式成为数据化的电子造型，建筑师利用这些电脑模型就可以打破常规创造新的建筑形式。

就生态建筑设计来说，计算机辅助设计的作用还体现在可以对项目的自然环境作有效的虚拟，从而为相应的生态技术和措施的设计提供依据。例如香港大学的黄卓鸿博士编制了"三维太阳晷电脑程序"，在虚拟环境内建立一个数码立体太阳晷以收集太阳数据，采用特定纬度的太阳曲线图和环境的鱼眼式镜头照片的叠加来确定太阳直射的时间，并可确定现场周围建筑的三维遮阴量。

三、高技术建筑生态构思类型示例

本书以日本MATSUSHITA电子公司大厦为例，简单介绍一下高技术建筑生态设计策略。该大厦是日本MATSUSHITA电子公司的信息传播中心。设计希望传达该公司的企业宗旨：实现人和技术的和谐。设计围绕着对这一宗旨的表达进行，目的是创造出一个高效率的、多功能的信息传播中心。为此采用了如下高技术生态设计策略：

（1）建筑层层退台形成梯形体量。这样做的目的是为了减少庞大的建筑体量对街道的压迫，同时也避免室内采光所需要的自然光线被过度遮挡和街区的回风效应。

（2）内部配置中庭。梯形的结构形式使得建筑内部可以形成一个 45m 高的梯形中庭空间，底部宽度为 48m。中庭内设计了一个花园，为员工提供了舒适的休闲场所，其中种植的绿色植物起到净化空气的作用。花园中设置有一个人工瀑布，潺潺的水声渲染着中庭内部宁静的气氛，掩盖通风设备所发出的噪声。

（3）自然采光和人工照明混合使用。办公空间可以完全向中庭开放以间接采光。自然光通过屋顶的采光缝进入办公室，在深处可以通过一系列安装在中庭外部的反射镜获得自然光，这些反射镜可弱化直射日光的强度，起到一种光过滤器的效果。

（4）强化通风和能源控制系统。由于建筑处于市区，面临着噪声和空气污染等问题，因此没有采用将空气直接送入室内的方式，新鲜空气先通过中庭下部的窗户进入过滤器过滤，再散发到室内。建筑还将空气调节系统置于地板之下，和传统的顶棚上送风口送风方式相比，这一系统可以通过人工或自动的方式来运行：在人工模式下，使用者可以直接控制空调以满足自己的需要；自动模式只是在需要降低室内温度的时候由大厦管理员操作。在白天，特殊设计的地板可以吸收热能帮助室内降温，减少空调系统的能源消耗；在夜间，室外的冷空气则通过地板下的管道送入室内，被地板吸收的热量加热。

（5）提供个性化空调系统。比如 A 模式是标准系统，从地板上散发调节后的空气；B 模式则通过隔离板来防止计算机系统产生的热量给人带来的不适感，其方法是在热源处集中热能，然后通过高效能的排热口排放出去；C 模式将散热板与地板下的风扇相连接，这些风扇是可以移动的，以配合家具移动的变化。

本章中介绍的建筑的生态构思，侧重的是设计的生态理念的形成和应用原则，对生态学规律和原理的认识，是建筑设计中为满足人类作为一个生命群体的生态学需要的必备条件，对这方面的研究会更加重视人与自然的协调，所以，即使不知道建筑设计的未来会怎样，但未来的优秀建筑师、设计师肯定是掌握了丰富生态学基础理论和技术的科学工作者。

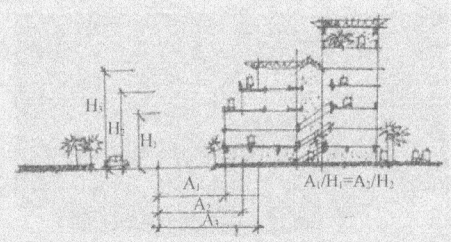

第八章　建筑的生态设计

建筑生态学

生态设计尚处于起步阶段，对其概念的阐释也是各有不同。概括起来，一般包含两个方面：①应用生态学原理来指导设计；②使设计的结果在对环境友好的同时又满足人类需求。参照西蒙·范·迪·瑞恩和斯图亚特·考恩的定义：任何与生态过程相协调，尽量使其对环境的破坏影响达到最小的设计形式都称为生态设计，这种协调意味着设计尊重物种多样性，减少对资源的剥夺，保持营养和水循环，维持植物生境和动物栖息地的质量，以有助于改善人居环境及生态系统的健康。

生态设计就是继承和发展传统景观设计的经验，遵循生态学的原理，建设多层次、多结构、多功能的科学植物群落，建立人类、动物、植物相关联的新秩序，使其在对环境的破坏影响最小的前提下，达到生态美、科学美、文化美和艺术美的统一，为人类创造清洁、优美、文明的景观环境（王娜娜，2007）。

本章在介绍普通建筑的生态化设计的基础上，重点介绍了别墅、高层建筑和公共建筑的生态化设计。

第一节 普通建筑的生态化设计

一、普通建筑生态化设计追求的目标

一般来说，普通建筑的生态化设计追求的主要目标有以下几个方面。

（一）设计追求同地球的协调统一

基地、方位和覆盖物的选择必须保持为再生资源，使用太阳能、风能、水能作为全部或主要能源。尽量少用或不用紧缺的、无法再生的能源。使用"绿色"产品和"绿色"材料，无毒的、无污染的、持久的、可再生的等可循环利用的材料。设计的建筑应该在使用资源和自然动力方面具有智能，当有足够的能量时，可以有效组织各种能源、用水及采光。

将建筑同自然生态系统融为一体，因此，要求种植环境特有的花木品种，处理有机废料，有机地管理花园，并且不用杀虫剂，用生物控制法循环不洁净水，使用低成本厕所，收集、储存雨水用来冲洗厕所。设计应防止污染室外空气、水、土壤系统。

（二）设计应追求精神的舒适

使建筑同环境相结合，与周围社区的建筑风格及所用材料相呼应。与不同层次的人在不同的层次上沟通合作，将个人的见解同群体的技术合在一起，创造完整的具有生命力的建筑。采用协调的形式和比例，根据"美者优存"的原则，创造优美、舒适的建筑。利用自然材料本身的色彩和纹理，创造个性化的色彩环境。"建筑是流动的音乐"，将建筑同自然界及其韵律、季节相结合，营造"家"的感觉，使建筑成为一个放松、闲适、充实心智的康复环境。

（三）设计追求健康的体系

创造一个允许建筑"呼吸"的环境，使用自然材料控制温度、湿度、气流和环境质量。选择地基时避开输电线等有害电磁辐射及有害地球辐射，设计避免家用电器的静电和电磁，避免阻碍有益的宇宙辐射和地球辐射。提供安全、卫生的空气和水源，没有污染，具有适宜的湿度，使用自然通风为主，避免机械通风。使自然光能够进入，以减少人工照明。

二、普通建筑生态化设计的特点

普通建筑生态化设计的特点主要有以下几个方面。

（一）平面设计

采暖设计为了充分利用太阳能，首先要解决朝向问题，使朝向有较大的集热面，能最大限度地接受冬季太阳能。合理安排房间，通常选择南向作为集热的阳光间，但这并不一定是最好的做法。应根据房间的功能与东南、西南采光，不仅扩大建筑物冬季的受热面，而且有利于根据不同房间的使用时间来控制室温，充分利用太阳能。

（二）室内空间塑造

水作为调节室内气候的一个因素，参与通风、采光等过程。比如南向游泳池的设计，它在冬季将阳光反射到建筑上来，增加建筑对太阳能的获益，在夏季则使周围空气湿润。改善建筑热环境的另一个重要方法就是充分利用绿色植物调节室内温度，并减少温度波动。应利用一切可以绿化的空间加以绿化：屋顶、墙、阳台等。这就是所谓的立体种植。树木和藤蔓的冬枯夏盛调节着建筑的小气候，也调节着不同季节南向窗的进光量。屋顶种植还对温度的调节、保持水分对刚性屋面的天然养护等，都有积极的作用。

近年来，以植物做成的生态墙可用作建筑外墙及内隔墙，既能保持空气清新，提高工作效率，又能在视觉上给人以享受。植物不仅有配合装修表达建筑的地域性特征、满足视觉享受、划分空间、制造氧气、调节室内温湿度、降低噪声等功能，而且它们的香味对人体健康很有好处，有些还可治病。如丁香、檀香的香气能治结核病，茉莉、蔷薇、石竹、紫罗兰、玫瑰、桂花的香味能抑制结核杆菌、肺炎球菌、葡萄球菌的生长繁殖，米兰的香气有抗癌功效。因此，选择合适的花草配置应该是十分重要的一个内容。

生态建筑强调选择无污染的绿色材料。如木、草藤、泥土等，对人体无害的油漆和染料等，总之应维护人的健康和环境的生态效益。生态建筑学对于自然要素和自然材料在室内设计中的应用更强调其合理性的科学内涵，并且把它作为一种必不可少的构成元素纳入其设计规模。

三、普通建筑生态化设计的原则

生态建筑的概念容易被人接受，但生态建筑中最核心、最有生命力的不是某种概念或者思想，而是这种思想或概念的实现。一般来说，普通建筑生态化设计的基本原则有以下几点。

（一）生态化

生态住宅首先要遵循的当然是生态化的原则，即节约能源、资源，无害化、无污染、可循环。生态住宅的设计要求利用自然条件和人工手段来创造一个有利于人们舒适、健康的生活环境,同时又要控制对于自然资源的使用,实现向自然索取与回报之间的平衡。

(二) 以人为本

树立"以人为本"的指导思想。人是这个社会的主体,追求高效节约不能以降低生活质量、牺牲人的健康和舒适性为代价。在以往设计的一些太阳能住宅中,有相当一部分是服务于经济落后地区的,其室内热舒适度较低。随着人们生活水准的不断提高,这种低度标准的"生态"住宅很难再有所发展。

(三) 因地制宜

生态住宅设计非常强调的一点是要因地制宜,绝不能照搬盲从。西方多是独立式小住宅,建筑密度小,分布范围广,而我国则以密集型多层或高层居住小区为主。

(四) 整体设计住宅

设计应强调"整体设计"思路,结合气候、文化、经济等诸多因素进行综合分析,切勿盲目照搬所谓的先进生态技术,也不能仅仅着眼于一个局部而不顾整体。

四、生态化设计的常用措施

(一) 将绿色生命引入住宅设计

1. 结合室内园艺设计,创造宜人的绿色空间

室内园艺是以植物为材料,利用阳台、露台等设计种植温度要求与人生活要求接近的植物,应用植物的蔓生、攀缘、缠绕、附生、丛生等多种形态,在建筑空间内外形成丰富的形式,把观景、休闲与采光、通风结合于一体设计,是目前世界流行的一种室内设计风格。

室内园艺的设计,实际上是将大自然在室内有选择地重现,通过对园艺资材进行适当的艺术处理,使其在构图上和谐、有节奏、有韵律,给人以美的享受。室内园艺以小巧玲珑为美,尽量做到不占地、易挪动。设计时首先要注意选择植株比例的适度:如客厅较大时,可以考虑布置体量较大的盆景;公共过厅以常绿灌木或小乔木如棕榈树和剑麻为主;而室内玄关(过道)宜种植常青藤等特耐阴资材,同时为了防止常年不见阳光,在工程上要设计一定照度的光源进行适当的补光。其次要强调与室内色彩的协调:基于人眼对绿色最为敏感的生理特性,绿色在室内诸多色彩当中往往非常醒目。现代家庭在色调上一般以清淡和明快为主,绿色都可以很好地与之搭配协调,特别是在朝向不理想的住宅里,由于室内光线的不足常常导致物体色彩显得发暗,进行适当的绿化布置,可对室内整体环境起到画龙点睛的效果。总之,对室内园艺绿化设计,在注意讲究布局合理、中心突出、比例适度、整体和谐、色彩协调等原则的基础上,要使其发挥最大的绿化和美化作用,达到人与建筑、建筑与自然的完美结合。

2. 应用设施农业技术，营造生态小环境

设施农业技术在我国大城市已经开始得到重视，目前主要应用在屋顶花园和小区绿化上，在建筑室内的应用还不多见。积极考虑结合设施农业技术来设计温室客厅、阳光阳台、阳光走廊等，最大程度地把太阳光带进居室，这对于北方日照时间短的寒冷地区意义重大。

对住宅的温室客厅、阳光阳台、阳光走廊的设计，温室部分造型应以简单大方为主，根据建筑立面的设计要求，可采用封闭、半封闭的形式和透明或半透明的材料，材料的色彩宜与建筑和环境协调一致。在温室的功能设计上应具备人和植物对环境需要的双重性，设计配套的通风、降温等设备，一方面保证植物的生长环境要求，另一方面满足人们的活动环境要求，两者协调一致。对植物的种植方式应考虑以无土栽培为主，数量不宜过多，旁边适当配置一些休闲设施，使人们在严寒的冬季也能够一边享受阳光，一边享受亲情，其情其景，美不可言。有研究表明，黑暗使人压抑，而在明媚阳光的照耀和温暖下，人的精神更好，活动能力更强。将温室技术与住宅结合设计，让住宅内时刻充满生机，不仅可以改善住宅环境，调节住宅微气候，还体现了建筑生态和节能。

（二）住宅设计采用本地绿色建材

1. 采用高效保温隔热材料，提高住宅节能水平

建筑的高能耗，其中很重要的原因是由于建筑本身的热损失。建筑物寿命一般较长，建筑节能改造难度很大，因此，在经济和技术许可的条件下，住宅设计应尽量考虑采用高效保温隔热的新型建材来改善住宅的热工性能，如采用承重保温复合材料作墙体，加抹一定厚度的膨胀珍珠岩保温砂浆，外门窗采用双玻形密闭性能好的塑钢窗，屋顶采用防水珍珠岩保温块等以降低住宅的使用能耗，达到节能的目的。

2. 扩大资源的循环利用，优先使用可再生的本地原材料

为保护地球生态系统，减少环境污染和资源浪费，住宅设计应尽量减少使用热带硬木，而以可再生铝材等材料替代。同时，尽可能地采用当地由工业废渣生产的新型墙体材料，如利用煤渣、炉渣等制作的砖或砌块，利用粉煤灰生产的加气混凝土、轻质墙板，利用水淬渣生产的混凝土砌块、石膏砌块等；开发对建筑垃圾和旧建材的经济循环利用，如将废旧建筑拆除的碎砖、瓦块等用作地基处理垫层，既可消除垃圾又节约了资源，降低了工程造价。另外，积极尝试应用和推广新型绿色环保材料。

3. 应用无污染、无毒化建材

人的一生有很大一部分时间是在室内度过的。目前，大部分人们能意识到大环境中的大气污染，却对室内的空气污染认识不足，其实后者对人体的侵害更为直接。用于室内装修的一些装饰材料，如人造板、建筑涂料、塑料地板、塑料壁纸、密封膏等，在生产和使用过程中会释放出有毒的气体和物质。因此在住宅设计一开始，在建材选用上建筑师就要有环保意识，要留心对材

料做些测定、鉴别工作，尽可能选用无放射性、无污染的环保型材料，以创造安全、健康的居住环境。

（三）住宅设计结合可再生能源利用技术

1. 太阳能住宅设计

太阳能是取之不尽、用之不竭，巨大而又无污染的能源。太阳能建筑是利用太阳能代替部分常规能源使室内达到一定温度的一种建筑。传统太阳能住宅设计通过对建筑朝向和周围环境的合理布置、内部空间和外部形体的巧妙处理以及结构构造和建筑材料的恰当选择，使建筑物冬季能集取、保持、贮存、分布太阳热能，从而解决采暖问题；同时夏季还能遮蔽太阳辐射，散去室内热量，从而使建筑物降温。我国大部分地区太阳能资源比较丰富，目前，太阳能集热板墙、集热屋面、太阳能电池板技术发展非常迅速，将太阳能作为辅助能源已经在国外住宅中得到广泛应用，国内也有不少成果。设计利用太阳能集热装置或太阳能电池板主动或被动地为住宅提供热量和能源，可降低常规能源的使用比例，减少对环境的污染。

2. 自然通风设计

自然通风是一项古老的技术，在世界各地许多乡土民居中都可以发现它的踪影。随着空调制冷技术的诞生，人类从被动地适应宏观自然气候发展到主动地控制建筑微气候，自然通风也因而逐渐被忽视。但是近年来，空调技术的负面影响日益突显，使得人们重新认识到自然通风的重要性。对住宅进行合理的方位和尺度设计，利用风压原理来组织建筑内部气流，利用天井、外廊增加建筑物内部的开口面积，并利用这些开口导引气流，组织自然通风，如在湿热地区，住宅底层架空设计，既可改善下层住户的通风条件，又可保持房间干燥；对村镇地区的住宅，还可利用热压原理，在房前屋后设置小院并利用两者的温差来加强房间通风效果，达到节能的目的。

3. 结合生物质能应用技术

生物质能主要指农业废弃物、粪便、农田秸秆等通过发酵或气化制成可燃气体而产生能源，是一种取材广泛、价格便宜的再生能源。我国农业废弃物资源相当丰富，然而大部分都是直接燃烧还田，对空气环境污染十分严重。在农村新能源战略中，推广使用生物质能是保护环境、提供能源、保持农田可持续发展的一举三得的措施。目前相当成熟的沼气技术，具有投资成本低、操作简单、无毒无味、可燃烧、可照明等特点，在广大村镇地区推广应用情景十分看好。把住宅与沼气等工程结合一体设计，从工程上把生活、生产、能源、环保等因素结合在一起综合思考，达到物质经济最大限度地循环利用，以实现真正意义上的绿色生态。

第二节　别墅的生态设计

别墅在全球各地都很普遍，本节以具有现代技术的山东诸城"龙海花园"

别墅为例来阐述别墅的生态设计。

一、别墅基地自然条件及现状

山东诸城"龙海花园"位于山东省诸城市北郊，西临诸城市南北主干道和平路，交通方便。东、南为流经诸城市的潍河，全年流量充足。该居住区南面与东面是潍河防洪堤，四周的市政道路平均高度比场地地面高 2~3m。该居住区因属于潍河岸边的湿地，土质松软，所以须对地基进行处理。诸城市位于鲁东南地区，属于典型的温带冬冷夏热气候。全年主导风向为冬季西北风，夏季东南风。最冷月份平均气温为 1.4℃，最热月份平均气温为 31℃。

二、生态别墅设计策略

住宅建筑中的别墅建筑是为人们提供休息、娱乐、学习的家庭生活空间，是极其豪华的耐用消费品，由于其体量较小，比较容易对其进行整体生态设计。该别墅采用了主动式与被动式太阳能光热技术、主动式太阳能光电技术、整体绿化技术和自然空调体系等几项生态技术措施。

（一）主动式与被动式太阳能光热技术应用

本设计在太阳能光热技术应用方面采用了主动式与被动式相结合的方式，主动式太阳能光热技术主要用来为建筑提供热水；而被动式太阳能技术则是作为建筑冬季的主要采暖方式，另外辅以电热作为阴天的能源补充。

1. 被动式太阳能光热转换技术

被动式太阳能技术在本设计中主要采用了直接受益式和附加阳光间的设计手法，直接受益式是一种最基本的利用太阳能采暖的方式，主要是利用南向向阳的墙面开启大的窗口，使尽可能多的阳光直射室内，升高室内温度。附加日光间是另外一种利用太阳能采暖的集热方式。在别墅组团设计中，"C"形别墅（位于该区东北部的连体组合别墅）分别在东西两翼建筑南侧和通过西翼建筑的 15°扭转形成的楔形地带中设计了日光间，形成了附加阳光间太阳能采暖技术。

2. 主动式太阳能光热转换技术

别墅中采用了一种全新的太阳能光热系统——定温强迫循环式太阳能热水体系（即分体式太阳能光热转换热水器），本系统真正实现了全天候的热水供应，当温度达不到设计要求时则会自动启动辅助热源系统，从而，既充分利用了太阳能又不受阴雨天气的限制。另外，本系统还可以对别墅建筑进行低温辐射地板采暖，与被动式采暖技术相结合，完全解决了别墅建筑的采暖与热水问题。该系统设计时与建筑物进行了太阳能一体化设计，太阳能集热器与建筑融为一体，达到了丰富建筑的第五立面的目的。

（二）太阳能光电技术

生态建筑的宗旨是尽可能少地使用常规能源，提倡开发与应用可再生能源。别墅中采用了太阳能光电技术系统，利用太阳能光伏发电系统及新型晶硅太阳能电池，平均转换效率超过15%，在阳光充足的天气下能够完全满足家庭日常照明电器的用电负荷，多余的电量则可进行存储，所存储的电量能够满足连续三天阴天的用电负荷。

（三）整体绿化策略

该别墅区设计了不同面积及造型各异的别墅体系，每种户型都有大面积的屋顶平台花园，不仅在节能生态角度上实现了立体绿化，而且为住户提供了观水、赏水的最佳景点。为适应当地冬冷夏热的气候特点，建筑由一系列的平台、灰空间、葡萄架等要素所组成。在此，住户可以充分接触自然，传统上房与房之间的关系被转化为季节与季节、大地到天空、物质到精神层次的推移。

夏季，层顶构架上长满了葡萄等藤本落叶攀缘植物，从而遮挡炎炎夏日的阳光照射；冬季，植物落叶，不会影响室内的采光及采暖。别墅屋面进行绿化种植，种植屋面能够遮挡及蒸腾大量的太阳辐射热，并能有效地降低屋面温度，减少屋面的热辐射，增强保温隔热性能的效果。传统做法是在防水层上覆土，再植以茅草。随着无土栽培技术的成熟，采用了纤维基层栽植草皮，其基本构造为：野草生长基下为可"呼吸"的轻质滤层，其下为齿状保水槽、多重防水层和混凝土屋面板等。

（四）自然空调系统

由于基地滨临潍河，水源丰沛，以水为主题便成为别墅区空间设计的宗旨。由于基地以外的潍河、基地以里的大片水面及支流、太阳、高空气流、蒸发、地面绿化等因素的共同作用，形成了垂直于河岸、掠过坡面、昼夜方向相反的河谷风。河谷风的形成起到了对小区调温加湿的作用，形成了极具特色的滨水区生态环境。而且部分别墅户型直接临水，或在河岸上架设挑台，从而为居民建构起了景观化的活动场所，形成了滨水绿色区＋滨水步行道＋临水挑台院落＋港湾广场的自然空气调节系统，加强和诱导自然风，调节了组团以至小区的微气候。

在别墅单体设计过程中，针对该地区地形及地貌特点大胆进行了单体建筑自然空调体系的设计尝试。屋面收集的雨水配合基地外的流水形成蓄水池，蓄水池可为住户提供观景、养殖、嬉水场所，也可提供浇灌用水。在池底水中设计一通风道，向外通向自然，获取新鲜空气（进风口旁种植灌木以对空气初步过滤降温），空气流经水底时，由于水本身所具有的吸热大的特点，夏天被蓄水池中的水吸热降温，冬天则被水体放热加热空气，同时建筑背侧设有一套自然抽风系统，使凉爽湿润的空气能自然被动地流经地板夹层进入室内，形成了"水源型"自然空调系统（图8-1）。

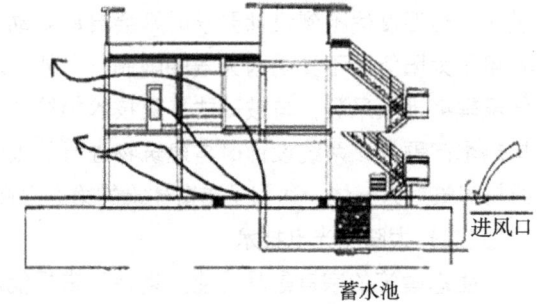

图8-1 "D"形别墅的自然空调系统示意

第三节　高层建筑的生态设计

一、高层建筑的生态观

（一）当代高层建筑的生态问题

现代高层建筑只有百余年历史，但作为城市环境的介入者，它的存在极大地改变了城市形态及环境质量。高层建筑的寿命大约为 50~70 年，因此对于社会、经济、环境、能源的影响是潜在而长期的。其内外物质、能源、信息的流量都很高，必然造成其生态方面的众多不利因素，包括有以下几个方面。

1. 局部生态影响大

高层建筑本身庞大的体量和物质容量，会对当地的生态环境造成不利影响，尤其是在高层密集区，建筑之间的群体效应十分明显，包括日照影响、空气质量、气流倒灌以及形成局部的"风谷"等。比如日照问题，需要考虑到建筑高度与宽度两种因素的影响。日照间距系数计算公式如下（8-1）：

$$D = H_0 \cdot \cot h \cdot \cos\gamma \quad (8\text{-}1)$$

$$L_0 = D/H_0 = \cot h \cdot \cos\gamma \quad (8\text{-}2)$$

式中　D——日照间距；

　　　L_0——日照间距系数；

　　　H_0——前栋建筑计算高度；

　　　γ——后栋建筑方位与太阳方位所夹的角；

　　　h——直射阳光与水平面所夹的角。

可见，愈高的建筑其遮挡的距离愈远。但是这并非唯一影响因素。我国《城市居住区规划设计规范》（GB 50180—93）2002 版中规定了住宅建筑的日照标准，依据不同气候区的情况，分别制定大寒日（冬至日）的满窗日照时间为 1~3h。这就涉及终日阴影区的范围。运用计算机模拟分析比较，面宽大板式高层的终日阴影区比塔式高层要大得多。高而瘦的塔式高层投射的阴影是狭窄的，而且流动快；宽的高层投射的阴影范围大，因此终日阴影区大。而且高层建筑群的相互遮挡，会形成大片的终日阴影区。

高层建筑的形态及群体布局方式对周边气流会产生很大影响。当风与高层建筑相遇时，可能产生向上、向下以及向两侧通过的气流，空气因收缩形成负压，随之出现涡流和阵风。这不仅对建筑本身产生振动和噪声的影响，而且干扰地面步行环境和周边绿化、交通设施等。高强度的开发施工，会对地形、地貌产生较大的影响。建筑基础埋深一般为建筑高度的 1/10，地下空间十分庞大。同时由于高层建筑荷载非常大，对地基产生巨大的应力，容易引起沉降作用，对地质产生不利影响。

2. 能源消耗巨大

尽管各类高层建筑的功能规模与背景相差很大，但一般都需要消耗大量的电力、燃气、水等能源。以普通的带中央空调系统的高层写字楼为例，通常需要 80~100W/m² 的用电量，以满足照明、空调、通信、设备、应急、消防等需要。高层建筑由于内部人员众多、安全等级高，即使人均标准不变，其生活用水量与消防用水量之和远远超过同比增长。同时大量的人员活动需要提供各种物质输入来支撑。

总体上讲，高层建筑对能源消耗和温室气体影响有四个途径：①用于施工和建造房屋的物质材料和产品；②施工与建筑过程中的能耗；③建筑照明、空调、设备运营的消耗；④建筑的配套及服务设施的间接能耗。

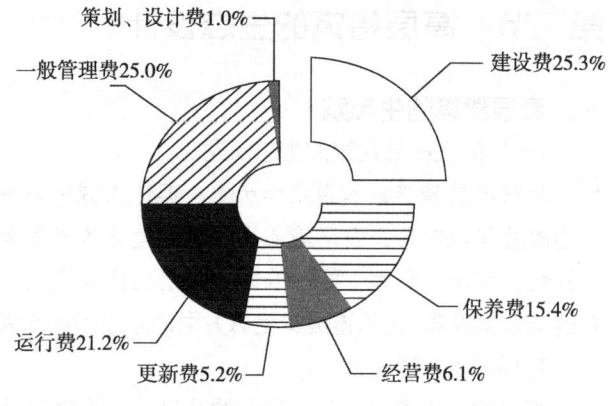

图8-2 高层建筑运营费用比

高层建筑是一种高消耗的建筑类型，它的后期运营、管理所需的费用占其生命周期总费用的较大比例。因此在设计当中，对全寿命周期的能源评估具有重要意义（图8-2）。

3. 环境污染

高层建筑每天排出大量的废水、废气和垃圾。有些高层采用大面积的玻璃幕墙外墙面，强烈的反光引起周围的不适，还会对驾驶员产生视觉干扰，引发交通事故，这被称为光污染。高层密集区改变了城市的地表材质，常常引起城市的热岛效应（Urban heat island effect），即是指城市中的气温明显高于外围郊区的现象。超高层建筑对电磁波也会产生明显干扰。

4. 局部交通压力增大

高层建筑上下班时间产生集中人流，不利于安全疏散。尤其是办公大楼，交通高峰时间的对外交通量约能占到全日对外交通量的20%。有研究表明，一幢10万m^2的高层办公建筑每日吸引的人流可高达5万人次，相当于一个小型城市的人口总和。不仅是人流，而且大量机动车进出以及停车问题，楼内搬家、进货、清理垃圾等货运交通，都会对周边交通产生较大影响。

5. 内部空间质量不高

高层建筑多为全封闭的空间，内部大多采用机械式通风，缺少充足的新鲜气流和温湿度的变化，容易形成室内污染，包括有：氡、石棉、甲醛、杀虫剂、香烟烟雾、饮用水中的铅、打印机和复印机所用的化学用品、空调系统中的细菌、纤维中的化合物以及人体气味等因素，致使人们产生昏睡、头痛、恶心、皮疹、慢性充血等症状，既是通常所说的"病态建筑综合症"。

高层建筑空间缺少人与人之间的交往，以及与外界环境的交流。竖向的空间形态，不易形成连续的绿化环境，缺乏景观的多样性和视觉趣味。长时间处在这种人工环境中容易造成孤独、压抑、冷漠的心理疾病，影响心理与身体健康。

6. 对城市空间形态以及基础设施的影响

高层建筑形成的大尺度建筑群、千篇一律的方盒子，难以与城市历史文脉以及周围环境形成有机的结合。形式单调、缺少特色的超尺度的空间，影响城市空间整体的和谐性。大规模的建设，需要配套市政设施的有力支撑。开发强度越高，局部矛盾越大。这一切都需要城市战略规划和政策机制的协调。

（二）高层建筑的存在意义

现在城市的发展呈现出有机集中的趋势，有机集中的概念反映在建筑上，就是高层建筑形态。高层建筑体现人类活动空间的集约化，其直接目的是可以最大限度地保留土地资源。土地是人类生存最根本的资源。随着人口不断增长，以及人类对环境的不可逆开发，人类生存空间不断受到挤压，人均占有资源的比例愈来愈少。生态学家认为，城市是多种物质和能量的交换集聚地，是以人类活动为中心的空间集中的生态系统。建筑学家将城市看做为多种建筑形态的空间组合，是为居民提供良好的生活和工作的空间环境。

城市的集聚效应的结果，必然是导致高层建筑的诞生。高层建筑的本质就是占用较少的土地资源而获取更多的使用空间。从资源利用的角度讲，高层建筑是经济、高效的空间使用模式。它是高昂土地价格与建筑经济相平衡的优化。

集中的生活与工作空间，减少了不必要的交通，也就减少了能源消耗与污染物的排放。有资料表明拥有高层建筑较多的城市——例如香港，用于交通的人均能源消耗量要低于一般的大城市（当然，还有许多因素影响到人均能源消耗指标，比如生活方式、气候条件、公交便利性、技术先进性等）。总而言之，高层建筑类型可以被认为是土地、经济、交通、金融投资、技术条件、文化认同等综合因素的情况下，一种合乎逻辑的选择。

高层建筑的弊端可以因观念与技术的发展而改变。新的观念引导着建筑的发展方向；技术的进步支持着观念的实现。随着生态技术的发展，高层建筑的节能、舒适性设计更趋多样化和可操作性：太阳能、风能等清洁能源的利用提供了能源供应的多样性；环保材料和垃圾回收技术的运用，减少了对环境的污染；高性能热工材料与节能设备可以减少不必要的能量损失；高强材料与新型结构技术的运用，可以满足建筑"高、轻、坚"的方向；内部空间的开放性与整体性设计，提供了多样化的生态景观空间。设计师对生态高层建筑的探索和实践一直没有停止。早期生态建筑的构想者把高层建筑作为理想的生态城市的构成元素。

二、高层建筑的环境生态设计策略

（一）场地生态分析与选址策略

设计师在着手设计之前，首先要仔细分析场地的生态特征。环境的生态属性有着不同的层次。野外的环境是纯粹的自然生态系统；而城市空间主要由人造环境所构成，散落在其间的河流、绿地、树林、山丘等，往往无法包含十分复杂的生物种类，必须依靠人工养护才能维持。针对脆弱的城市生态环境，设计师需要尽可能地保存现有的自然资源，维持局部的生态延续性。

一个普遍而简易的图解分析方法，是"筛漏图"法。它是把两个以上的生态信息叠合到一张图上，进行影响识别和筛选评价因子。这种栅格叠加分析的工作方法在一般的地理信息系统（GIS）软件中都很轻松地完成。

高层建筑的选址是自然生态因素与城市人工生态因素的综合平衡结果，不仅要考虑一般情况下的生态条件约束，更应重视高层所具有的特殊性。高层选址与当地的地质环境状况有密切联系。比如构造断裂带位置、岩土层状况、持力层位置、基础埋深、周边建筑情况等。由于高层建筑荷载非常大，对地基产生的应力也非常大，容易引起沉降作用，对地质产生不利影响。以上海市为例，20世纪90年代以来，高层建筑等城市工程建设对中心城区地面沉降的影响上升到约占总体影响的30%（其余70%左右是因为城市地下水的过分开采）；高楼林立的陆家嘴地区的沉降达12~15mm／年，且无减缓趋势，据此每10年累计沉降可达0.12~0.15m。同时地面不均匀沉降导致防汛墙的防汛标准持续降低，迫使不断投入资金加高防汛墙。高层的深基坑开挖对周围建筑基础和市政管线有很大影响，需要解决挡土和地下水位降低对周围建筑所造成的影响。与高层建筑选址相关联的城市人工生态因素有：交通、景观、城市基础设施等。对于交通压力大、人流活动与车流活动密集的地段，建设高层要慎重；开阔的地貌以及具有特殊价值的城市景观地区应当限制高层的建设；尽量使高层选址与市政配套相吻合，提高综合的经济效益与社会效益。

同时，在建造与运营的过程中，要建立对周边环境影响的反馈信息，包括水、气污染、噪声及废料管理等。这既要满足一般的环保标准，更要体现场地生态特征的需求。通过以上"筛漏图"法的分析，可以了解本地的生态薄弱环节以及需要重点保护的生物种类等。这种情况在城市中心可能并不多见，但也不能被忽视。比如施工中产生的大量粉尘、挥发性的有毒涂料、刺激性的纤维颗粒以及材料中的氡、铅、防腐剂等，包括目前尚未了解的潜在不利因素，都会对人和动植物产生危害。长期的影响往往被人忽视，所以需要建立完整的反馈体系，这包括当地总体的自然、人工、社会、社区、经济、文化、大气、水文等各方面，并按照规模、持续时间、特性、影响时间等因素进行分类统计。

（二）改变"热岛"与"干岛"效应的策略

现代城市普遍存在"热岛"效应。城市热岛效应是指城市中的气温明显高于外围郊区的现象。城市热岛效应使城市年平均气温比郊区高出1℃，甚至更多。夏季，城市局部地区的气温有时甚至比郊区高出6℃以上。由于高层建筑物密集，阻碍了气流通行，使城市风速减小。同时，城市建设改变了下垫面的热力属性，其中包括各种建筑墙面等。这些人工构筑物吸热快而热容量小，在相同的太阳辐射条件下，它们比自然下垫面（绿地、水面等）升温快，因而其表面温度明显高于自然下垫面。这些因素都是造成热岛效应的主要原因。

"热岛"效应的延伸是"干岛"效应。这是指城市中水分蒸发过快，难以形成适宜的湿度环境。两种效应综合体现了城市建设造成的生态环境问题。

根据生态上的要求,城市环境中的绿地面积达到30%以上时,才能有效改善城市生态环境质量。城市通过改善地面以及外墙面的材质,可以调节热容量。因此建筑基地环境应尽量保留土壤层,栽植绿化。路面及停车场地多运用渗透性强的铺地。墙面预留可供植物攀爬的构架,进行表面绿化,屋顶也可以蓄草栽花。据研究报道,太阳辐射到植物表面,约有20%被反射,80%被吸收。在吸收的热量中,大部分转化成生物能和空气的有益成分,通过蒸腾作用带走热量,同时增加空气湿度。在阳光直射情况下,建筑外墙温度最高可达60℃,而一般植物叶面温度最高为45℃。据日本的研究表明,有攀缘植物攀附的墙面,夏天温度可降低4~5℃,室内温度可降低2~4℃。高层建筑的外表面积(立面、屋顶)通过合理绿化,能够有效地改善城市局部的热环境。日本的城市立体绿化已纳入法制化轨道。早在1991年东京都政府首先颁布了城市绿化法律,规定在设计大楼时,必须先提出绿化计划书,没有屋顶绿化方案的建筑不予审批。高层建筑外墙的绿化技术已经比较成熟,可以采用的方式有攀爬式、上垂下爬式、内栽外露式。适用的植物为各种藤本植物。

常见的木香、紫藤、凌霄等是喜阳植物,适宜配置在南向和东南向墙面;而常春藤、扶芳藤等喜阴或耐阴的爬藤植物,适宜在背阳处的墙面生长。屋顶无土种植基质的开发使得屋顶植物选择范围扩大;屋顶花园微灌、屋面防水等技术的开发应用,为实施屋顶绿化提供了技术条件。以人工轻土取代沉重的田土,以防水布取代水泥的防水功效,选择防风、耐旱的树木,并配合栽培技术和自动化的灌溉装置等,皆可兼顾屋顶花园的绿化与安全。

高层建筑的立体绿化,改变了城市的外表面材质,有效地调节了热容量。其直接的生态效益可体现为:降低"热岛"效应;增加空气湿度;蓄收雨水;降低噪声;美化环境等。

(三) 高层建筑与风

高层建筑对环境的气流影响也比较大。由于建筑的存在,可能在地面层产生令人不适的强风。如果设定一个建筑物存在与不存在的风速的比值,在高层建筑周围产生的比值可达到2。

通常建筑物的迎风面为正压区,背风面为负压区。体形过长、过宽的高层建筑,会在背风面形成旋涡区,对自身通风有利,但对其后的建筑通风很不利。对于高大的板式结构,可以采用设置通风、采光走廊的手法,引导气流走向尽量不改变原有的微观气候条件(图8-3)。

风遇到建筑物障碍后会在建筑物背风面后形成一个无风的区域,这种现象称为风影,这个区域称为风影区。风影区的大小与建筑物的宽度基本无关,而与建筑物的高度与长度成正比。高层建筑群的设计要避免阻挡自然的

图8-3 高层通风环境示意图
(a) 平面图——从上面看接近地表的气流;(b) 立面图——从侧面看中央剖面内的气流

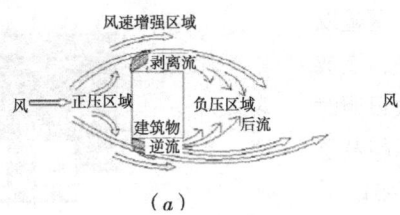

风向，否则会在局部产生大面积无风情况，夏季不利于散热。设计中通过分析该地区的主导风向，使得建筑的布局有利于夏季风的引入，以及冬季对寒风的阻挡。如果由于环境条件限制，而无法将进风口正对主导风向时，可将建筑按阶梯状排列，改变气流方向，引风入室。在多种形式组合的小区中，高层建筑宜布置在多层建筑的夏季下风向和冬季上风向。

局部高层建筑之间的空隙处，易产生风速增大并在拐角处出现旋风的情况。高层建筑会将上空高速风能引向地面，会在迎风面 2/3 高度以下处引起风涡流，在建筑物两侧形成强风区。在设计之初，应预先制作建筑及周围大楼的模型，进行风洞试验或者计算机模拟预测。预测范围，考虑风的影响一般在建筑高度大致 2 倍的水平距离范围居多。而发生风灾害的区域一般在建筑高度大致 1/2 倍的水平距离内，是需要重点考虑的（图 8-4）。

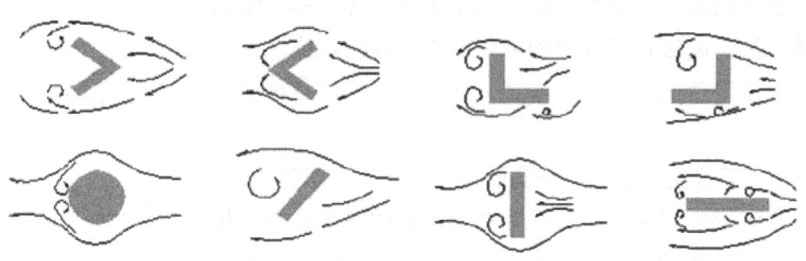

图 8-4　不同形状高层的风环境示意图

减弱强风不利影响的措施可从建筑设计自身与环境处理两方面入手。面对强风的建筑外观变小，可以减小强风范围。在布置多幢高层的场合，建筑之间的影响交叉重叠，会引起较多的强风。如果建筑间距窄，建筑之间的风速增强率大，但风速增强范围小；反之，建筑间距大，建筑之间的风速增强率小，但风速增强范围大。为了防止高层建筑的剥离气流与向下刮的气流，设置低层建筑和挑棚，可以改善地面的风环境。建筑体形应减少锐角，若以多边形或圆形造型可以有效减少剥离气流等风速增加区。

（四）高层建筑的阴影

除了风的因素之外，建筑位置要考虑阴影的影响。高层的日照阴影涉及面广，但是影子外端移动速度也快，所以单幢高层在高度上对阴影区影响不是主要的。而密集的高层建筑群，由于重叠的效应，可能使阴影投射区产生大面积的阳光死角。因此在规划设计时，尽量将高层错落布置，同时避免设计过宽的建筑，必须满足当地的日照间距和日照分析的要求。两幢以上的高层建筑阴影区互相重叠，造成大面积的背阳地带，每天有效日照时间很少。因此高层群体要比单幢高层造成的阴影影响大得多（图 8-5）。

图 8-5　单幢与两幢高层的阴影组合图比较

(五) 高层建筑的电磁干扰

同样，高层建筑还会对电磁波产生干扰。如果高层建筑恰好坐落在某个通信走廊当中，就会对电磁信号产生反射、折射、屏蔽等影响。这种影响不仅减弱了通信信号的传输质量，而且还会对本建筑物内部以及周边建筑内人员的身体健康产生不利影响。因此，高层建筑的选址需要考虑城市无线电、微波、射频等信号走廊的位置，避免电磁干扰的影响。

(六) 高层建筑与城市景观

高层建筑的设计不仅要考虑自身的完善，更应关注对城市环境的影响。高层建筑巨大的体量势必成为城市景观的重要因素。某地区的景观特征是该区域的城市组织方式的反映，综合了建筑与环境的基本要素，涉及美学、社会学和生态学等领域。其生态性体现在心理层面以及城市景观的持续性发展。

高层建筑对城市景观的影响，在空间形态上可以从以下三个方面加以考虑：

(1) 底部过渡空间：具有交通、集散、商业、休闲等综合作用，是高层建筑与城市环境发生直接交流活动的空间范围。它可以有开敞、封闭、半开敞、架空、下沉等多种形式。由于与人的活动密切相关，因此尺度与比例要素显得尤为重要。

(2) 街道界面的围合：指的是单体或群体所形成的城市外部空间关系。它通常由裙房、高层中部及连接体所组成，但已经脱离建筑本身的范畴，是城市公共空间体系的环节。连续性、围合感、韵律、质感、比例、秩序等要素决定了以"中景"为特质的景观质量。

(3) 城市轮廓线：离观察者最远但更容易被觉察到的城市景观特质。这是城市形象与气质的整体表达，是高层建筑占主角的景观特征，具有典型的美学与象征意义。但是，高层建筑的位置对城市的微气候环境也有影响 (图 8-6)。

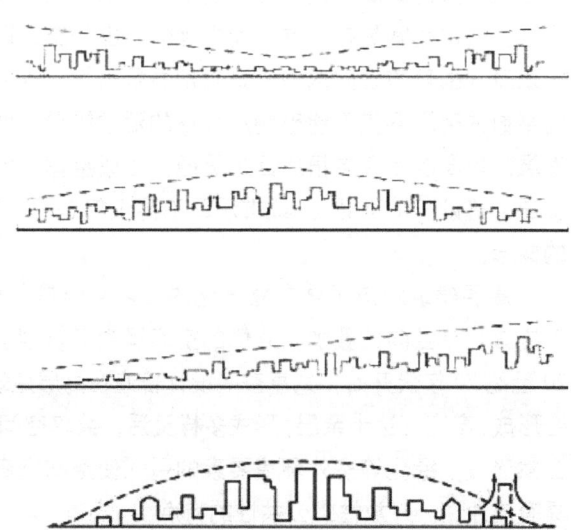

图 8-6　各城市的天际线

(前三个依次为：北京市外高内低的天际线；天津市外低内高的天际线；杭州市坡形的天际线)

(七) 高层建筑的复合化

城市规划学者认识到，创造都市活力、促进社区的有机生长是规划及城市设计的重要内容。城市中的各个要素之间都非独立，而是相互关联的。城市的活力在于人的活力，如何将人的活动进行有效的组织，需要建筑设计与城市设计的密切配合。良好的空间模式在于能够吸引人流，并且对交通、休闲、购物、商务、娱乐等行为进行合理高效的组织，从而建立有意义的场所。单一的功能分区妨碍了人们非目的性交流的机会，因此在城市建设当中愈来愈注重场所的复杂性，以提高场所的活力与繁荣。多功能的高层建筑

第八章　建筑的生态设计　　161

群，在处理好交通、安全的前提下，可以提供丰富的城市生活内涵。

高层密集区往往承担了城市复杂而重要的功能，本身就可以形成一个小社会。因而建筑相互之间可以形成整体的功能集合，在空间布局、设施配备、交通组织等方面优化整合，共享资源，节约成本。以单纯目的建设的高层，往往会被边缘化。因为其容纳的大量人员是会有多种需求的，这些需求不能方便地得到满足就会降低其生活品质。目前高层建筑的功能有向多样化发展的趋势。通过建设高层综合体，将如上所述的功能整合为一体，使得步行系统形成网络。行人游走其间，不仅是单纯的交通环境，而且可以解决生活和工作等多种需求，并使活动空间充满乐趣。

三、建筑设计的生态策略

（一）高层竖向空间组织

1. 城市空间的竖向延续——城市化与共享高空化

空间的竖向延续是最能体现高层建筑特色的设计构思。传统的高层建筑强调的是竖向的空间堆栈。垂直方向一般靠电梯进行交通联系。每一层都是封闭、均质的使用空间。通常情况空间缺少连贯性，往往是重复、机械的分层，而成为孤立的空间体量。一般高层是相同的平面围绕着电梯、楼梯、服务单元的核心筒。使用者先通过门厅进入电梯，再到达各层。流线追求简单直接，平面布局追求使用面积最大化。设计标准是经济、功能、理性。竖向联系纯粹是交通、机械、设备的要求。当使用者进入大楼后，如同进入了功能化的方盒子。使用者体验到的是单调乏味、整齐划一的空间形态，感觉到紧张和压抑。

然而建筑不是隔绝于自然界之外的独立体系。建筑服务于人，而人是生物体，天生有亲近自然的需求。因而，高层建筑内部也应强调不同功能空间，以及内外空间之间的空间渗透，这样有利于自然环境与建筑空间的融合，提高空间质量，满足人们多方面的精神需求。现代设计理念强调空间的流动与渗透。城市空间是在二维空间内延伸。由于交通联系的方便，通常建筑与城市以及周围环境之间的联系是以地面层为主，人的活动习惯于平面展开。然而平面的空间容量不能够满足大量的活动需要。城市空间逐渐向立体化方向发展。地面以上多层裙房互相贯通，形成整体；地面以下结合地下快速轨道交通，建设"地下城"。城市活动不再仅仅是"一层皮"，而发展成为三维体的概念。

高层建筑顺应了城市立体化的要求。但是，高层建筑的众多分层空间，不应该只是竖向的叠加。立体的空间概念可以创造更加丰富的空间形态。自20世纪70年代开始，共享空间设计普遍在高层建筑中运用。它由多层楼面围合形成，高度可达十余层，形式多样灵活。共享空间具有室外特征的内部空间，自然光线、绿化等室外环境要素的引入使空间充满动感与活力，使内部空间具有流通性、开放性、公共性的特点。

共享空间有向城市化和高空发展的新趋势。城市化就是高层建筑的底层与外部城市街道相连接，城市的公共开放性功能空间可以通过竖向连接延伸到建筑体内部，使得城市空间向三维立体方向发展。城市化空间可以弥补高层建筑功能单一、容易产生消极空间的弊端。将地面绿化景观和城市生活引入高层建筑之中，使得内外空间相互渗透、有机联系。

杨经文设计的新加坡的 EDIT TOWER（1998）大厦体现了城市立体化的特征。目前该建筑要求作为展览建筑，其自然的设计形式在将来可转化为办公和公寓。1~3 层的坡道结构将城市人流引入室内，形成连续的公共空间，直到 12 层三维形式均清晰可见。步行坡道自北向南交替变化。这样，大楼内通过步行就可以上下贯通。在创造垂直空间的过程中，我们将街道生活通过景观坡道自地面引入上层，坡道边有货摊、商店、咖啡馆、表演场地、观景平台等，直至 6 层。坡道将缺少公共空间的地方与公共空间相联系，成为街道的垂直延展，去除原有高层中固有的分层问题。空中天桥连接相邻建筑，加强了城市的连贯性。

2. 竖向的景观、绿化生态效应

高层建筑的竖向发展提供了景观的立体变化的可能。室内的自然景观设计，主要靠绿色植物的引入，达到室内空间室外化的效果。立体的景观空间充分体现了高层建筑的空间特点，同时能够容纳多种公共活动，为使用者提供多种体验和选择，使得原本单调封闭的内部空间产生艺术般的精神享受。

植物不仅具有景观效应，更重要的是具有生态效应。经常在高层建筑内生活与工作的人，会产生如下典型的症状：眼睛、鼻子、喉咙和皮肤有刺激与干燥的感觉；呼吸困难；头痛、恶心；精神疲惫；皮疹；肌肉酸痛等。我们称之为"建筑综合症"（SBS），它被世界卫生组织所承认。导致这些症状的原因可分为三类：物理学上的、化学上的以及生物学上的。物理学上的包括：温度与湿度不适；不通风；负离子不足；自然采光不足；噪声及电磁辐射。化学上的包括：烟雾；家具中的甲醛；建材中的氡；打印机和高压电源中的臭氧气体。生物学上的包括：空气中的细菌与霉菌；地毯、植物中的微生物。

植物能够起到改善室内环境的作用。植物叶子表面粗糙不平，多绒毛，分泌黏性油脂或汁液，能吸附空气中的大量灰尘及飘尘。植物能吸收二氧化碳，放出氧气。有的植物兼能吸收二氧化硫等多种有毒气体。植物的蒸腾作用能调节气温和湿度。植物还能够起到减弱噪声、杀死细菌、监测环境等作用。

高层建筑竖向绿化的关键在于如何保证连续性。只有连续的土壤才能保证养分的供应，只有足够的生存空间才能维持物种的多样性。这是生态学的基本原理之一。以往高层建筑的分层绿化只能达到盆景式的效果，而不能体现整体的生态效应。现代技术与传统栽植方式相结合，为高空中的绿化提供水分与肥料，可以完成竖向植被生态链的形成。

杨经文设计的新加坡 EDIT TOWER 大楼，采用坡道连接上下层面的办法，能够保持土壤自地面一直不间断地延续至高处，可以种植多种大型草本与木本植物。

3. 竖向的自然通风效应

空间的竖向组织也有利于内部空间的垂直通风。自然通风的最基本动力是风压与热压。自然风垂直吹向高层建筑时，会在底部产生正压，而在顶部产生负压，上下的压力差形成了垂直的风道效应。热压原理在于，热空气上升，从建筑顶部风口排出，而新鲜的冷空气从底部吸入，室内外温差越大，建筑高度越大，热压形成的"烟囱效应"就越明显。

由于高层建筑区别于低层建筑，是将空间垂直发展，可以形成内部上下贯通的中庭或者采用专用风道，并且有足够的高度，才能够形成既有平面的穿堂风效果，又有立体的垂直通风效果，即是如上所述的"烟囱效应"。试验表明高层建筑的浮力差有 80% 为外壁作用，其余为内墙、电梯、管道井等缝隙产生。若开口缝隙在整体建筑中分布均匀时，中性带在 $1/2H$ 高的位置。通常底层出入口处约占压力差的 40%，这也会带来副作用。比如 $1.8m^2$ 大小的门，超过 15mmAq 的压力差，则常人的力气很难推开。如果要减轻入口压力差，可以采用设置前厅、两重门、转门等手段。因此，采用"烟囱效应"进行自然通风的高层建筑，需要将底层进行开放式设计。这就在使用上有一定的局限性。

同样，建筑如果过高的话，反而会产生过强的气流，造成不利的影响。因而有些高层的内部中庭，采用逐段分隔的办法，进行人工调节、控制；或者利用换气装置进行加压与减压。由于自然垂直气流来源于压力差所产生的浮力，因此在不同位置进行人工气压干涉，可以增强或减弱浮力影响，从而有效地引导自然气流的通风效力。诺曼·福斯特（Foster Partners）设计的法兰克福商业银行大楼，主干是一个巨大的中庭，通过拔风效应形成自然的通风道，并在侧面通过平台开口，形成分段的水平及竖向通风。

（二）外表皮设计

建筑通过门、窗、墙、屋顶、地板与外部接触，这些构件可统一视为外表皮。高层建筑外围护面积非常大，它是通风、采光、视线交流的途径。因此高层建筑外表皮可视为多功能载体，具有：空气的交流—呼吸作用、防寒保暖—缓冲层作用以及利用太阳能、风能等可再生资源的作用。

1. 呼吸作用

呼吸作用通常是指生物细胞利用氧，将养分氧化分解，产生能量及水并放出二氧化碳的过程。这里我们将它比喻为建筑体内外物质交换更新的过程。传统的高层建筑采用全封闭的围护结构，抵御外界的恶劣气候。但是这样会造成室内空气的滞留，引起各种疾病。如果直接对外开窗，又会被高空强风袭扰。因此，高层建筑的内外空气流动应当精心设计，将其控制在令人舒适的范围内。"呼吸式"双层幕墙围护结构应运而生。"呼吸式"双层幕墙是在传统幕墙外增加一层玻璃幕墙，通过适时调节幕墙设备开关使双层幕墙中间进入或逸出空气，开窗后房间自然通风，幕墙中间的遮阳板可减少气候的影响。

双层幕墙的最大特点是有通风换气、环保、节能的功能，比传统幕墙节能可达30%以上，隔热、隔声效果非常明显，采用不打胶工艺，没有硅酮胶的二次污染。自由呼吸的双层幕墙的采用实际上是通过六个方面增加室内环境的舒适度的：①夏天夜晚开窗散热成为可能，有效地减少空调的使用；②恶劣天气不影响开窗换气；③遮阳百叶置于中间层，有效防止日晒，不影响立面效果，不妨碍开窗；④无须镀膜玻璃，用自然光实现照明；⑤双层滤过阳光，避免直射，无眩光困扰；⑥双层玻璃及中间空气层有效阻隔室外噪声，临街建筑室内依然安静。

2. 缓冲层概念

建筑通过外表面获得太阳热能，也失去内部的热能。外表面是内外空间的过渡界面，具有阻隔热量流动的缓冲作用。在冬季建筑希望获得充足的阳光，而在夏季则需要阻挡直接的太阳辐射。因此外表皮主要起到节能和调节舒适的作用，也就是防热与保温的功能。

防热的基本原则有：减轻太阳的直接辐射与间接辐射；强化自然通风。建筑防热是一项系统工程，应当将以上各方面因素综合起来考虑，包括：朝向选择、外围护构造与材料、通风措施、热能转化等。

保温的基本原则有：充分利用太阳能；防止冷风的不利影响；选择合理的建筑体形与平面形式。技术手段上可分为被动与主动方式。被动方式主要有改善围护材料隔热反光性能、被动遮阳、被动采暖等。

高层建筑的外立面设计中，玻璃的运用十分普遍。而在门窗、墙体、屋面、地面四大围护部件中，尤以门窗的绝热性能最差，约占建筑部件总能耗的40%~50%，是影响室内热环境质量和建筑节能的主要因素之一。改善外窗的保温隔热性能主要是提高窗的热阻，比如采用双层或多层玻璃、中空玻璃、镀膜玻璃、低辐射玻璃、吸热玻璃等。

但是这些条件并非在任何时候都是优点。冬季需要考虑的是减少热量的损失，更多地获得阳光。而夏季正好相反，需要避免阳光直射。离地面较远可获得较大的风力，但是过强的气流让人不适，况且冬季的寒风是需要被阻挡的。良好的视野需要透明的外墙，而过多的玻璃外墙对于保温、阻热不利。尤其针对不同气候条件的设计策略往往不同，甚至相反。

运用设计手段是最基本的，也是设计师最需考虑的办法：与立面整体结合考虑的遮阳处理，包括挑檐、遮阳膜、百叶等。Helmut Jahn、W.Sobek、M.Schuler设计的德国法兰克福MAX大厦，采用双层幕墙与不锈钢百叶系统，可以阻挡62%的太阳辐射，透光率达75%，能够减少50%的能量损失。并且可以在60层顶部安全地开启窗扇，对光、风、雨、声等起到调节作用。

3. 太阳能利用

太阳能是高层建筑对再生能源利用的最主要渠道之一。

高层建筑拥有优越的条件为自身提供辅助能源。"智能"光电幕墙集发电、隔声、隔热、装饰功能于一体，采用光电池、光电板技术，将太阳能转换为人们利用的电能，无废气，无噪声，不污染环境。光电幕墙的光电效应是利用太阳能使被照射的电解液或半导体材料产生电压。$1m^2$ 的单晶硅太阳能光电池模板每年可发电 100kW，可省油 25L 或节煤 30kg，同时少排放 57kg 二氧化碳、71g 二氧化硫等，环保效果显著。

4. 集成立面

集成立面设计是将立面中具有的各种功能元素互相分离再重新组合，而不同于传统建筑中外表皮的复合功能（如窗具有采光与通风功能）。德国建筑工业养老基金会办公楼（SOKA-BAU，Thomas Herzog），其采光与视野通过落地玻璃来保证；通风功能由专门的通风口控制，并可以进行温度调节；立面上安装了日光反射板，可将自然光引入室内深处，反射板下部配有自动感应的人工照明装置，需要时可以打开补充照明。立面金属板在北侧是固定的，而在南侧则可以转动，根据室外天气状况选择闭合与开启。

（三）数字化设计与能源利用

高层建筑是建筑技术的综合集成。智能建筑是社会信息化的反映。建筑的智能化在高层建筑的设计与运营中得到充分体现，是信息技术与建筑技术的系统集成统一。

1. 数字化设计

精密的计算对于高层建筑与环境的适应有着重要作用。基地的位置、建筑朝向、平面布局的确定依赖对周边条件的分析。

风环境对高层建筑的影响是非常显著的。运用空气动力学设计可以大大减少建筑所受到的风压，使得结构材料更加经济，同时能够有效改善周围环境的气流状况。目前通过计算机模拟技术建立数学模型，可以预测和评估建筑的空气动力学性能，即 CFD——计算流体力学。位于伦敦的 ZED 工程办公楼也采用计算机模拟技术，进行气流和阴影效果分析。最后确定双肾状的平面和椭圆形的外观，立面中间开一道风口，并安装两部垂直的风力涡轮机。这样可以保证它能最大限度地利用主导风向，使办公室能够得到良好的自然通风。

2. 设备系统与能源利用

生态型的高层建筑应当使室内与外界环境建立敏感的关联性。根据室外温度、湿度、风速、日照、空气质量等因素的变化，与室内的人员流动与负荷波动建立及时的反馈机制，使得室内的各项物理指标始终处于目标值，并且将能源消耗降为最低。这实际上是一种自动控制方法。

高层建筑的运行越来越依赖电子系统的帮助。目前该类建筑基本都采用了不同程度的智能化管理模式。随着社会的高度信息化，现代高科技与建筑技术结合，产生了"智能建筑"。这是采用计算机技术对建筑物内部设备进行自动控制、对信息资源进行管理和对用户提供信息服务的一种新型建筑。它的基本功能有：对环境和使用功能变化的感知能力；将信号传递到控制设备的能力；综合分析数据的能力；作出判断和响应的能力。其目的就是要达到高效、舒适、安全、方便的要求。

（四）生态设计的地域性

1. 气候的地域性

生态设计需要了解当地的气候资料，包括：太阳辐射强度、冬季日照率、降水、最冷月和最热月平均气温、极端最高温度和最低温度、空气湿度、冬夏两季主导风频率等。

严寒与寒冷地区着重在冬季防寒保暖。建筑的外围护结构宜采用面积小、传热系数低、辐射透过率低的材料。热带地区一年四季温差不大，气温维持在较高水平，其设计策略则着重在强调遮挡阳光直接辐射与自然通风。

不同的气候地区太阳的照射角不同，高层建筑的形式也有较大不同，典型的是核心筒的布局。寒冷地区需要最大的受光面，因此核心筒多布置在中心位置；温带地区核心筒可布置于北侧，以便冬季吸收阳光，阻挡寒风；干热地区高层的核心筒位置宜布置在东、西偏南一侧，以防夏季的日晒；热带地区核心筒一般设置在东、西两侧，以避免低纬度的阳光暴晒。

建筑的体量也有所区别，表现在适宜的长宽比上：寒冷地区为1：1；温带地区为1：1.6；干热地区为1：2；热带地区为1：3。而有数据表明，进深大于6m时，机械通风是必要的。

适宜朝向的要求可归纳为：寒冷地区宜为正南；温带地区宜为南偏东18°以内；干热地区宜为南偏东25°以内；热带地区宜为南北向5°以内。除气候因素之外，经济水平、文化传统、生活习惯、宗教信仰、地理环境等因素，也造就了世界各地丰富多彩的高层形式。

2. 发展的地域性

20世纪90年代以前，高层建筑主要建造在北美。进入21世纪，东亚及东南亚一带逐渐成为高层建筑的热土。该地区（包括中国在内）大多是发展中国家。高层建筑的兴起，一定程度上反映了经济的发展与活力。然而高层建筑往往是耗能大户，它需要很强的经济实力来支撑。对于发展中国家来说，兴建高层建筑的策略更应该基于本国国情，量力而行。《北京宪章》中指出"21世纪将是多种技术并存的时代"。生态建筑所涵盖的技术也必定是多层次的。不同国家、不同发展状况、不同文化背景，所采用的策略必定也不相同。

自古以来，人们就从生活中总结出大量节能环保的建造经验，省钱、省时、效果好。其中很多办法现今仍在使用，可以为高层建筑所借鉴。对于集热、遮阳、自然通风、自然采光、减少建造成本等技术手段，都可以采用"被动式"策略。譬如，利用风压和热压来形成自然通风。

"高技术"生态建筑走的是另外一条道路。由于发达国家具有完善的产业链支持，配套制造工艺精良，管理经验丰富，资金雄厚，各领域合作水平优良，因此能够全面地运用当代最新的"高技术"来提高建筑能源使用效率，营造舒适的建筑环境，更有效地保护生态环境。譬如本章节前部分所引用的一些新的技术手段："呼吸式"双层幕墙、L-e玻璃、"智能"光电幕墙、智能控制系统、高强耐久环保材料等，已较为广泛地运用在西方发达国家。"高技术"并非高消耗。所有这些手段都是对当今世界生态危机的积极、主动的反映，代表着科学技术的发展方向。

高层建筑的生态设计手法是多样综合的，其中一种手段往往融合了其他几种方式在内而共同发挥作用。比如竖向的空间组织通常同时包含了竖向城市化、立体绿化、立体通风的内容；外表皮兼有通风、遮阳、保温、隔热、收集雨水、太阳能发电等作用；智能化、仿生化的目的也是为了达到以上诸类功能；现代技术与传统技术的结合比比皆是；不同地域和文化之间不断借用与交流。应当说"恰当的手段"是最重要的，多层面的目的需要整体综合的观念。

第四节　公共建筑设计

公共建筑分为以下几类：办公建筑（写字楼、政府部门办公楼）、商业建筑（商场、金融建筑）、旅游建筑（旅馆、娱乐场所）、科教文卫建筑（文化、教育、科研、医疗、卫生、体育）、通信建筑（邮电、通信、广播）以及交通运输建筑（机场、车站等）。

本节在简单介绍公共建筑设计的几个基本问题的基础上，以商业建筑为例来探讨公共建筑的生态化设计。

一、公共建筑设计的几个基本问题

各种类型公共建筑的设计都立足于处理好功能要求、艺术形象和技术条件这三者的关系。其中，物质功能和审美要求的满足是设计的目的，而技术条件则是达到目的的手段。

（一）功能问题

功能问题包括以下几个方面：空间构成、功能分区、人流组织与疏散以及空间的量度、形状和物理环境（量、形、质）。其中突出的重点则是建筑空间的使用性质和人流活动问题。

（二）公共建筑的空间构成

各种公共建筑的使用性质的类型尽管不同，但都可以分成主要使用部分、次要使用部分（或称辅助部分）和交通联系部分三大部分。设计中应首先抓住这三大部分的关系进行排列和组合，逐一解决各种矛盾问题，以求得功能关系的合理与完善。在这三部分的构成关系中，交通联系空间的配置往往起关键作用。

交通联系部分一般可分为：水平交通、垂直交通和枢纽交通三种基本形式。①走道（水平交通空间）布置重点：应直截了当，防曲折多变，与各部分空间有密切关系，宜有较好的采光和照明。②楼梯（垂直交通空间）布置要点：位数与数量依功能需要和消防要求而定，应靠近交通枢纽，布置均匀并有主次，与使用人流数量相适应。③门厅（交通枢纽空间）布置要点：使用方便，空间得体，结构合理，装修适当，经济有效。应兼顾使用功能和空间意境的创造。

（三）公共建筑功能分区

所谓的功能分区，是将空间按不同功能要求进行分类，并根据它们之间联系的密切程度加以组合、划分。功能分区的原则是：分区明确、联系方便，并按主、次、内、外、闹、静关系合理安排，使其各得其所；同时还要根据实际使用要求，按人流活动的顺序关系安排位置。以主要空间为核心，次要空间的安排要有利于主要空间功能的发挥；对外联系的空间要靠近交通枢纽，内部使用的空间要相对隐蔽；空间的联系与隔离要在深入分析的基础上恰当地处理。

（四）公共建筑的人流疏散

人流疏散分正常与紧急两种情况：正常疏散又可分为连续的（如商店）、集中的（如剧场）和兼有的（如展览馆），而紧急疏散都是集中的。

公共建筑的人流疏散要求通畅，要考虑枢纽处的缓冲地带的设置，必要时可适当分散，以防过度拥挤。连续性的活动宜将出口与入口分开设置。要按防火规范充分考虑疏散时间，计算通行能力。

（五）功能对于单一空间量、形、质的规定性

单一建筑空间的大小、容量、形状以及采光、通风、日照是适应性的基本因素，同样是建筑功能问题的主要方面，应在设计中综合考虑，统筹解决。

（六）公共建筑与设备

恰当安排设备用房，解决好建筑、结构与设备上的矛盾，注意减噪、防火、隔热。结合设备课程，了解采暖、空调、照明各种系统的选型原则和适用范围。主要是考虑节能、安全等问题。

（七）公共建筑与经济

应当把一定的建筑标准作为考虑建筑经济问题的基础，设计要符合国家规定的建筑标准，防止铺张浪费，也不可片面追求低标准而降低建筑质量。要注意节约建筑面积和体积，计算和控制建筑的有效面积系数、使用面积系数、结构面积系数等指标，节约用地，降低造价，以期获得较好的经济效益。

二、商业建筑设计原则

（一）商业特性决定建筑结构

在开发商看来，大型商业地产项目是一个包含主力超市、大型零售店、各种餐饮娱乐设施的商业复合体；而在建筑师眼中，则是一个组织精密、结构复杂、形态丰富的建筑综合体。一个建筑综合体，既要达到人流及物流通畅、交通与疏散结合等起码的要求，还要满足未来不同业态的需求。为开发商带来最大的出租和出售回报，是商业地产的建筑设计中面临的首要难题。

商业营销的内涵已经远远超出了传统而简单的销售、仓储及管理，餐饮、娱乐乃至展示、表演等看似与商业无关的内容，越来越成为现代商业地产的

重要部分。反映在建筑结构上，需要在规划设计中更多地考虑室内外空间的构建，以及商业设施和休闲娱乐设施的整合，在空间结合以及建筑与环境景观的结合等方面达到丰富性、多样性、趣味性的综合协调，促进人与建筑及空间环境的互动。

（二）功能整合依赖空间营造

商业地产项目各个功能模块具有不同的性质和作用，如何将各功能模块灵活组织，化整为零利用于出售，同时又可化零为整，利于整体出租管理，是建筑设计的根本依据和出发点。从外部来看，不同地域、不同经济条件、不同服务人口数量对商业地产项目的建筑规模、设备设施、区域规划、景观设计有不同的要求；深入到内部，不同主力店、专业店、品牌店对面积柱网、层高、负重、滚梯位置也有不同的要求。建筑师应综合考虑上述不同要求，按动静活动形态、人流密度等适当分区，同时也要照顾区域延伸和调整可能性，从设计上创造一个能适应未来商业发展变化的建筑空间环境。

商业地产项目中体验性及休闲性空间的规划设计就显得格外重要，需要建筑师重视建筑的艺术处理，调动一切艺术的、技术的手段，营造空间效果，烘托商业气氛。现阶段规划设计中对建筑结构、构造技术、灯光照明、表演、广告、多媒体等高科技信息技术的综合应用，是对传统建筑设计的突破。传统的商业与现代科技相结合而产生的全新体验式商业环境，既是商家提高其市场竞争力的核心，也是商业建筑发展的必然趋势。

（三）商业建筑的其他设计原则

"天时"、"地利"、"人和"都会直接影响企业的经营。"天时"是指商家对投资时机的把握以及在经营过程中的时令性的把握。"人和"是商品在管理上的技巧，包括服务态度、促销手段、广告宣传等方面。而"地利"也是一个非常重要的因素，属于建筑策划的范畴。店址选择适当，占有"地利"之势，广泛吸收消费者促进销售，实现更好的经济效益。与此相关，衍生出以下几个问题：

（1）客流规划是选择店址的最重要的因素；

（2）道路交通是联系顾客与商业设施的载体；

（3）商业环境：集购物、娱乐、休闲等需要为一体的综合商场，小型商店设于大型商店附近，主要经营小商品，以品种齐全而取得优势；

（4）分析地形特点，主要选择能见度高的地点，如选择在两面临街的地点能见度就最高，并且可以扩充橱窗面积，增辟出入口以减缓拥挤。

三、国内商业地产特点

（一）住宅开发思路不适于商业地产

住宅项目是直销，那么商业产品就是传销。由于住宅开发商直接面对最终消费者，因此发展商可以自己分析市场，根据对市场需求的研究作出产品定位，决定户型比例以及住宅产品类型等，然后直接进行销售。

大型的综合商业项目则完全不同，其销售对象是商家，特别是主力店。

因此开发商首先要找到主力店，按照其需求进行规划设计。而大部分国际主力店采取租赁方式，全国包括北京在内的大型综合商业项目，里面包含综合食品、日用超市、家居建材超市、家电超市等。这些大型商家都有自己一系列严格的自成体系的要求，如卖场面积、停车位面积、货架的陈列、建筑的开间柱网、层高要求以及自动滚梯的位置、数量等。如果开发商自己作设计，很难满足商家的要求，于是设计做得越深入，后期招商的困难也就越大。

建筑师都可以作住宅设计，但不是所有的设计院都能作综合商业设施设计。成功的商业建筑设计师一则要熟悉商业建筑自身的特殊性，同时也要明确在商业建筑设计中，设计师个人的喜好与倾向应服从商业设施开发及运营规律的特殊需求，而不是孤立地强调建筑设计自身的表现力。

（二）商业设施的选址离不开宏观城市系统的支持

要考虑在规划地块内建立足够数量的停车位，特别重要的是城市交通系统的支撑。同时根据商业设施的定位，应有城市级或区域级市政设施作为支撑。

（三）基于区域需求，合理确定商业地产规模

商业地产的规模与规划是由城市区域性需求所决定的，而不是由城市人口规模或城市规模来确定的。脱离市场的盲目攀比只能使项目面临越来越多的运营困难。

合理的规模是正常、顺利运作的重要保证。其投资规模并非越大越好，相反，当规模达到某一临界点之后，其收益能力反而会降低，使开发项目陷于竞争劣势。

（四）尊重设计规律，成比例放大商业街空间尺度

对于不同的建筑群体、商业空间，人们会产生不同的感受。目前中国处于一种经济迅猛增长的时代，许多事物往往一味强调气派，建筑设计也是如此。

设计师通常采取化整为零的方式，规划设计一系列尺度较小的广场群。既保证足够的城市开敞空间比例，又形成丰富多彩、宜人的街道广场空间，规划出充分的商业沿街店面，达到较好的效果。

（五）商业地产开发以尊重城市形象为前提

商业项目多地处城市繁华地段，对城市形象、街道风貌有着重要影响。在争取商业地产开发利润的同时，应充分重视商业建筑对城市形象和街道空间的贡献，不应过度追求商业利益而破坏城市形象。这是开发商应承担的社会责任，同时也是商业地产长期升值、获得回报的保障。在保证商业设施经营使用的前提下，建筑设计各方面也都非常重视项目对城市广场、街道空间、城市景观的贡献。

曾有一段时间，商业地产被政府部门作为形象工程、政绩工程。如北京王府井商业街的改建，过分追求首都气派和大都市尺度，商场建筑雄伟堂皇，牺牲了商业街的使用功能和文化传统。导致改建后王府井商业街缺乏舒适的尺度空间，来访的顾客多为外地客人，到王府井更多是慕名而来，以旅游观光为目的，并非商业购物休闲，这种做法已受到诸多批评。

（六）传统建筑遗产是商业地产宝贵的文化资源

不同城市的历史文化形成了各具特色的传统商业街区，这种传统建筑遗产有很高的商业价值。在资源稀缺的情况下，开发商有时需要花大气力营造某种资源，上海新天地是非常成功的作品之一。项目成功利用石库门地区及殖民时代保存下来的建筑遗产，充分发挥历史传统文化遗产的价值，重新组织传统空间以及建筑片段，形成了丰富多彩、舒适宜人，且满足现代人生活需要的商业空间。

北京王府井商业街的重建则完全没有考虑王府井原有的诸多百年老店、名店品牌特色，忽视了原来王府井商业街独具风采的建筑空间与形式，包括原有的古树木也没有得到保留，使闻名天下的王府井商业街在改造以后最终成为一个可以放在中国任何一座城市、缺乏特色的商业街，非常令人遗憾。当然，传统商业街区的更新，通常比推倒重建要复杂得多，需要开发商及设计师加倍悉心善待原有的城市肌理与空间，其开发与设计的工作量也成倍增长。但如果设计成功，则不仅带来丰厚的经济回报，同时也是对城市历史文化的重要贡献。

（七）体验性消费推动商业地产开发

在计划经济时期，人们的商业行为简单而明确，以买卖交易为核心。商业形态越简单、低级，这种现象越明显。而现代的购物活动已发展成为人类主要的休闲活动之一。人们去逛街，购物不是唯一的目的，而是一种体验。逛街本身成为目的，而不是功利性地购买商品或了解商品价格信息等。

体验性消费成为现代商业地产开发的主要推动力之一，特色性、文化性、舒适性、互动性及业态的丰富性越来越重要。在此，体验性消费主要包含：商业街风情、大型商业建筑空间与设施、表演促销活动、影视活动、娱乐活动、特色餐饮休闲，以及蹦极、汽车展销、摩天轮等其他活动。

这些新型需求的出现，以及随之产生的新型业态，在商业地产中所占的比例越来越大，这一现象应引起开发商重视，及时更新自己的知识结构，以掌握开发这类项目的主动权，引领潮流。

（八）商业设施形态和模式趋于高度综合化

传统而简单的营销设施是商业设施的重要部分，如销售部分、仓储部分、管理部分等，但这种单一的商场建设无法满足现代生活的需求。展示、表演、活动、休闲、餐饮、娱乐等广义设施，越来越成为现代商业地产的重要部分。表现在建筑形态上，需要在规划设计中更多考虑室内外空间的整合，以及商业设施和休闲娱乐设施的整合。体验性空间、休闲共享空间越来越成为商业地产吸引客源的精彩亮点，在规划设计中应高度重视。

四、综合商务建筑群的生态设计——以天津海益中心为例

（一）天津海益中心简介

该项目用地位于天津新技术产业园区华苑产业园区，即榕苑路与复康路

交叉口，本工程总用地面积为 31948.8m²，拟建设成为以天津新技术产业园区为核心，辐射天津西南城区的地标性首席综合商务建筑群，主要功能有四星以上酒店、酒店式公寓、5A 甲级写字楼、商业和会展中心等。

用地西面及北面为复康路，是城市主要环线干道，东面为榕苑路，对面是天财大酒店，南面为新技术产业园区，有许多新建办公楼，用地内地形平坦。

（二）设计规划理念

1. 标志性

项目位于高新技术产业区主要入口处，定位是为高新技术开发区提供区域核心服务的综合性商务群楼，体现高科技特点而又简洁大方的整体形象是体现本案价值的重点，于是，智能和高科技作为本案的概念主题被明确下来。在对项目进行深入思考后，由于受到由独特美感的精密电子线路板片和商务条形码等高科技产品的启发，本案决定运用各种线的手法体现高科技特有的形象。

对于项目的体量设计，设计师在仔细研究技术指标后发现，由于容积率和覆盖率的双重压力，可供选择的体量组合方式并不太多，大致有以下几种：

A.3 塔楼式布置优点：分区明确、易管理，缺点：整体感较差；

B.3 板楼式布置优点、缺点同前 A；

C. 波浪状布置优点：体量感较震撼，缺点：分区不明确、不易管理；

D. 条状板式布置优点、缺点同前 C。

于是，本案最终结合各种体量组合的优点，并顺应用地形状，在高科技线条美的主题下逐步形成本案的形体。具体体量推导过程：①应用地形呈弧形和板式结合的体量；②叠合电路板的线形成为析板式体量，并加入柔性连接体；③线行由平面转向空间，形成高低体量关系和立面主旋律；④考虑周围已有建筑的影响和朝向，形成裙房并组成高低起伏、错落有致的体量关系。

2. 生态性

高科技是为人服务的，"以人为本"是一切设计的根本，建筑设计当然也不例外，因为本案的功能复杂，还有庞大的地下空间，如何在设计中贯彻生态的理念是我们设计的重点和难点之一，本案提出了独具特色的生态贯穿生长概念，本案中会展中心低矮伸展的体量和地下一、二层车库空间结合，仿佛会展中心由地下生长出来一般，同时把阳光、空气和绿化一并带入了地下，使得原本单向向上延展的建筑体量也向下延伸，这样既丰富了空间的变化也融入了生态绿化的概念，更使人联想起桢拔的大树，巨大的树冠升向天空，发达的根系则深入地下。

塔楼部分则通过柔性连接体处设置的空中花园和生态竖向交通核把绿色生态环境引入高空，设置的观光电梯在人们享受阳光和空气的同时也给人们带来大地的气息，使人备感亲切。

3. 商业及其他

我们认为商业的作用相当重要，它是吸引人流、聚集人气并提升品质的必不可少的条件，它肯定不会和其他酒店、办公等功能相互干扰、相互排斥的普通商业形态。组织好本案独特的商业空间形态，也就解决了人在庞大的建筑群体中行进带来的不安和缺乏方向感。本案的商业空间联系了室内、室外、地下一层、地面、塔楼一、二、三层，形成多变的流动空间，强调人对本案整个建筑群体的认知感和游历体验。本案的商业有三大亮点，其一是步行商业内街，这是商业效率最高的形态，其二是直下地下的大空间商业形态，其三是商业空间中穿插出现的阳光和绿化景观，给商业带来品质的提升和休闲的体验。通过精心组织的商业，完美体现高科技带给人们生活方式的全新感受。

4. 功能性和管理

由于项目功能相当复杂且体量较大，相应带来的项目实施后的经营管理难度也较大，解决功能的联系和相对独立问题是项目成功和顺利实施的关键。

本案通过柔性连接的灰空间自然分隔界定了酒店、公寓、办公、商业和会展几大功能，同时又通过板式体量统一了各部分，这样的优点显而易见，在使用上能够相对独立，管理上简单明确，但建筑体形上不受限制，保证了建筑形体的完整性和标志性，使得建筑形象充满个性和魅力。相应地，我们在交通流线的设计上，着重强调平面和立体交通体系的相对独立性和便捷性，为下一步的经营管理打下良好的基础。

（三）技术分析

1. 功能分析

酒店式公寓和酒店成组布置于用地西侧，办公楼沿康复路布置，避免用地东侧已有的天财大酒店的影响，也避免受到用地南侧现有办公楼的影响，三座板楼在三层连通为娱乐，可供酒店、公寓住户和会员制办公的人们使用。会展中心布置于用地南面，使之有充足的采光，商业布置于会展中心地下一层，通过扶梯和台阶等竖向交通引导人流直接下至地下一层商业，地下二层是停车库和人防工程。

2. 平面交通分析

用地内做到人车分流、人货分流、员工和顾客分流。

（1）车行。基地的主要交通量来自东边的榕苑路，基地内部沿用地红线形成车行环线，用地东侧北部设办公车行出入口，南部设会展中心车行出入口，用地南侧现状城市道路口处设置酒店和酒店式公寓车行出入口。

（2）货物。大量的货流来源于商场和会展中心，大型展品在东南角直接进入展厅，在用地东侧南部设地下车库出入口，其他货物能够直接下至地下一层，卸货后经过库房进入商场，通过货梯进入会展中心。

（3）人行。从基地东侧榕苑路来的人流能够直接进入办公、步行商业街、地下商场及会展中心；从用地南侧城市道路来的人流能够直接进入酒店和酒店式公寓及步行商业街，在塔楼三层设置天桥连接主楼和裙楼。

3. 竖向交通分析

竖向交通上做到人货分流、员工和顾客分流。

(1) 人行。通过扶梯、台阶、楼梯、电梯等组织人流,通过不同的出入口设置解决员工和顾客的分流问题。

(2) 货物。通过货梯、楼梯等组织竖向货流,通过库房等中介空间解决人和货物的流线分离问题。

4. 朝向分析

天津地处北方,气候因素对建筑的影响比较大。办公楼采用南北向布局,酒店和公寓稍偏东南向,对于日照、通风都是非常有利的。

5. 天际轮廓分析

沿基地北侧,形成一条带状不规则线条,自西向东分别布置酒店式公寓 (27F)、酒店 (23F)、办公楼 (20F)。在基地南侧布置会展中心 (2F),建筑高度自西向东逐渐降低,呈阶梯状排列,本案的最高层塔楼与现有酒店保持合适的距离。

6. 景观绿化分析

本项目建筑覆盖率相对较高,能做景观和绿化的空间相对较少。因此在设计中考虑到利用空间作效果。基地内有透空到地下一层的空间,可以使地下层的绿化伸出地面。办公楼下的架空部分可以作为室外的花园处理,仿佛将绿色引入建筑之中。

7. 消防分析

本项目属高层建筑,四周设计消防环路,留出足够的消防扑救面以利消防扑救。办公楼一层设消防车通道,步行商业内街可作消防通道。

8. 停车分析

在地面停车数量有限的情况下,酒店式公寓和酒店地下一、二层,办公楼、会展中心的地下二层为地下停车场以满足停车需求(结合实际情况和可持续性发展的考虑,远期可设机械停车,在最小的使用空间内获得最大的使用效率)。

9. 人防分析

在塔楼地下二层和酒店前广场下设置人防工程,人防区域建筑面积约 $8480m^2$,掩蔽面积约 $6000m^2$,分为 5 个防护单元,每个防护单元为 $1200m^2$。最终人防面积应按人防批文确定。

建筑生态学中提出的生态设计,不是简单地将节能、环保等技术综合到建筑设计的过程中,而是要从人类为主体的复合生态系统的角度,考虑将非生命的环境系统和生命系统作为一个完整的体系去考虑设计,并将生态科学的最新成果应用到设计实践之中,在设计中综合这些成果,来实现设计师的设计目的和体现设计师的思想,只有这样才是真正意义上的生态设计。

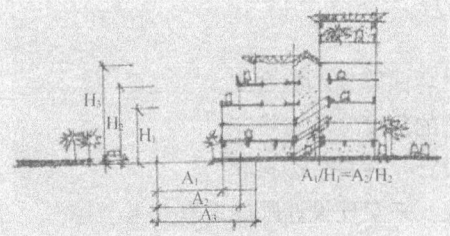

第九章 小区的生态设计

建筑生态学

第一节　小区人居环境生态化设计

本节在介绍小区的自然环境要素的基础上，总结了小区人居环境生态化设计的常用方法。

一、自然要素

（一）日照

1. 日照的重要性

阳光是万物之源。同样，它对于人类的生存、生长和生活具有重要的作用，阳光中的紫外线具有杀菌、抑制细菌繁殖和净化空气的作用。儿童的成长也离不开阳光，如长期得不到阳光照射就会患佝偻病。阳光具有强烈的热效应，在冬季提高室温，是寒冷地区的重要热源补充，可起到节能的效果。同时阳光能够促进花草树木的生长，为它们提供美好的室外环境。阳光在寒冷的气候下能给人以温暖的感觉，令人振奋、欢快。因此，住宅布置中应充分注意朝向，处理好与日照的关系。

2. 住宅布置与日照质量

在住宅布置中，改变单纯地按照日照间距南北向行列式排列，充分利用太阳的方位角变化，采取灵活多样的方式，既丰富了空间环境，又提高了日照质量。归纳起来有以下几种方法：①住宅上下或左右错开布置；②条式住宅与点式住宅相结合的布置；③南偏东的最佳日照角度的布置。

东西向住宅比南北向住宅有明显的缺点，尤其在南方，主要是向西的房间夏天晒得厉害，但也有有利的一面：在冬天可两面收阳，而南北向住宅尽管南向非常好，整天都有日照，但北向的居室却常年不见阳光。

涉及东西向住宅的设计，可采取以下措施克服西晒缺点：①将次要房间放在西面，加大西向房间的进深；②在西边设置进深较大的阳台，不让阳光一晒到底；③凡是朝西户都有东面居室，避免纯朝西户的出现，从而组织好穿堂风，在日落后把余热吹走，晚上就能很好地休息与睡眠。

适当增加东西向住宅不但增加了建房面积，还可扩大南北向住宅的间距，形成庭院式的室外空间。但采取东西向住宅和南北向住宅拼接时，必须考虑两楼接收日照的程度和相互遮挡的关系。虽然东西向住宅遮挡了部分南向居室的午后日照，但庭院内冬季可不受寒风的侵袭，改善了室外小气候。

（二）通风

在炎热季节里良好的通风往往同寒冷季节的日照一样重要，即使在北方也是如此。对高层居民的调查中，他们愿意住的原因之一是高层建筑穿堂风大，夏季凉快而无蚊蝇。近年来多层住宅的平面设计中，一梯两户取代了一梯三户的类型，也是因为一梯三户的中间户只能占据一个朝向，无法组织穿堂风，致使夏季闷热难熬。南方空气温度高，更需要良好的通风。良好的居住区空间组织利于空气流通，建筑布局要为整个居住区提供自然通风的环境。

1. 过梳法

一般来说，开敞的空间比封闭的空间空气流通性能好；点式住宅比条式住宅通风效果好。点式住宅当夏季风吹来时如同过梳一般，将居室和庭院内的热空气吹走。

2. 导流法

把居住区的室外空间组织成一个系统，将居住区主要道路设计成主通风道，沿通风廊道流向各个住宅组团，然后再从组团内庭院空间分流到住宅。

3. 南敞北闭法

这种方法适用于大部分地区，那里夏季须引入季节风，冬季要遮挡北来的寒风。主要居室向南，具有良好的日照与通风条件，同时对小区小气候有好处。南边的低住宅呈三点式布置，向季节风敞开，对通风特别有利。

（三）绿化

1. 绿地的重要性

居住区绿地是城市绿地系统的重要组成部分，它在城市用地中占的比例较大，其布置直接影响到居民的日常生活。人们在居住区内学习、休息、活动的时间最长，绿化的环境对居民的身心健康有很大的影响。

2. 绿地系统规划

居住区绿地按使用情况可以分为：居住区级绿地、居住小区级绿地。下面重点谈谈居住小区绿地系统的组织。居住小区绿地可分为：居住小区级绿地、居住小区专用绿地、居住小区道路绿地、住宅组群绿地和宅旁绿地。

（1）居住小区内的各项绿地要统一规划，合理组织，使其服务半径能让居民方便使用，使各项绿地的分布形成分散与集中、重点与一般相结合的形式。

（2）绿地内的设施与布置要符合该绿地的功能要求，布局要紧凑，出入口的位置要考虑人流的方向，各种不同的活动之间要有分隔，以避免相互干扰，绿化的点、线、面、体合理配置，利用绿化来组织居住小区的绿化步行系统和活动交往空间，往往能实现人车分流和改善景观的良好效果。

（3）要利用自然地形和现状条件，对坡地、洼地、河湖及原有的树木、建筑要注意利用，因地制宜地选择用地和布置绿地，以节约用地和节省建设资金。

（4）绿地的布置要能美化居住环境，既要考虑绿地的景观，注意绿地内外之间的借景，还要考虑到在季节、时间和天气等各种不同情况下景观的变化。

（5）植物配置要发挥绿化在卫生防护等方面的作用，改善居住环境与小气候，设计绿地时，对于热量，灌木要比草地易吸收，阔叶树比针叶树易吸收。在宅前宅后的院落，宜种植适量树木来增加居民的休憩场所，吸收夏季过多的热空气，同时还具有保温增湿的效果。

除此以外，在居住区规划设计中，要重视环境的整体设计，充分协调好人居和环境的有机联系，因地制宜，有效利用自然环境，提高室内外环境质量，创造一个舒适、方便、安全、卫生的优美生活环境。具有超前意识，考虑与国际接轨的可行性，实现较高水平的居住生活目标。注意节省用地、节约投资，依靠技术进步，加大科技含量。考虑地方气候与习俗等特点，力求建筑风格创新。

二、小区人居环境生态设计的基本方法

（一）对原有场地的保护和利用

1. 尊重原有地形

在开发利用过程中要尽量尊重原有场地的地形、地貌，保护好原有的生态系统，因为破坏后再重建生态系统要困难得多。

2. 保留原有植被

植被一旦被破坏后，重新种植要经过很长时间的自然演替才能恢复到原来的状态。而移植大树的做法是对异地生态系统更大的破坏，且大树移植后，生态效益也会下降很多，存活率也不高，造成浪费。所以，保留原有植被十分重要。

3. 保护土壤

地球表面覆盖着一层薄薄的表土，是经过漫长的地球生物化学过程形成的适于生命生存的表层土，是植物生命所需养分的载体和微生物的生存环境。在自然状态下，经历100~400年的植被覆盖才得以形成1cm厚的表土层，破坏后很难恢复。所以，在可以的情况下，应尽量减少建筑用地。在不得不进行建设的地方，把表土收集起来，以后可用作屋顶绿化或回填。

（二）生态环境材料的应用

生态环境材料是指同时具有满意的使用性能和优良的环境协调性，或者是能够改善环境的材料。

环境协调性是指对资源和能源消耗尽可能少、对生态环境影响小、循环再生利用率高。它要求从材料制造、使用、废弃直至再生利用的整个寿命周期中都必须具有与环境的协调共存性。生态环境材料指赋予传统结构材料、功能材料以特别优异的环境协调性的材料。它并不仅仅特指新开发的新型材料，还包括那些直接具有净化和修复环境等功能的材料。

材料及其制造业是造成能源短缺、资源过度消耗乃至枯竭的主要责任者，并且这种消耗速度正在成倍增长；材料及其制造业也是污染环境的主要责任者之一。生态环境材料的使用受科技的发展和经济条件的制约，但这是今后设计的发展方向，有条件的地区可适当应用。

（三）乡土植物的应用

乡土植物是指当地固有的植物种类，而外来植物是指从外国或者从外地引入的植物种类。一部分外来植物经过长期的生长发育适应了当地的生态环境而成为归化植物；一部分归化植物扩散到栽培场所以外的区域，生长发育成为逸出归化植物。

人为地引种及利用外来植物进行绿化存在许多弊端。从生物多样性保护、自然环境与人文景观保护来看，外来植物的影响主要表现在以下几个方面：

（1）外来植物的人工繁殖与栽培以及自然繁衍，造成了乡土植物原有分布与生长区域的减少，甚至消失。

（2）外来植物与乡土植物之间出现了渗透性杂交问题。

（3）外来植物的引入扰乱了当地已经稳定的基因系统。

（4）外来植物的扩散与蔓延，破坏了当地固有的自然环境与景观。

（5）外来植物的不当利用，造成了人工绿化景观与当地固有的人文风土氛围的不协调。居住小区中尽量采用乡土植物，具有重要的生态意义。

第二节 建筑小品设计

随着我国人民生活水平的提高和建筑设计事业的发展，建筑的类别越来越多，而小品建筑正是在这样一种多学科交织的状态下逐步凸显的。本文所指的小品建筑是指那些体量小、功能简单的"小建筑"，强调其在所处环境中的装饰性。

一、小品建筑的创作意义

（一）人们审美情趣的要求

小品建筑分布广泛，与人们的生活发生着紧密的联系。它们在不同的环境中，与周围不同的景物和人群发生关系，因而必须具有灵活多变的体态、气质和表情。要做到这些，要求我们重视小品建筑的创作。

（二）环境艺术设计的要求

建筑无论大小，都是我们所创造的共享环境中的一个重要组成部分。如车库、锅炉房、配电房、变电所、水泵房等，处理好了它们可以起到点缀环境和美化的作用；处理不当，它们会破坏甚至会毁掉整个环境。这就要求在设计中，小品建筑的形式和风格与群体建筑协调，并尽可能地带有"环境建筑"的意味。

二、小品建筑的构思技巧

与普通民用建筑中的其他建筑创作的不同之处在于，小品建筑的构思出发点较多。由于功能上限制较小，有的几乎没有功能要求，因而在造型立意、材质色彩运用上都更加灵活和自由。但从众多设计实例方案中，分析归纳出以下两种构思技巧和思维方式。

（一）原型思维法

众所周知，创作性的构思，常常来之于瞬间的灵感，而灵感的产生又是因为某种现象或事物的刺激。这些激发构思灵感的事物或现象，在心理学上称之为"原型"。原型之所以具有启发作用，关键在于原型与所构思创作的问题之间有某些或显或隐的共同点或相似点。设计者在高速的创作思维运转中，看到或联想到某个原型，而得到一些对构思有用的特性，而出现了"启发"。

古今中外，无论大小的成功建筑都受到了"原型"的影响和启发。如柯布西耶设计的朗香教堂，就受到了岸边海螺造型的启示；贝聿铭设计的香港中银大厦，构思的关键就是来自于中国古老格言"芝麻开花节节高"的启发。

原型思维法从思维方式来看，属于形象思维和创造思维的结合。对于小品建筑而言，是具象思维（具体事物和实在形象）和抽象思维（话语或现象的感知）转化为创作的素材和灵感，通过创造性思维，在发散性和收敛性思维的作用下，导致不同方案的产生。在这过程中，原型始终占据创作思维的核心地位。

（二）环境启迪法

在小品建筑创作中，许多方面的因素都会直接或间接地影响到建筑本身的体态和表情。从环境艺术设计及艺术原理来看，小品建筑所处的环境是千差万别的，作为环境艺术这个大系统下的"建筑"，它的体态和表情自然要与特定的环境发生关系。我们的任务就是要在它们之间去发现具有审美意义的内在联系，并将这种内在联系转化为小品建筑的体系或表情的外显艺术特征。

因而环境启迪就是将基地环境的特征加以归纳总结，加以形象的思维处理，形成创作启发，从而通过创造性思维发散，而创造出与环境相协调共生的小品建筑。

三、设计手法探讨及实例分析

（一）雕塑化处理

这种手法是借鉴雕塑专业的设计方法，其设计出发点是将建筑视为一件雕塑品来处理，具有合适的尺度和部分使用上的要求，力争做到建筑雕塑一体化。这是原型思维的一种表现。

在某景区山门及公共厕所设计中，作者根据当地出产红色岩石的特点（环境启迪），以雕塑化手法设计，模仿山石的自然组合形态，形成古朴自然的独特建筑形象。在彭一刚先生的作品中这类手法也较常见，如甲午海战馆入口大门和鱼美人音乐宫入口处理等。

（二）植物化生态处理

手法的目的是为达到与自然相融合，使小品建筑有"融入自然的体态和表情"。具体做法是在造型处理中，引入植物种植，如攀缘植物、覆土植物等。通过构架和构造上的处理，在小品建筑上覆盖或点缀绿色植物，从而达到构筑物藏而不露，适用于要求与自然相协调的环境。

如在某景区另一公共厕所的设计中，采用了这一手法，创造出生态厕所的品位。又如布正伟先生在其著作中的"苏州未来农林大世界"小陈列馆，展出主题为澳洲美利奴羊，由于应甲方要求在建筑物上耸立一座雕塑，因而从构思一开始，就有意将该陈列馆想象成为一个长满青草的绿色土丘，通过这一手法的运用，不仅与总体大环境相协调，而且这种陈列馆更具吸引力。

（三）仿生学手法运用

仿生，即是在设计中模仿自然界的生物造型（原型），包括动物、植物的形态。达到"虽为人工，宛若天成"的境界。在石梅湾旅游度假村起步区的规划设计中，设计者布置一些生趣盎然的仿生建筑，注意将其造型特点与建筑功能相结合。并考虑到将模拟生物的生活习性结合地形布置（环境启迪），如珊瑚（海洋音乐舞厅）、鹦鹉螺（多功能厅）、展凤螺（海洋艺术展览中心）等布置在人造岛的水边，海贝结合海岸的礁石群布置，菠萝（风味食街）则如自然生长于土中，使之栩栩如生，自然成趣。

（四）虚实倒置法

通过对常用形式的研究和观察（原型思维），进而在环境的启发下运用之，以收到出人意料之外的强烈对比效果。吉林闾山风景区山门设计，用四片镂空的石墙，表现出古代建筑庑殿的剪影形象，十分贴切地表现出风景区的性质和特点，又给人以新颖和强烈对比的作用。贝聿铭在巴黎卢佛尔宫扩建部分的地下入口，采用一简洁的玻璃金字塔，与卢佛尔宫的石砌埃及式建筑的厚重风格形成强烈的虚实对比，而取得统一协调。

（五）延伸寓意法

该手法是在一般想象力上升到创造想象后，对一些有深刻意义的事物或词句（原型思维），加以创造想象和升华，将其意义融到小品建筑创作中，往往使人对建筑产生无限的遐想和回味无穷的魅力。特别是一些纪念性小品建筑更是如此。例如，某"高等工业学校校庆纪念碑"设计竞赛的创作现象十分耐人寻味，它超脱了一般碑的形象概念，立意引用"十年树木，百年树人"的成语，在校园内一片树林中以若干铭刻建校以来的业绩的树桩作为纪念碑，寓意树木已成材，其根仍在校，周围又有新的树在成长。这就把校庆纪念的主题卓有见地地提到一个很高的水准。无独有偶，在同济大学90周年校庆纪念园设计方案中，以年轮作为设计立意，以年轮象征同济大学90年的历程，整个园区似一树的平面，体现教育"十年树木，百年树人"的深刻含义，中心以同济校徽为截面的设计，点明主题。

第三节 小区水环境的生态设计

人工水景的采用，美化了我们的居住环境，但同时伴生的是，许多亲水景观，由于本身就是人工营造的，大多是一个基本封闭的系统，没有按自然水理设计，缺少天然水系的自我净化功能和生物动态平衡体系，于是产生了发"绿"、发"臭"的现象。这不仅影响了景观水域的视觉效果，更影响到了周围的居住环境，这是一个目前困扰景观设计师以及房地产商的现实问题。

为了规范和指导生态住宅小区的建设，2001 年 5 月建设部颁布了《绿色生态住宅小区建设要点与技术导则》，要求绿色生态住宅在能源和水、气、声、光、热环境以及绿化、废弃物处理、建筑材料等 9 个系统方面符合国家的有关标准，水环境是生态住宅小区最重要的组成部分。下面就水景住宅水环境的生态设计进行探讨。

一、水环境生态设计的必要性

水环境规划是生态住宅小区规划的重要内容之一，水环境在住宅区中占有重要地位，在住宅区除了要有室内给水排水系统，还要有室外给水排水系统、雨水系统等。作为生态水景住宅还必须有景观水体，大面积的景观水体需要净化、循环，绿地及区内道路也需要用水来养护与浇洒，这些系统和设施是保证一个优美、清洁、舒适的生态水景住宅的重要物质条件。水体的治理和维护需要投入大量资金，如何使景观水体能够达到自洁自净的效果体现了水环境生态设计的必要性及重要性。

二、水环境生态规划与水环境设计的基本原则

小区水环境生态规划总的原则应是：Reduce（减少）、Reuse（回用）、Recycle（循环），即尽可能节约、回收、循环使用水资源，提高水资源利用率，减少废水排放和对环境的污染，实现水环境的持续利用和发展。小区水环境设计的基本原则如下。

（一）外在观赏性

水景的表现方式有许多种，譬如流水、静水、跌水、喷水等，不同形式的水景观赏性上有不同表现。我们在水环境设计前，首先要研究环境要素，以确立水景的表现形式、形态，以实现与周围环境相协调，同时把握好合理的度、量关系，主景、辅景与近景、远景的丰富变化。

（二）内在功能性

水景的基本功能是供人观赏，但水景也具有娱乐与健身的使用功能，人们已不再简单满足于观赏需求，更需要与水达到亲密接触。除了常见的亲水平台等景观小品外，较大规模的水景住宅会设立游艇码头等亲水设施，使其达到娱乐与健身的功效，我们在作水环境设计时，应充分挖掘其内在功能的潜力，充分发挥其实用性。

（三）可靠的技术支持

景观设计一般由建筑、结构、给水排水、电气、绿化等专业组成，水景设计更需要水体、水质控制这一关键要素。如何使区域内的水位保持恒定标高，不受洪水及旱涝的影响（水闸与水泵的设立），如何使水质达到设计要求（物理与化学治理），这些都需要强大的技术支持。

（四）经济性、合理性

在水景设计时，除了考虑设计效果外，系统运行的经济性、合理性也十

分重要。譬如说景观水处理系统可进行专门设计并结合雨水收集、中水回用系统等，做到水资源的可持续综合利用。

三、传统景观水处理方法存在的问题

（一）物理治理

传统的物理治理方式有引水换水和循环过滤两种。一次性的换水会造成水源的极大浪费，经济性差；循环过滤与引水换水相比，虽然减少了用水量，但前期预埋的管线、配置的过滤循环设备以及设备的日常维护保养费用，其经济性仍不理想。

（二）化学方式

主要以化学药剂灭杀水体中过量的藻类，但长期的投药使藻类产生抗药性，同时也在一定程度上影响了环境。

（三）曝气冲氧

可利用跌水曝气和机械曝气，确保水体的含氧率，保证鱼类的供气氧料。但水体中采用曝气方式溶解氧一般只能延缓水体富营养化的发生，不能从根本上解决水体富营养化。

（四）微生物治理

在景观水水质恶化时，投入适当的微生物（各种菌类），可加速水体中污染物的分解，对水质起到净化作用。但微生物的繁殖速度惊人，几乎呈几何级增长，而且每一次繁殖或多或少会产生一些变异品种，因此对微生物的控制性较弱，这将导致微生物处理水质的能力下降。

（五）投入光合细菌

这是一种新的处理方法，具有工艺简单、一次性投资省等特点。光合细菌属于光能自养菌，不含硝化及反硝化菌种，因此对微污染水或废水中的有机污染物的去除率较高，但对氮、磷等植物的去除率相对较低。然而导致水体发生富营养化的根本原因是由于氮、磷等植物性营养物的大量流入，由于光合细菌不具有脱氮除磷的特性，因此，对于微污染水采用投加光合细菌的处理方法，从根本上无法解决水体的富营养化。

（六）生态浮岛

这是一种应用于封闭水域的水体净化工艺，其上部可种植花草，既可以吸收和降解水中的污染物，还有美化水面景观的作用。生物浮岛对减轻水体污染有一定作用，但无法从根本上解决水体富营养化的发生和水体污染。

四、水环境的生态化途径

对水资源收集并加以利用，经过雨水收集系统处理后，全部用来补充湖泊的景观水。生活中的优质杂排水如盥洗水、淋浴水、洗衣水、空调冷却水经过中水处理系统处理后，也排入湖体，用于补充景观水，并通过景观水综合处理系统得到进一步净化。灌溉、冲洗、消防、娱乐等用水可由景观水体

中抽取，以减少水资源浪费。

（一）UXO景观水综合处理系统

这是一种以自净为主、微动力为辅，低养护成本，综合了各类方法的一种水景生态设计和综合治理技术。它既运用了自然界"生态守衡"原理，设计、营造一个完整的水生态系统，依靠生态系统内部的自动调节能力，保持生态链循环往复，最终达到水质自然净化功能；又结合了高效气浮工艺、生物接触氧化法等经过改良和实践的传统水处理技术；两者相辅相成、有机结合，让景观水体始终保持幽幽水草、潺潺流水、鱼翔浅底、诗意盎然。

（二）生态修复技术

在营造景观水体时引入外来系统，包括：净水微生物、植物、食浮游植物的动物、草食性鱼类、肉食性鱼类、底栖动物。由此形成许多条食物链，构成纵横交错的食物网生态系统；并在各营养级之间保持适宜的数量比和能量比，建立良好的生态平衡系统；从而去除有机物、无机盐、藻类、细菌等污染物。

（三）湿地效应

湿地原是土壤被水淹没后形成的具有生物多样性的生态系统，湿地可以为周围地区调节小气候，降温加湿；湿地植被增添景观、保持水土，形成植物、动物、微生物共存的乐土，可对污染物质进行吸收、代谢、分解，起到降解环境污染的作用，被称为"地球之肾"，与森林、海洋共同形成地球的三大生态体系。湿地中的碎石、淤泥构成的土壤，具有沉淀、过滤功能，再与生活在湿地中的植物、动物、微生物共同纳污降垢、净化水质，形成利用人工湿地污水生态处理的新技术工程。有效地利用湿地，对水体净化起着纳污吐新、连接水循环链、保持景观优美、维持生物多样性与优良人居环境的重要作用。

（四）高效气浮技术

气浮技术的基本原理是向水中通入空气使水中产生大量的微细气泡，并使其粘附于杂质颗粒上，形成比重小于水的浮体，上浮至水面，从而分离杂质颗粒的一种水处理技术。高效气浮主机包括：池体、浮渣收集装置、静止圈、隔流圈、溢流调节装置、行走架、旋转进水管、旋转布水机构等。

第四节 雨水利用

城市雨水利用可以有狭义和广义之分，狭义的城市雨水利用主要指对城市汇水面产生的径流进行收集、储存和净化后再利用；我们说的是广义的城市雨水利用，可作如下定义：在城市范围内，有目的地采用各种措施对雨水资源的保护和利用，主要包括收集、储存和净化后的直接利用；利用各种人工或自然水体、池塘、湿地或低洼地对雨水径流实施调蓄、净化和利用，改善城市水环境和生态环境；通过各种人工或自然渗透设施使雨水渗入地下，补充地下水资源。

一、雨水利用的意义

（一）缓解城市缺水

我国人均水资源拥有量仅为世界平均值的四分之一，且水资源分布不均，北方地区严重缺水。虽然城市雨水利用解决不了缺水根本问题，但至少可以从某种程度上缓解缺水或严重缺水局面。尤其值得利用的还有属于弃水的暴雨，既可减免暴雨汇流造成的城市内涝，又可增加城市供应水量，变弃为宝，化害为利。

（二）减免城市涝灾

据初步估算，城市雨水利用率超过10%~20%，即可减少暴雨汇流水量和水速的20%~30%、马路积水，保持交通畅通；城市雨水利用率达到30%以上，即可减少暴雨汇流水量和流速的40%以上，基本免去城市内涝。其中马路雨污分流和增加水域、绿地对免除马路积水和低洼地带积水效果尤为明显。

（三）减少雨污汇流

城市雨水利用，虽然无法减轻水质污染，却可以减少雨污混流，从而减轻城市产生的污水量和污水处理量。通常我国城市都是一个排水通道，雨污不分，不仅增加了城市排水系统的雨洪排水压力，而且增加了城市污水排放量。一遇暴雨雨污混流，污水倒溢，到处积水，又脏又臭，令人难忍。如采取雨污分流，分散储雨，集中排污，一举两得。

（四）有利于改善生态

水是城市生态系统的重要要素，具有供应水源、保护绿地、维护生态、旅游娱乐等生态功能。而雨水又是城市生态系统用水的主要来源，仅仅依靠自然降水是十分不够的，尤其是绿地、水域减少、不透水面积增加的情况下，更是如此。所以，拦蓄城市雨水，储存于绿地附近，不失为改善城市生态的一种好方法。

二、结合雨水利用的居住区景观设计

生态小区雨水利用有多种方式，可以是直接利用，也可以是间接利用，但在我国大部分地区，尤其是北方，由于降雨量全年分布不均，故直接利用往往不能作为唯一的水源满足要求，一般与其他水源互为备用。

在许多情况下，由于雨水直接利用的经济效益不高，雨水间接利用往往成为首选的利用方案。在城区，还可根据具体情况，将二者与雨水径流污染控制结合起来，建立生态化的雨水综合利用系统。一方面是增加雨水的渗流量及滞留时间，减小洪水径流系数，加大洪峰滞时；另一方面是收集道路、屋顶等的雨水，经过净化提供小区景观用水，节约饮用水资源。

（一）雨水集蓄利用

1. 屋面雨水集蓄利用系统

利用屋顶作集雨面的雨水集蓄利用系统可节约饮用水，主要用于家庭、公共等方面的非饮用水，如浇灌、冲厕、洗衣、冷却循环等中水系统。该系统又可分为单体建筑物分散式系统和建筑群集中式系统。由雨水汇集区、输水管系、截污装置、储存、净化和配水等几部分组成。有时还设渗透设施与贮水池溢流管相连，使超过储存容量的部分雨水溢流渗透。

2. 屋顶绿化雨水利用系统

屋顶绿化是一种削减径流量、减轻污染和城市热岛效应、调节建筑温度和美化城市环境的新的生态技术，也可作为雨水集蓄利用和渗透的预处理措施。既可用于平屋顶，也可用于坡屋顶。植物和种植土壤的选择是屋顶绿化的技术关键，防渗漏则是安全保障。植物应根据当地气候和自然条件，筛选本地生的耐旱植物，还应与土壤类型、厚度相适应。上层土壤应选择孔隙率高、密度小、耐冲刷，且适宜植物生长的天然或人工材料。

屋顶绿化系统可提高雨水水质并使屋面径流系数减小到0.3，有效地削减雨水径流量。

3. 园区雨水集蓄利用系统

在新建生活小区或类似的环境条件较好的城市园区，可将区内屋面、绿地和路面的雨水径流收集利用。因这种系统较大，涉及面更宽，需要处理好初期雨水截污、净化、绿地与道路高程、室内外雨水收集排放系统等环节和各种关系。

（二）雨水渗透

采用各种雨水渗透设施，让雨水回灌地下，补充涵养地下水资源，是一种间接的雨水利用技术。还有缓解地面沉降、减少水涝和海水的倒灌等多种效益。可分为分散渗透技术和集中回灌技术两大类。

1. 渗透地面

渗透地面可分为天然渗透地面和人工渗透地面两大类，前者在城区以绿地为主。绿地是一种天然的渗透设施。主要优点有：透水性好，节省投资；可减少绿化用水并改善城市环境；对雨水中的一些污染物具有较强的截留和净化作用。缺点是渗透流量受土壤性质的限制，雨水中如含有较多的杂质和悬浮物，会影响绿地的质量和渗透性能。

人造透水地面是指各种人工铺设的透水性地面，如多孔的嵌草砖、碎石地面，透水性混凝土路面等。主要优点是，能利用表层土壤对雨水的净化能力，对预处理要求相对较低；技术简单，便于管理。缺点是，渗透能力受土质限制，需要较大的透水面积，对雨水径流量的调蓄能力低。在条件允许的情况下，应尽可能多地采用透水性地面。

2. 渗透管沟

雨水通过埋设于地下的多孔管材向四周土壤层渗透，其主要优点是占地面积少，有较好的调蓄能力。缺点是一旦发生堵塞或渗透能力下降，很难清洗恢复。而且由于不能利用表层土壤的净化功能，对雨水水质有要求，应采取适当预处理，不含悬浮固体。在用地紧张的居住区表层土渗透性很差而下层有透水性良好的土层、旧排水管系的改造利用、雨水水质较好、狭窄地带等条件下较适用。

3. 渗透井

渗透井包括深井和浅井两类，前者适用水量大而集中、水质好的情况，如城市水库的泄洪利用。渗透井的主要优点是占地面积和所需地下空间小，便于集中控制管理。缺点是净化能力低，水质要求高，不能含过多的悬浮固体，需要预处理。适用于拥挤的城区或地面和地下可利用空间小、表层土壤渗透性差而下层土壤渗透性好等场合。

4. 渗透池（塘）

渗透池的最大优点是渗透面积大，能提供较大的渗水和储水容量；净化能力强；对水质和预处理要求低；管理方便；具有渗透、调节、净化、改善景观等多重功能。缺点是占地面积大，在拥挤的城区应用受到限制；设计管理不当会造成水质恶化、蚊蝇滋生和池底部堵塞，渗透能力下降；在干燥缺水地区，蒸发损失大，需要兼顾各种功能作好水量平衡。适用于汇水面积较大、有足够的可利用地面的情况。特别适合在城郊新开发区或新建生态小区里应用。结合小区的总体规划，可达到改善小区生态环境、提供水的景观、小区水的开源节流、降低雨水管系负荷与造价等一举多得的目的。

5. 综合渗透设施

可根据具体工程条件将各种渗透装置进行组合。例如在一个小区内可将渗透地面、绿地、渗透池、渗透井和渗透管等组合成一个渗透系统。其优点是可以根据现场条件的多变选用适宜的渗透装置，取长补短，效果显著。如渗透地面和绿地可截留净化部分杂质，超出其渗透能力的雨水进入渗透池（塘），起到渗透、调节和一定净化作用，渗透池的溢流雨水再通过渗井和滤管下渗，可以提高系统效率并保证安全运行。缺点是装置间可能相互影响，如水力计算和高程要求；占地面积较大。

（三）雨水综合利用系统

生态园区雨水综合利用系统是利用生态学、工程学、经济学原理，通过人工净化和自然净化的结合，雨水集蓄利用、渗透与园艺水景观等相结合的综合性设计，从而实现建筑、园林、景观和水系的协调统一，实现经济效益和环境效益的统一，以及人与自然的和谐共存。这种系统具有良好的可持续性，能实现效益最大化，达到意想不到的效果。但要求设计者具有多学科的知识和较高的综合能力，设计和实施的难度较大，对管理的要求也较高。

具体做法和规模依据园区特点而不同，一般包括屋顶绿化、水景、渗透、雨水回用、收集与排放系统等。有些还包括太阳能、风能利用和水景于一体的花园式生态建筑。

三、实例分析

本书以沈阳市已建成的某住宅小区为例，该小区总用地面积 $104.23 hm^2$，绿化面积41.97hm², 景观水面5.79hm²。一方面，小区产生较大的雨水排放量，排水工程设施造价较高；另一方面，小区景观和绿化要消耗大量的自来水。此外小区建设产生大量硬化面积，雨水峰流量明显增大，雨水径流污染负荷增加，对接纳水体丁香湖及周边的水环境和生态环境构成威胁。

因此，考虑利用小区汇集的部分雨水补充景观和绿化用水，节约自来水，减低排水系统的费用，削减雨水径流量和污染负荷，保护小区和丁香湖的水环境与生态环境。

（一）雨水的渗透与贮存

根据当地地下水位和地质条件，决定将小区内的人行道铺设透水砖，向下渗透的雨水连同小区绿地内的雨水，利用地下的土层来贮存和净化，提高土壤含水量，同时向地下渗透，补充地下水。而小区屋顶及车行路上的雨水，通过初期弃流后，先引入附近的低势绿地或浅沟截污、下渗净化。对超过绿地储存容量和下渗量而形成的地表降雨径流则利用地表坡度、边沟或明渠向景观湖汇集。利用景观水体的部分调蓄空间贮存雨水，既节省了雨水贮存费用，又可改善贮存雨水的水质。

分散的绿地贮水区或跨越路面处，用地下碎石沟连通，使净化贮存的雨水在雨后不断地向湖内渗流补水。

（二）水量平衡与补水措施

1. 汇集雨水径流量

因采用雨水收集和储存，相当于汇集雨量增大，全小区平均径流系数按0.75计，则：

历年年平均降雨量673mm，汇集的年平均径流雨水量：

$$V_1 = 1042300m^2 \times 673m \times 0.75 = 526100925m^3$$

历年最大月平均降雨量184mm，汇集的雨水量：

$$V_2 = 1042300m^2 \times 184m \times 0.75 = 143837400m^3$$

2. 可用贮水总容积

景观湖的最大水深1.5m，该水体控制洪水位（最高水位）与低水位之差按0.7m计，则景观水体可资利用的贮水体积为：

$$V_3 = 57900m^2 \times 0.7m = 40530m^3$$

考虑将绿地下1m深的土壤换填成具有较强净化功能、有利于植被生长和空隙率较大的人工混合土，既可以提高土壤的渗透速率，又可以利用其空隙作贮存空间，储存部分雨水为植物生长提供水分。

3. 补水措施

根据年平均汇集雨量和水量平衡计算，采用防渗、调蓄等措施后，该小区汇集贮存的雨水量基本上可满足用水与耗水量的需求但考虑到气候变化和降雨的随机性，仅在旱季时由丁香湖抽水补给景观湖，以保证其景观功能和绿化用水。

第五节 节能设计

一、总体规划设计

生态住宅首先要有合理的选址和规划，充分考虑住区的总体布局，做到不同体量、不同角度、不同间距、不同道路走向建筑物的合理组合与安排，充分利用自然通风和天然采光。住区道路走向对风向和风速有明显的影响。住宅群和道路之间多为速度较小、方向竖直的管状气流，很难穿越建筑物，所以必须考虑住宅群体的布局，使住宅高低层错落排列，并利用道路和植被形成空气流动，使建筑物冬天可保持室内热量，避免冷风渗透，而夏季则形成穿堂风，达到自然通风和降温。

二、建筑朝向设计

在住宅设计中，坐北朝南似乎已成为一种定律，户户朝南又是房产商的招牌售房口号，这种做法不一定与当地的太阳入射角和主导风向存在因果关系。理想的日照方向有时恰恰是最不利的通风方向。朝向选择需要考虑的因素有：①冬季能有适量并具有一定质量的阳光射入室内。②炎热季节尽量减少太阳直射室内和外墙面。③夏季有良好的通风，冬季避免冷风吹袭。主导风向直接影响冬季住宅室内的热损耗及夏季居室内的自然通风。因此，从冬季保暖和夏季降温考虑在选择住宅朝向时，当地主导风向因素不容忽视。由于冬夏季太阳入射角的差别和朝夕日照阴影的变化，应利用合理的朝向，使建筑在夏季尽量避开南向烈日的炙烤，而冬季争取尽可能多的温暖阳光，使建筑获得冬暖夏凉的宜人室内环境。当根据日照和太阳辐射将住宅的朝向范围确定后，再进一步核对季节主导风进行调节，选择合理的朝向，以获取良好的夏季穿堂风，以免千篇一律的正南朝向带来的无可奈何局面——室外凉风习习，室内酷热难耐，白白浪费了宝贵的自然资源。如在温州地区，建筑物南偏东约10°，就可将东海吹来的潮汐风引入室内，在很大程度上消除了酷夏给人们带来的炎热，空调的运行时间也大大地降低。

三、建筑间距设计

（一）间距与日照的关系

在南方地区，可以利用冬夏季太阳入射角的差别和朝夕日照阴影的变化，结合朝向和住宅群的总体布局选择合理的间距，在保证满足冬季卫生日照要求的前提下，避免夏季日照过多（表9-1）。

日照间距在不同方向的折减　　　　表9-1

方位	0°~15°	15°~30°	30°~45°	45°~60°	60°~90°
折减系数	1.0L	0.9L	0.8L	0.9L	0.95L

注：1. 表中方位为正南向（0°）偏东、偏西的方位角；2. L 为当地正南向住宅的标准日照间距（m）。

（二）间距与通风的关系

通过适当布置建筑物降低冷天风速，可降低建筑物外表面的热损失以节约能耗。①建筑物紧凑布置，使建筑间距在 1：2 的范围内，可以充分发挥风影效果，使后排建筑避开寒风侵袭；②利用建筑组合将较高层建筑背向冬季寒流风向，减少寒风对中、底层建筑和庭院的影响，以利节能并创造适宜的微气候。

间距与屋顶坡度都对风向和漩涡风的产生及正负风压值的大小有着直接的影响。建筑物越长、越高、进深越小，其背风面产生的涡流区越大，流场越紊乱，对减少风速、风压有利。建筑的迎风面产生正压，侧面产生负压，背面产生涡流，有气压差存在就会产生空气流动，根据地区的主导风向设计合理的间距，为建筑组织良好的自然通风提供了可行性。

四、建筑平面设计

（一）平面设计措施

住宅平面合理很大程度上能节约能耗。在住宅平面设计中，夏季穿堂风和全明房是建筑物节能的关键因素，但实际中能达到这一要求的并不多。住宅房间进深对穿堂风的形成和效果有决定性影响，一般房间进深不应大于 15m。将电梯和楼梯间、卫生间等服务性空间布置在建筑外层或西侧，可以有效地减少太阳对内部空间的热辐射。阳光间（开敞式室内空间）是住宅降低能耗的一个有益补充，与之相连的房间不仅可以减少大量的热量损失，同时可以减少制冷需耗。阳光间也是北方日照充足地区利用太阳能的主要手段之一。根据需要亦可将开敞式空间设计成室内花园，进一步改善室内小气候。

平面突出部位和实体片墙的合理设置对引导自然通风和遮阳有十分明显的效率。

（二）风向调节措施

在建筑中布置角度偏向夏季主导风的片墙以引导自然风，是减少对空调依赖性行之有效的措施。在适当部位设置立转窗也能起到这种效果，避免了推拉窗无法导风的遗憾。竖向拔风空间的设置，对室内通风的改善效果可达 60% 以上。在夏季可将地下室的凉风抽到地上楼层用于降温，为加强热压对通风的促进作用，可在竖向空间顶端设一蓄热墙吸收热能，利用热空气上升产生的对流来解决通风和排除室内浊气，又可兼作冬季采暖；通过调整竖向空间上部窗口开启面积的大小来控制自然通风量；另外，将利用风力的简单机械装置安装在屋顶可加强竖向空间的拔风作用。

五、立面及剖面设计

（一）墙面设计方法

根据当地的气候情况改变墙体的角度，可提高住宅对气候的适应性和对自然资源最大限度的利用：如内倾斜南墙面或层层退台以获得更大的阳光照射面，外倾斜南墙面或层层出挑产生更大的遮阳面；北向墙面结合屋顶作适度的倾斜，可将冬季寒风导向天空，减少冬季北风对建筑的风压，以此降低围护结构的热渗漏，并可创造优美的住宅外观形象。西墙绿化和遮阳架有助于降温隔热，并注意植物与墙体之间的距离，如在墙面和植物之间设置通风构架，从而加强西墙的散热性能，避免直接种植所带来的弊端。

（二）窗户设计方法

增大窗户面积可以引入更多的太阳能，但窗户的传热系数比其他外围护结构大得多，窗户面积增大势必会引起更多的能量消耗，因此必须将窗地比控制在合适的范围内。在满足基本采光和通风的前提下，应尽量缩小窗地比以解决这一矛盾，同时应对南北向窗地比作适当调整，而不是仅仅为了造型就南北向均采用飘窗，或为取景之故甚至毫无理由地采用落地窗（门）等时下流行的设计方法——在增大采光通风面积的同时产生过大的耗能量而得不偿失。

六、建筑体形系数

有资料研究表明，体形系数每增大 0.01，耗热量指标约增加 2.5%；所以从影响住宅建筑物体形系数的角度出发，来探讨与建筑节能的关系是非常有必要的。

假设一建筑物的初始长宽比为 2（该数值可根据实际情况自主选择），设宽为 a，则长为 $2a$，高度为 H，可得下式：

$$T_x = \frac{(a+2a) \cdot 2H + a \cdot 2a}{1a \cdot 2a \cdot H} = \frac{3}{a} + \frac{1}{H} = 4234\sqrt{\frac{H}{V}} + \frac{1}{H}$$

以 H 为变量对该函数求导后，令其为 0，则得最佳节能高度：$H_{zj}=0.222V^{1/3}$、最佳节能宽度：$W_{zj}=1.501V^{1/3}$、最佳节能长度：$L_{zj}=3.002V^{1/3}$。由以上可以看出，只要建筑物的总体积和长宽比一定，那么该建筑物就能得出一个最佳节能设计尺寸。选好长宽比的前提是该建筑物的朝向必须先确定下来，因为朝向与建筑物的日辐射得热量有关。对于正南朝向而言，一般是长宽比越大得热量就越多。当偏角达到 67°左右时，各种长宽比的建筑物得热量基本趋于一致；而当偏角为 90°时，则长宽比越大得热量越少。长、宽、高比例较为适宜时，在冬季得热量较多，而在夏季得热量较少。

第六节　小区生态设计举例——以北京市碧桂园为例

一、项目概况

北京市碧桂园小区位于北京市房山区，地处丰台、大兴、良乡三地交界处，西北面高山环绕，紧靠京石高速路长阳出口，北面是哑叭河，东面紧邻京广铁路。占地面积 8.94hm²，建筑面积 21223m²，绿化率 47%，由 14 栋住宅围合而成，小区地下有丰富的温泉资源，温泉的水源可以作为泳池。

二、设计指导思想

（一）确立以人为本思想

以人为本指导思想的确立，是环境设计理念的一次重要转变，使居住区环境设计由单纯的绿化及设施配置，向营造能够全面满足人的各层次需求的生活环境转变。以人为本精神有着丰富的内涵，在居住区的生活空间内，对人的关怀则往往体现在近人的细致尺度上（如各种园境小品等），可谓于细微之处见匠心。

（二）融入生态设计思想

生态设计思想的融入，使环境设计将城市居住区环境的各构成要素视为一个整体生态系统；使环境设计从单纯的物质空间形态设计转向居住区整体生态环境的设计；使居住区从人工环境走向绿色的自然化环境。基于生态的环境设计思想，不仅仅是追求如画般的美学效果，还更注重居住区环境内部的生态效果。

（三）满足居民生活情趣

随着社会经济的发展，人们的居住模式发生了变化，工作之余有了更多的闲暇时间，将有更多的时间停留在居住区环境内休闲娱乐。因此，对生活情趣的追求要求各种小品、设施等造景要素，不仅在功能上符合人们的生活行为，而且要有相应的文化品位，为人们在家居生活之余提供趣味性强而又方便、安全的休闲空间。居住区环境设计，不仅仅是为了营造人的视觉景观效果，其目的最终还是为了居住者的使用。

在碧桂园景观设计中通过各种喷泉、流水、水池等水环境，营造可观、可游、可戏的亲水空间。

（四）注重动态的景观效果

在静态构图上，景观设计要求讲究图案的构成和悦目的视觉感染力，但景观设计更为重视造景要素的流线组织，以线状景观路线串起一系列的景观节点，形成景观轴线，造成有序的、富于变化的景观序列，这种流动的空间产生丰富多变的景观效应，使人获得丰富的空间体验与情趣体验，对构筑碧桂园小区的文化氛围和增强可识别性起到积极作用。

三、总体布局

碧桂园景观设计整体布局以大面积绿化景观为主，通过轴线对各景观节点进行串联，创造富于变化的空间序列。规划始终从大的空间入手，将中心轴线与水池、广场道路、草地、树木以及其他景点组成一个协调的整体，使整体环境达到完整统一和自然和谐。整个小区环境景观分为四大部分：中轴景观带、宅间绿地景观、滨水休闲区和东面休闲运动区。

（一）中轴景观带

中轴景观带用水景贯穿整个轴线，以休闲、生态、自然为主，为小区居民提供一个散步、聚会、游乐的场所。它包括星光大道、碧波双影、海韵广场、水晶岛、艺术园地五个景观节点。

1. 星光大道

水是生态环境的灵魂，有了水，环境才会显得空灵，才有生动的气韵。水也是传统园林中掇山理水的主角。星光大道以水为特色，设置碧波池、虹桥、错落景石，中心的标志景墙形成小区的标志性景观。进入星光大道中间是一涌泉水渠，清溪流淌，儿童可游戏其间，既有观赏性，又具实用性。水渠两边为高大挺拔的对植乔木，营造特色风光，加强入口区的景观透视感，整个景区形成一大景深、多层次的风景线。

2. 碧波双影

碧波双影景点紧邻星光大道，是轴线中间的月光水池，水池由星光大道和海韵广场、水晶岛围合，中间是一帆船雕塑，帆船和水中的倒影互相映衬，形成美丽的景观，也祝福着小区的居民一帆风顺、吉祥如意。

3. 海韵广场

海韵广场是连接小区主干道和水晶岛的地带，阵列式的七彩廊架和流线的水池涌泉给人一种优美的享受，明快的草坪和弧形的树丛给居民带来广阔的视野和开朗简洁的印象。

4. 水晶岛

从海韵广场拾阶而上向北进入水晶岛广场，水晶岛由高大的乔木形成庭荫空间，使居民在此休闲、聚会和活动时有很好的休闲空间；广场以标志雕塑为背景，两侧为草坪开放空间。广场小空间用卵石图案地面铺装，形成传统静谧意境的园林景观。中央广场是居民联会、晨练的开放式公共空间。广场向心式布局，四边虚性围合，铺装以方形和曲形组合，隐喻天地和谐的生存观。广场周边用木桥与周边道路相接，营造"小桥、流水、人家"的意境。

5. 艺术园地

小溪流水、跌落水池、螺旋广场等景点，衬托中心标志雕塑景观，加强了与周边区域的空间联系，螺旋广场配合中心标志雕塑，作为小区中心标志。景观空间和小品、每一块草皮、每一个花坛和每一个水面，均严格控制在弧形的中心放射线上，强调居住小区整体美感，使整个景观环境严谨、和谐、内容丰富而有秩序。

（二）宅间绿地景观

宅间绿地是最贴近居民的场所，主要以绿化为主，简洁明快；设计中力求组团景观和整体环境成为一个整体，不同院落以不同的绿化树种为主，如梅花苑、紫薇苑、玉兰苑、月季苑、牡丹苑、碧桃苑等，增强可识别性，同时配以适当的花卉、草地、雕塑小品，设置一些构思巧妙的小景，并设计音响和灯光，体现整个小区温馨、浪漫的居住环境。院落以大片如茵的草地、四季常青的树木、姹紫嫣红的花丛、花架亭廊等构成了一个色彩丰富、线条流畅、节奏明快、韵律优美的园林景观。

（三）滨河景观带

滨河景观带以休闲、文化、自然为主，是体现碧桂园景观自然、生态重要的一面；滨河景观带在提供公共娱乐集会场所的同时，保留和改进水边原有的湿地生态环境，使之进一步贴近人与自然的关系。滨河景观带在原有的河岸上架设木平台，通过木平台的变化，形成不同风景秀丽的游览步道；露天剧场和张拉膜小品的搭配为居民提供一个休闲、聚会、活动的场所。根据不同地点和自然条件，将山石、水体、小品建筑组成不同画面，每个景点景区运用地形、小品建筑和植物，构成丰富多彩的景象空间，在风景优美的河边，老人们可以在太极拳或舞蹈中沉醉；曲线观景平台可让居民在台阶座椅上观赏风景。

滨河景观带植物的设计注重颜色和肌理的变化，利用树木配置变化形成林带景观，林带景观视野开阔，景色丰富，有林冠的起伏变化，有密林和草地的明暗变化，有疏树和群林的层次变化，有各树丛的四时变化，园林小路穿于当中，使之具有"密林深处觅人家"的意境。

（四）休闲运动区

东面的休闲运动区设置温泉泳池、各类运动场和休闲运动区，体现小区居民健康生活的园林景观。在靠近铁路的地方种植两排毛白杨和白桦树，挺拔的杨树和枝叶婆娑、树干白洁的白桦形成独特的隔离林带。东北面是预留的别墅区和温泉区，同时在局部地方，特别是对树种、花卉、景石、水池、园路小径的挑选与运用方面进行了细腻的处理，这种处理手法在另一侧面也反映了主题设计中独特的园林色彩。在温泉区南面布置儿童游乐和成年体育锻炼设施、老年人晨练广场，如沙坑、单双杠、太极广场等，向南依次布置乒乓球场、羽毛球场、网球场、篮球场等，满足社区居民休闲锻炼的需要。

四、植物配置

植物使不同风格的景观协调于统一的环境之中，利用植物作为软性柔性素材的特征，尽可能增加其覆盖范围，提供一个充满绿意的生活天地。利用植物本身特性，包括乔木的形态、叶形及颜色、质感、开花形态、香气等；灌木及绿篱的形态、叶形叶色、花开效果等；地被植物的叶色、开花效果；蔓藤植物的悬垂特性等，配合景观设计的整体要求进行设计。结合空间形态，用乔木围合建筑基地及场地空间，行道树提供道路遮阴，草坪组成开敞空间，绿篱灌木形成几何图案的花带，花灌木、地被植物点缀在建筑下，形成丰富的植物群落。整体采用开朗、明快的布局，大片的地被植物衬底，花灌木点缀在草坪中的，边缘曲线自然流畅，特色植物如雪松、银杏、白玉兰、紫荆等或疏植或成丛成片错落有致布置，精致有序呈现出有层次又美观自然的园林景观，整体轮廓分明，给人以疏朗明快的感觉。整体植物分布，疏密有致、各具特色，建筑及小品都与树木花草有机结合，相映生辉，植物配置注重四季景色，使人得以触景生情，正所谓"观景虽一时，似见四季景色更替变化，驻足虽在一境，却海阔天空任凭神思飞翔"。

五、照明和环境配套设施设计

照明设计不仅符合照度安全需要，也利用照明特性丰富整体环境气氛，强调依其功能分区，表现其特殊性，如水池、喷泉的灯光效果，小区主入口、中心广场、晨练广场等设地灯，花池设投光灯、草坪灯。商业广场设置成排的石灯，主入口景石及方亭等主要景点进行重点照明。活动场所应有充分的照明而其他地段应光线较弱。架空层、茶座、艺术画廊应进行特殊情调塑造。配套设施设计包括座椅、垃圾筒、信报箱、儿童游戏架、简易健身器具、背景音乐设备以及自动喷泉系统等，在施工图设计中具体标明。设计原则是保持在色彩上、材料样式、造型上与整体环境风格的统一性和特殊性相结合。

六、小结

碧桂园环境景观设计诠释了"自然、生态、休闲、运动"的全新居住文化，使该项目整体风格典雅、时尚，色彩靓丽，线条流畅，极富现代气息，并将自然山水园林与现代艺术融为一体，在景观设计中，根据小区总体布局特点，注重园林景观的表现，使小区绿化景观框架明确，重点突出，较好地处理了中轴景观空间与建筑空间、人造景观与自然景观之间的关系，将碧桂园小区构建成一个具有认同感、归属感的"理想家园"。同时形成以下几个特点：

（1）以"人车分流"的原则设置路网，形成良好的交通秩序，并通过不同道路，连接不同属性的空间使其交流互动起来。

（2）人和景观的互动性：在满足人们对景观的感官享受的同时，重视人的参与性，提升住户对景观的感知。

（3）景观生态自然性：运用植物作为造景的重要元素，尽量采用乡土树种，设计重点考虑老人和小孩的需求；强化组团植物景观的可识别性，用丰富的植物景观层次体现小区的景观特色，塑造各种特点的景观。

（4）空间的多变性：以组团形式划分小区，根据每个组团的位置、特点和空间形态，赋予其不同内容的园林景观及配套功能，形成围而不合、动静皆宜的居住环境。

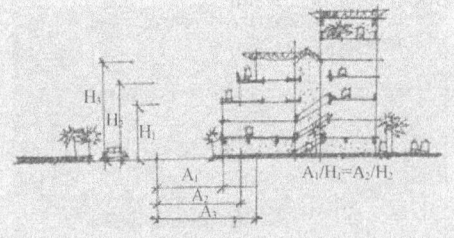

第十章　建筑施工过程中的生态管理

第二章 建筑生态学

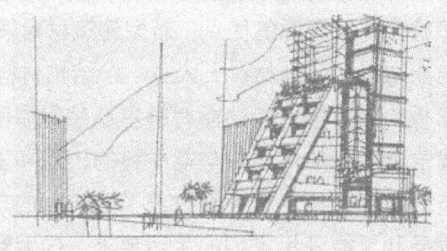

第一节　生态建筑材料

一、生态建筑材料概述

生态建筑材料是最近几十年来现代技术发展的产物，是以多种多样的原材料，采用先进的加工方法，制成适用于现代建筑要求，具有轻质、高强、多功能等主要特点的现代建筑材料；一般来说，它还具有节能、节地、节约和综合利用资源的优点。新型建筑材料按产品的性能与作用可分为结构材料、功能材料和装饰材料三大类：①结构材料用于建筑物主体的结构。如梁、柱、墙板、屋面等。②功能材料主要起保温隔热、防水密封、采光、吸声等改进建筑物功能的作用。功能材料的出现和发展，是现代建筑有别于旧式传统建筑的特点之一。它大大改善了建筑物的功能，使之具备更加优异的技术经济效果和更能满足人们的生活要求。③装饰材料对建筑物的各个部位起美化和装饰作用，使得建筑物更好地表现出艺术效果和时代特征，给人们以美的享受。装饰材料的品种和花色最为繁多，而且推陈出新，变化很快，市场敏感性很强。不过，建筑装饰材料往往兼备其他功能，纯粹为了装饰的建筑材料是很少的。如壁纸虽为装饰材料，但却同时起保护墙面的作用，而且在一定程度上具有吸声和保温隔热的功能。

建筑材料工业高能耗、高物耗、高污染，对不可再生资源依存度非常高、对天然资源和能源资源消耗大、对大气污染严重，是进行节能减排改造的重点行业之一。钢材、水泥和砖瓦砂石等建筑材料是建筑工业的物质基础。节约建筑材料，降低建筑业的物耗、能耗，减少建筑业对环境的污染，是建设资源节约型社会与环境友好型社会的必然要求。

（一）绿色建材的概念

绿色建材，指健康型、环保型、安全型的建筑材料，在国际上也称为"健康建材"或"环保建材"，绿色建材不是指单独的建材产品，而是对建材"健康、环保、安全"品性的评价。它注重建材对人体健康和环保所造成的影响及安全防火性能。在国外，绿色建材早已在建筑、装饰施工中广泛应用，在国内绿色建材的使用尚处于起步阶段。绿色建材是采用清洁生产技术，利用工业或城市固体废弃物生产的建筑材料，它具有消磁、消声、调光、调温、隔热、防火、抗静电的性能，并能调节人体机能的特种新型功能建筑材料。具体来说，绿色建材有以下几个方面的特点：

（1）其生产所用原料尽可能少用天然资源，大量使用尾渣、垃圾、废液等废弃物；

（2）采用低能耗制造工艺和无污染环境的生产技术；

（3）在产品配制或生产过程中，不得使用甲醛、卤化物溶剂或芳香族碳氢化合物，产品中不得含有汞及其化合物的颜料和添加剂；

（4）产品的设计以改善生产环境、提高生活质量为宗旨，即产品不仅不损害人体健康,而且有益于人体健康;产品具有多种功能,如抗菌、灭菌、防霉、除臭、隔热、阻燃、调温、调湿、消磁、防射线、抗静电等;

(5) 产品可循环或回收利用,无污染环境的废弃物。

(二) 绿色建材的基本特征

绿色建材与传统建材相比具有以下五个方面的基本特征：

(1) 生产所用原料尽可能少用天然资源,大量使用废渣、垃圾等废弃物。例如利用粉煤灰。

(2) 采用低能耗的制造工艺和不污染环境的生产技术。如环保型高性能贝利特水泥（CZS 为熟料的主要矿物,含量大于 60%）,其烧成温度为 1200~1250°C,节能 25%,CO_2 排放量减少 25% 以上。

(3) 在产品配制和生产过程中,不得使用甲醛、卤化物溶剂或芳香族碳氢化合物,产品中不得含有汞及其化合物,不得使用铅、铬及其化合物的颜料和添加剂。

(4) 产品不仅不能损害人体健康,而应有益于身体健康,具有多种功能,如抗菌、除臭、隔热、防火、防射线、抗静电等。如在建筑卫生陶瓷的釉料或涂料中加入少量 T_iO_2 光催化剂、银铜离子型抗菌剂、稀土激活抗菌剂等可以制成具有抗菌、防霉功能的建筑卫生陶瓷或涂料。

(5) 产品可循环或回收利用,不产生二次污染物。例如木结构建筑,低污染、可循环、环境友善。

当然,绿色建材可能还有其他方面的种种要求,如避免使用含有破坏大气臭氧层的材料,体现本土观念,减少包装等,以实现可持续发展。

(三) 绿色建材的发展目标

中国建筑建材科学研究院在"九五"国家重点科技攻关计划预选项目中,提出研究开发绿色建材的四大目标：①建立我国绿色建材的研究和开发体系,编制绿色建材近期与长期发展计划,建立绿色建材数据库,开展评价技术的研究。②开展绿色建材的探索性研究,为 21 世纪我国土壤改良提供种植型绿色建材和砂土固结材料及植物型混凝土的研究成果。③重点完成高掺量粉煤灰综合利用技术研究、城市固态垃圾在建材领域的综合利用技术研究；建成年产 120 万 t 粉煤灰制品生产示范线一条；处理 100t 建筑垃圾再生混凝土集料生产线一条；60 万 m^2 城市废塑料 HB 复合板生产线一条；10 万 m^2 废砂废玻璃彩色玻璃陶瓷板生产线一条。④开展灭菌健康生产陶瓷、电磁屏蔽材料,调光、调温材料的研究,为 21 世纪开发一批绿色建材提供配套的生产技术。结合技术引进、消化吸收,开展废气综合利用技术的探索研究等。下面对几类绿色建材作简单介绍。

1. 空气净化建材

人们一生中的大部分时间是在室内度过的,新世纪的人们对居家环境的要求不仅要舒适、洁净,更要有益于身心健康。世界上的许多发达国家和地区,如日本、美国、西欧等一直致力于对保护环境建筑及保健环境建材的研究。

日本开发的"光催化材料"是净化功能材料的一场革命。将玻璃、陶瓷等作为载体,加入 T_iO_2 光催化剂,在紫外线光照下,使空气中的水分和氧气转化为活性氧自由基,然后这些游离的自由基使 SO_2、NO_x 等污染气体转化成各种无害的气体或酸类。

利用光催化剂原理净化空气,不用动力,也不用化工原料,只以紫外线为条件。为了提高光催化效率,大阪府立大学正在研究可见光条件下的光催化。Ecoodevice 最近发明了在可见光下进行光催化的方法,即用某种材料在 T_iO_2 表面进行特殊处理,它使光催化效果提高了 10 倍。此法准备用于湿式太阳能电池和净化功能建材方面。日本资源环境技术综合研究所、大阪府立大学等很多研究部门,已进行净化 NO_x 功能的墙体实地试验,预测近期内可能实用化。三菱 Material 1999 年开始正式生产光催砖——"野草",据报道,独家生产连锁店共 15 个厂家,年产量 900 万 m^2,价格每平方米 1.2 万日元,NO_x 的净化效果可达 80%。日本的大谷石是具有除臭、吸湿功能的天然净化材料。此外,沸石和铁多孔体等都可作净化空气的材料,但它们都不能解决长期使用的问题。至今,只有光催化净化技术才能对空气进行长期的净化作用。

2. 保健抗菌建材

自然界中无机物转化成有机物主要是靠植物光合作用,而有机物转化成无机物时微生物起主要作用。因此,生态环境除了气、水、地环境以外,还包括微生物环境。但是微生物带给人类健康的隐患和威胁却不容忽视。世界卫生组织 1998 年的统计数字表明:1995 年,因细菌传染造成的死亡人数为 1700 万人。1996 年,在日本发生的全国范围内的病源性大肠菌 O-157 感染事件,曾一度引起全世界的恐慌。因此,日本掀起了"抗菌热",不仅在医院、公共场所和住宅,连生活用品和生产工具也逐步采用抗菌材料。抗菌剂的年销售量超过了 210 亿日元,生产厂总计 100 家以上。抗菌制品销售量达 500 亿日元以上。日本最大的两家建筑用瓷和卫生瓷的公司 INAX 和 TOTO 的产品现已大部分改为抗菌制品。抗菌材料的起源可追溯到古代人们用的银或铜容器,这种容器中留存的水不易变质。20 世纪开始用于衣、食、住方面以控制有害微生物。80 年代出现抗菌、防臭的纤维制品之后,抗菌制品陆续涉及木材、涂料、塑料、金属、食品、化妆品以及电话、计算机、文具、玩具等人们日常接触的物品。抗菌材料可分为无机抗菌材料和有机抗菌材料。后者使用寿命短,且对人体有害,不易用于建筑材料方面。现把无机抗菌材料分别说明如下:

(1) 金属氧化物都有一定程度的抗菌性。抗菌效果依次为:AgO、CuO、ZnO、CaO、MgO。

(2) 含金属离子的、以硅酸盐为载体的抗菌剂(第一代)。金属离子的抗菌效果依次为:Ag、Co、Ni、Cu、Zn、Fe 等,而较常用的是 Ag、Cu、Zn。

(3) 光催化抗菌净化材料(第二代)。光催化抗菌或净化都是利用光照射下产生的活性氧。如 T_iO_2 抗菌净化材料同时具有净化、自洁功能和抗菌功能,并可长期发挥作用。因此，这类产品在环保方面有着广泛的应用前景。但在目前，在生产上采用溶胶凝胶制备陶瓷、搪瓷和玻璃制品时，须用专用设备，控制难度较大，产品的成本较高，且抗菌性能较差。

（4）稀土激活保健抗菌材料（第三代）。为了弥补上述抗菌的不足和使其更为方便地使用，中国建材研究院研制了新一代的抗菌材料。它采用了稀土离子和分子的激活手段，充分利用了光催化作用，能起复合盐的抗菌效果，以达到并提高了多功能抗菌效果。制造抗菌陶瓷时，充分体现了现用的陶瓷釉成分及远红外陶瓷和抗菌陶瓷的最优配方。

（5）应用领域，即涂料、塑料制品、保鲜；纤维、无纺布制品、衣料；搪瓷制品、金属板、建筑卫生陶瓷以及陶瓷制品等。

（四）发展绿色建材的意义

作为建筑材料而言，在生产、使用过程中，一方面消耗大量的能源，产生大量的粉尘和有害气体，污染大气和环境；另一方面，使用中会挥发出有害气体，对长期居住的人来说，会对健康产生影响。鼓励和倡导生产、使用绿色建材，对保护环境、改善人居质量及可持续发展是至关重要的。

而且，谈到空气污染，人们往往只意识到大环境中的大气污染，却对居室内空气污染认识不足，其实，居室内的污染对人体的侵害更为直接。这种小环境是大环境的组成部分，它与人们朝夕相伴，与健康息息相关。

居室内污染物质有化学物质、放射物质、细菌等生物性物质。美国环保局对各类建筑物室内空气连续五年的监测结果表明，环境污染最严重的地方不是工厂，也不是马路，而是居室。人类一半以上的时间在居室内度过，而从新鲜混凝土中散发出的氡气，从人造板中散发出来的甲醛，从PVC中散发出来的增塑剂气味，对人体有一定的刺激。迄今已在室内空气中发现有数千种化学物质，其中某些有毒化学物质含量比室外绿化区多20倍，已对人体健康造成威胁。新建筑物完工的前6个月，空气中有毒物质含量比室外完工后有害物质含量高100倍。因而致使许多人患上"厌恶建筑物综合症"，即眼鼻不适、头痛、疲劳、恶心和其他一些不适症状，甚至致癌。为了改善室内小环境，目前国际上已研制成功抗菌、防霉、除臭、灭菌的陶瓷玻璃产品，以及可调湿、防远红外线无机内墙涂料，无毒高效胶粘剂。

建材绿色化是21世纪可持续发展的迫切需要，拥有极大的发展潜力，是今后建筑材料发展的主要方向之一。绿色建材应同时具有优良的使用性能和最佳的环境协调性，最终才能达到环境建材和绿色建材阶段，使建材行业不再是重污染行业，从而使建筑业得到更快更好的发展。

（五）绿色建材的发展战略

绿色建材的发展战略如下：

（1）建立建筑材料生命周期（LCA）的理论和方法，为绿色建材的发展战略和建材工业的环境协调性的评价提供科学依据和方法。

（2）以最低资源和能源消耗、最小环境污染代价生产传统建筑材料，如用新型干法工艺技术生产高质量水泥材料。

（3）发展大幅度减少建筑能耗的建材制品，如具有轻质、高强、防水、保温、隔热、隔声等优异功能的新型复合墙体和门窗材料。

（4）开发具有高性能长寿命的建筑材料，大幅度降低建筑工程的材料消耗和服务寿命，如高性能的水泥混凝土、保温隔热、装饰装修材料等。

（5）发展具有改善居室生态环境和保健功能的建筑材料，如抗菌、除臭、调温、调湿、屏蔽有害射线的多功能玻璃、陶瓷、涂料等。

（6）发展能替代生产能耗高、对环境污染大、对人体有毒有害的建筑材料，如无石板纤维水泥制品、无毒无害的水泥混凝土化学外加剂等。

（7）开发工业废弃物再生资源化技术，利用工业废弃物生产优异性能的建筑材料，如利用矿渣、粉煤灰、硅灰、煤矸石、废弃聚苯乙烯泡沫塑料等生产的建筑材料。

（8）发展能治理工业污染、净化修复环境或能扩大人类生存空间的新型建筑材料，如用于开发海洋、地下、盐碱地、沙漠、沼泽地的特种水泥等建筑材料。

（六）住宅建筑应合理选择和使用环保型建筑材料

1. 注重采用新型环保建材

作为现代建筑工程重要物质基础的新型建材，国际上称之为健康建材、绿色建材、环境建材等。

环保型建材及制品主要包括：新型墙体材料、新型防水密封材料、新型保温隔热材料、装饰装修材料和无机非金属新材料等。按照世界卫生组织的建议，健康住宅应能使居住者在身体上、精神上和社会上完全处于良好的状态，应达到的具体指标最重要的一条，就是尽可能不使用有毒、有害的建筑装饰材料，如含高挥发性有机物的涂料；含高甲醛等过敏性化学物质的胶合板、纤维板、胶粘剂；含放射性高的花岗石、大理石、陶瓷面砖、煤矸石砖；含微细石棉纤维的石棉纤维水泥制品等。

因此，应该仔细地选择和恰当地运用环保型建材，将建筑材料对环境和人体健康的不利影响限制在最小范围内。避免使用那些产生放射性污染的材料，溶剂型油漆、化纤毛毯、复合木板和其他建筑产品都可能在空气里释放出甲醛等挥发性的有机混合物（VOC），这些化学制品不仅影响建筑工人和建筑使用者的健康，同时，也会增加环境中的粉尘和有机物污染。

2. 遵循国家的环保法规

《民用建筑工程室内环境污染控制规范》（GB 50325—2001）于2002年1月1日正式实施。室内装修的环境污染问题已引起国家的重视，最近，国家质监局等部门公布实施了《室内装饰装修材料人造板及其制品中有害物质限量》（GB 18580—2001）等一系列环保法规，应努力执行。应选用已通过环保管理认证的材料；减少设计中色彩鲜艳石材的运用；多采用优质聚酯漆和环保型硝基漆，减少或杜绝在空气流通较差的房间使用醇酸油漆的数量。当然，不同的建筑类型有不同的设计标准，但健康和无害化应该是普遍的原则。

3. 加强宣传工作，提高环保意识

利用各种宣传媒体进行环保意识、环保知识、环保建材知识的教育，使全民树立起强烈的生态意识和环保意识，树立加快发展环保型建材的责任感，自觉地参与保护生态环境、发展环保型建材的工作中。室外的绿色营造了美丽的环境，室内设计方面同样需要环保意识，严格控制住宅建筑的装修污染：

（1）要严格选材。首先，要看装饰材料是否是正规生产厂家的产品，要查看生产厂的商标、生产地址、防伪标志等。然后，要看产品检测报告中的甲醛、苯等有害物体释放量是否合乎标准。

（2）要在装修后找有资质、正规的室内环境监测部门进行检测，听取专家的意见，选择合适的入住时间。最好空置一段时间，使室内有害物质消释到安全系数内再入住。

（3）在入住后常开窗户加强通风，加速室内不良物质和气体的排放。

（4）如果在入住后有不良反应，要及时到医院检查身体，并请检测部门来检测，及时清除致病的污染源。

（5）要学习、掌握一些装修环保标准和法规，在遇到因装修污染引起的纠纷时，要按照国家的环保法规依法调解或经诉讼解决。

二、建筑节材

节约建筑材料，降低建筑业的物耗、能耗，减少建筑业对环境的污染，是建设资源节约型社会与环境友好型社会的必然要求。

（一）当前的建筑材料生产现状

据测算，我国每年为生产建筑材料要消耗各种矿产资源 70 多亿吨，其中大部分是不可再生矿石类资源，全国人均年消耗量达 5.3t。钢材和水泥是建筑业消耗最多的两种建筑材料，消耗量分别占全国总消耗量的 50% 和 70%。

钢材和水泥的巨量消耗，带来了一系列的问题。首先是耗费了大量宝贵的矿产资源。例如，每生产 1t 钢材，需要耗费 1500kg 铁矿石、225kg 石灰石、750kg 焦煤和 150t 水。每生产 1t 水泥熟料，需要耗用石灰石 1100~1200kg、黏土 150~250kg、标准煤 160~180kg。由于钢材消耗过大，我国生产钢铁还不得不从国外大量进口铁矿砂，其进口量目前已占全球产量的 30%；由于进口需求过大，国外铁矿砂大幅涨价，使得我国消耗了大量宝贵的外汇资源。

其次是环境污染严重。每生产 1t 钢材，排放 CO_2 约 1.6~2.0t，排放粉尘约 0.52~0.7kg。如此计算，我国 2007 年生产钢材排放 CO_2 达 9.1 亿 ~11.3 亿 t，排放粉尘 29 万 ~40 万 t。如此大量的污染排放，有一半以上是源于建筑用钢的生产。再如水泥，我国 2007 年水泥工业排放 CO_2 约 13 亿 t，粉尘排放量为 700 万 t，废气烟尘排放量达 60 万 t。可见，仅建筑钢材和水泥这两大建筑材料带来的环境污染问题就十分令人触目惊心。

在水泥生产和应用方面，我国还存在一个不容忽视的严重问题。我国已连续 23 年蝉联世界第一大水泥生产国，但同时，我国却是散装水泥使用小国。2007 年我国散装水泥仅 5.65 亿 t，约为水泥总产量的 41.71%，远低于美国、日本 90% 以上的散装率，甚至还远低于罗马尼亚 70%、朝鲜 50% 的散装率。水泥生产和应用的低散装率给我国造成了极大的资源浪费。如以 2007 年全国袋装水泥 7.85 亿 t 计算，全年消耗包装袋用纸约 470 多万 t，折合优质木材 2590 多万立方米，相当于 12 个大兴安岭一年的木材采伐量；水泥包装袋同时还要消耗大量烧碱及大量纸袋扎口棉纱。此外，由于包装纸袋破损和包装袋内残留水泥造成的损耗在 3% 以上（而散装水泥由于装卸、储运采用密封无尘作业，水泥残留在 0.5% 以下），仅此一项，全国每年要损失近 2355 万 t 水泥，价值 70 多亿元！其他建筑材料对自然资源的消耗也极其惊人。按照我国 2007 年 13.5 亿 t 的水泥实际消费量来看，60% 的水泥用于混凝土的拌制，全国混凝土总的用量约为 24 亿 m^3，由此估算用于混凝土中的砂、石、水泥、水等基本原材料年用量分别约为 17 亿 t、28 亿 t、8 亿 t、4.3 亿 t。可以看出，为生产混凝土，我国每年要开采砂石近 45 亿 t；而且预计到 2010 年将达到 28 亿 m^3，骨料消耗数量将更加惊人！如果这些骨料都向自然资源索取，则天然砂石资源储量将急剧减少，同时势必对自然生态环境造成越来越严重的破坏；而且，随着对砂石的不断开采，天然骨料资源将很快趋于枯竭，如果不尽快采取有效措施，今后骨料短缺的形势将日趋严峻。

砖瓦行业是对土地资源消耗最大的行业，目前实心黏土砖在我国墙体材料中仍然占相当大的比重，仍是我国建房的主导材料。我国至今仍有砖瓦企业近 9 万家，占地 500 多万亩，每年烧砖折合 7000 多亿块标准砖，相当于毁坏土地 10 多万亩。按照烧结砖每万标块须消耗标煤 0.5~0.6t 计算，每年全国烧砖耗标煤近 5000 万 t。

我国当前商品混凝土量占混凝土总用量的约 23%，而早在 20 世纪 80 年代初，发达国家商品混凝土的应用量已经达到混凝土总量的 60%~80%，目前我国混凝土商品化生产比率仅在上海、北京、深圳等少数较发达的大中城市超过 60%，就全国而言，大部分城市尚处于起步阶段，有的城市至今尚未起步。我国商品混凝土整体应用比例的低下，也导致大量自然资源浪费：相比于商品混凝土生产方式，现场搅拌混凝土要多损耗水泥约 10%~15%，多消耗砂石约 5%~7%。国内外的实践表明：采用商品混凝土还可提高劳动生产率一倍以上，降低工程成本 5% 左右，同时可以保证工程质量，节约施工用地，减少粉尘污染，实现文明施工。

和发达国家相比，我国建设行业所用钢筋和水泥强度等级普遍低 1~2 个等级。在美国等发达国家，混凝土以 C40、C50 为主（C70、C80 及以上的混凝土应用也很常见），所用水泥强度等级以 42.5 级、52.5 级为主，钢筋以 HRB400 为主。目前在我国，混凝土约有 24% 是 C25 以下、65% 是 C30~C40，即将近 90% 的混凝土属于 C40 及其以下的中低强度等级；我国目前 75% 的水泥是 32.5 级；螺纹钢大量采用的是Ⅱ级钢筋（335MPa）。

目前，为了竣工验收，许多建筑都需要进行简单装修，而用户在入住后都要进行二次装修，将原有的墙面、瓷砖、卫生洁具等砸掉，造成巨大浪费，也增加了大量的建筑垃圾。仅以武汉市一季度为例，全市大约有1万套住宅需要二次装修，一套住宅仅以10000元重复投入计算，1万套住宅二次装修就是1亿元的浪费。那么，全国各地住宅二次装修的浪费更加巨大。

（二）建筑节材的技术途径及其发展趋势

我国建筑业材料消耗数量巨大，但是反过来也表明我国建筑节材的潜力十分巨大。《建设部关于发展节能省地型住宅和公共建筑的指导意见》（建科[2005] 78号）就十分乐观地提出了"到2010年，全国新建建筑对不可再生资源的总消耗比现在下降10%；到2020年，新建建筑对不可再生资源的总消耗比2010年再下降20%"的目标。要想实现上述目标，除了需要从标准规范、政策法规、宣传机制及监管机制等方面入手外，发展建筑节材适用新技术将是保证建筑节材目标实现的根本途径。

就目前可行的技术而言，建筑节材技术可以分为三个层面：建筑工程材料应用方面的节材技术、建筑设计方面的节材技术、建筑施工方面的节材技术。

1. 建筑工程材料应用方面的节材技术

在建筑工程材料应用技术方面，建筑节材的技术途径是多方面的，例如尽量配制轻质高强结构材料，尽量提高建筑工程材料的耐久性和使用寿命，尽可能采用包括建筑垃圾在内的各种废弃物，尽可能采用可循环利用的建筑材料等。近期内较为可行的技术包括以下几个方面。

（1）可取代黏土砖的新型保温节能墙体材料的工程应用技术

例如外墙外保温技术、保温模板一体化技术等。该类技术可以节约大量的黏土资源，同时可以降低墙体厚度，减少墙体材料消耗量。

（2）散装水泥应用技术

城镇住宅建设工程限制使用包装水泥，广泛应用散装水泥；水泥制品如排水管、压力管、水泥电杆、建筑管桩、地铁与隧道用水泥构件等全部使用散装水泥。该类技术可以节约大量的木材资源和矿产资源，减少能源消耗量，同时可以降低粉尘及二氧化碳的排放量。

（3）采用商品混凝土和商品砂浆

例如商品混凝土集中搅拌，比现场搅拌可节约水泥10%，使现场散堆放、倒放等造成的砂石损失减少5%~7%。

（4）轻质高强建筑材料工程应用技术

例如高强轻混凝土等，高强轻质材料不仅本身消耗资源较少，而且有利于减轻结构自重，可以减小下部承重结构的尺寸，从而减少材料消耗。

（5）以耐久性为核心特征的高性能混凝土及其他高耐久性建筑材料的工程应用技术

采用高耐久性混凝土及其他高耐久性建筑材料可以延长建筑物的使用寿命，减少维修次数，所以在客观上避免了建筑物过早维修或拆除而造成的巨大浪费。

2. 建筑设计方面的节材技术

（1）设计时采用工厂生产的标准规格的预制成品或部品，以减少现场加工材料所造成的浪费。这样一来，势必逐步促进建筑业向工厂化、产业化发展。

（2）设计时遵循模数协调原则，以减少施工废料量。

（3）设计方案中尽量采用可再生原料生产的建筑材料或可循环再利用的建筑材料，减少不可再生材料的使用率。

（4）设计方案中提高高强钢材使用率，以降低钢材消耗量。

（5）设计方案中要求使用高强混凝土，提高散装水泥使用率，以降低混凝土消耗量，从而降低水泥、砂石的消耗量。

（6）采用预应力混凝土结构技术。工程采用无粘结预应力混凝土结构技术，节约钢材约25%，节约混凝土约1/3，且减轻了结构自重。

（7）设计方案应使建筑物的建筑功能具备灵活性、适应性和易于维护性，以便使建筑物在结束其原设计用途之后稍加改造即可用作其他用途，或者使建筑物便于维护而尽可能延长使用寿命。与此类似，在城市改造过程中应统筹规划，不要过多地拆除尚可使用的建筑物，应该维修或改造后继续加以利用，尽量延长建筑物的服役期。

3. 建筑施工方面的节材技术

建筑施工应尽可能减少建筑材料浪费及建筑垃圾的产生。

（1）采用科学严谨的材料预算方案，尽量降低竣工后建筑材料剩余率。

（2）采用科学先进的施工组织和施工管理技术，使建筑垃圾产生量占建筑材料总用量的比例尽可能降低。

（3）加强工程物资与仓库管理，避免优材劣用、长材短用、大材小用等不合理现象。

我国社会经济可持续的科学发展面临着能源和资源短缺的危机，所以社会各行业必须始终坚持节约型的发展道路，共建资源节约型和环境友好型社会。建筑业作为能源和资源的消耗大户，更需要大力发展节约型建筑业，我国建筑节材潜力巨大，技术可行，前景广阔。

三、废弃材料回收利用

在建筑材料方面，"秦砖汉瓦"已逐渐被取代，在传统的钢筋、水泥、玻璃及陶瓷之后，各种新型建筑材料不断涌现。化学建材产品已进入千家万户；大力发展轻型、高强、节能、少污染的新型建筑材料对我国现代化建筑具有极重要的现实意义。为此，在经济高速发展的同时，强化环境与资源的保护，做到对不可再生资源的合理开发、节约使用；对可再生资源不断增殖，永续使用；综合治理各种环境污染，才能确保经济稳定持续地发展。

人类环境是人类的立体外部世界，环境是建筑工程有机的组成部分。随着建筑材料的发展，环境问题愈来愈突出，作为这方面的工程技术人员必须认真考虑对环境带来的影响。事实上，建筑业对环境造成的各种污染相当严重，反之环境恶化对建筑业的影响也不可忽视。这里我们应该指出：化学为人类造福，也带来了化学污染；但对环境污染的治理和三废综合利用，特别是利用大量固体工业废渣生产建筑材料，化学方法仍是最主要的、最有效的手段。

（一）建筑工程造成的环境问题

当进入一家商场时，迎面闻到一股讨厌的香蕉水之类的气味，这是商场作部分装修时，硝基漆等中的混合溶剂挥发出来的气味污染了空气。当装修新房后，立即搬入或人造建材使用不当，甲醛等有害气体还未排尽，而严重超标，那么就会刺激人眼至红肿流泪，且危害肺部，严重影响健康。以上只是建筑装修中造成空气污染的两例，其他建筑造成的污染是多方面的。

1. 大气污染

建材工业是仅次于电力工业的全国第二位耗能大户。煤、油、燃气大量燃烧排出 CO_2、SO_2、SO_3、H_2S、NO_x、CO 等气体。在水泥、石棉等建筑材料生产中和运输过程中大量粉尘产生。化学建材中塑料的添加剂、助剂的挥发；涂料中溶剂的挥发、胶粘剂中有毒物质的挥发等都对大气带来各种污染。

2. 建筑垃圾

施工中"剩余混凝土"，根据北京市有关统计为总混凝土量的0.8%。北京市每年约用200万 m^3，就有1.6万 m^3 混凝土浪费。相伴的废水也对环境造成污染。还有废建筑玻璃纤维、陶瓷废渣、金属、石棉、石膏，装饰装修中的塑料、化纤边料等，都需要再生利用。

3. 废水污染

国家规定，混凝土拌合用饮用水，一般都用自来水，pH 要求大于4，但建筑工地废水（混凝土搅拌地）碱性偏高，为 pH=12~13，还夹杂有可溶性有害的混凝土外加剂。水泥厂及有关化学建材生产企业，超标废水大量排放，还有窑灰和废渣乱堆或倒入江湖河海，造成水体污染。

4. 可耕土地大量减少

每生产一亿块黏土砖，就要用去 $1.3 \times 10^4 m^2$ 土地，对我国人口众多、人均土地偏少的现状来说是很严重的资源浪费。

5. 建筑施工中建筑机械发出的噪声和强烈的振动

噪声已成为城市四大污染之一，即废水、废气、废渣和噪声。噪声对人的听觉、神经系统、心血管、肠胃功能都造成损害。据测试有相当部分的现场施工，噪声都在90~100dB（A 声级标准），远高于国家规定标准：白天平均小于75dB，夜间施工小于55dB。

6. 光污染及光化学污染

城市高层建筑群不利于汽车尾气及光化学产物的扩散。使 NO_x 等气体对人体产生光化学作用，危害人体健康。另外城市高楼的玻璃幕墙产生的污染现象也相当严重。

7. 可能造成放射性污染

有些矿渣、炉渣、粉煤灰、花岗石、大理石放射性物质超量。据有关部门测试,天然大理石近30%放射性超标。制成建筑制品对人体造成外照射（γ射线）和内照射（氡气吸入）。人生活在这样的居室中长期受放射性照射,影响身体健康。

（二）环境对建筑物的影响

1. 大气污染与酸雨的影响

酸雨通常是指pH值低于5.6的降水。酸雨的形成主要原因是大气污染。大气中的CO_2、SO_2、SO_3、H_2S、NO_x等溶入雨水中,使雨水pH小于5.6。我国西南地区及长江下游地区酸雨的pH值已降到4.0以下,严重影响生物的生存条件,使土壤严重酸化。同时酸雨对建筑物、材料、雕塑、古文物、金属等的腐蚀作用明显,酸雨使材料表面的涂层失去光泽或变质而脱落；使光洁的大理石建筑表面逐渐变成松软的石膏状。

2. 建筑表面析白现象

建筑物表面析白现象,俗称泛碱或起霜。这是建筑物的混凝土、砂浆、砖砌体等表面常发生的现象。据统计析白现象可高达36%,形成原因是：水泥、砂、石子、砖和化学外加剂中可溶性成分被水溶析出,随着水分蒸发逸出,留下物呈白色固体,或留下物与空气中CO_2作用生成白色固体。本质原因还是与原材料质量和施工质量相关。但外部环境阴湿、不通风、气温偏高、水源不洁也有重要关系。

3. 建筑用高分子材料老化

导致高分子材料老化的因素,主要是光、热、机械力、氧气、水、霉菌及化学物质的作用。这些因素往往是综合作用于高聚物,通过物理化学过程使其老化。主要老化反应可归纳为键的裂解反应和交联反应。裂解反应是大分子键断裂,相对分子质量降低,使高分子化学物变软、发黏并丧失机械强度；交联反应是大分子与大分子相连接,产生体形结构,使高分子化合物进一步变硬、变脆,而丧失弹性。两种反应往往同时并存。

4. 金属材料的化学腐蚀和电化学腐蚀

5. 其他影响

江水、海水、污水对江河堤坝的冲刷侵蚀,地下水对地下建筑的渗析破坏；还有自然灾害的破坏,地震、水涝、龙卷风及台风等的自然力破坏。

（三）工业固体废渣在建筑材料中的综合利用

工业固体废渣最大量是用作建筑材料与原材料。以粉煤灰为例：1995年产量已达到11677万t,综合利用5592t,排入河海176万t。主要用来生产粉煤灰水泥、加气混凝土、蒸养粉煤灰砖、烧结粉煤灰砖、粉煤灰砌块。而煤矸石建筑行业每年用来制砖的就有2000多万t,年产砖30亿块。由此可见,建材工业为工业固体废渣的综合利用作了很大的贡献。但据计算1995年工业固体废渣的平均利用率是39.7%,还有很多工作要做。

（四）加强环保意识,提倡化学建材、绿色建材、绿色建筑

人类只有一个"地球村",生命也只有一次,白色污染的治理在建筑行业

任重而道远，应该从以下几个方面开展：

（1）大力宣传，加强环保意识。人人行动起来，从我做起。大学教科书中要有本专业环保问题的内容。例如工民建专业的"建筑材料"教科书各版本上都没有建材环保、建筑与环保的章节；工民建专业要有"建筑工程化学"课，强调环保意识，强调化学在建筑材料和建筑工程环保方面是大有可为的。化学建材的方兴未艾就是证明。

（2）制定各行各业健全的环保法规。大家都遵照国标、部标、行业标准执行。不能从地方利益、局部利益、眼前利益考虑，要顾全大局，不能以罚款了事。

（3）对开发建设项目，均要进行对环境影响的社会经济评估，使环保的经费与建设项目同步，资金落实后环境保护才能得到有力保证。

（4）大力推广化学建材，大力推广应用塑料门窗、塑料管道、新型防水材料、新型墙体材料等具有十分明显的节能和环保效果的新型建材。

（5）大力加强建筑工程环保科研，有利于建材工业三废处理、资源再利用回收。新型建筑材料的研制，高效减水剂，各种无毒、少毒的化学外加剂的研制，水溶性、水乳型及粉末建筑涂料的开发，应大力提倡和增大投入力度。

科学技术是第一生产力。依靠科学技术使生产发展的同时，势必强化环境的全方位保护，使绿色建材、绿色建筑、生态建筑成为现实。

第二节　施工过程中的生态管理

一、绿色施工

（一）绿色施工概述

绿色施工作为建筑全寿命周期中的一个重要阶段，是实现建筑领域资源节约和节能减排的关键环节。绿色施工是指工程建设中，在保证质量、安全等基本要求的前提下，通过科学管理和技术进步，最大限度地节约资源并减少对环境负面影响的施工活动，实现节能、节地、节水、节材和环境保护。实施绿色施工，应依据因地制宜的原则，贯彻执行国家、行业和地方相关的技术经济政策。

1. 实施绿色施工的原则

一是要进行总体方案优化，在规划、设计阶段，充分考虑绿色施工的总体要求，为绿色施工提供基础条件。二是对施工策划、材料采购、现场施工、工程验收等各阶段进行控制，加强整个施工过程的管理和监督。绿色施工的总体框架由施工管理、环境保护、节材与材料资源利用、节水与水资源利用、节能与能源利用、节地与施工用地保护六个方面组成。

2. 绿色施工不同于绿色建筑

住房和城乡建设部发布的《绿色建筑评价标准》中定义，绿色建筑是指在建筑的全寿命周期内，最大限度地节约资源、保护环境和减少污染，为人们提供健康、适用和高效的使用空间，与自然和谐共生的建筑。因此，绿色建筑体现在建筑物本身的安全、舒适、节能和环保，绿色施工则体现在工程建设过程的四个环节。绿色施工以打造绿色建筑为落脚点，但是又不仅仅局限于绿色建筑的性能要求，更侧重于过程控制。没有绿色施工，建造绿色建筑就成为空谈。

3.绿色施工不同于文明施工

绿色施工的概念刚刚出现时，它的含义尚不清晰，不少人很容易把绿色施工与文明施工混淆理解。当时从某种程度上，文明施工可以理解为狭义的绿色施工。随着国家战略政策和技术水平的发展，绿色施工的内涵也在不断深化。绿色施工除了涵盖文明施工外，还包括采用降耗环保型的施工工艺和技术，节约水、电、材料等资源能源。因此，绿色施工高于、严于文明施工。例如，《导则》中对地下设施、文物和资源的保护，节材、节能措施等都有所规定。绿色施工也需要遵循因地制宜的原则，结合各地区不同自然条件和发展状况稳步扎实地开展，避免做表面文章而浪费。

4.绿色施工是实现建筑业发展方式转变的重要途径之一

建筑业能否抓住未来机遇实现可持续发展，适应国民经济又好又快发展的国家战略，关键在于发展方式的根本转变。建筑业发展方式的转变，要从加快建筑业企业改革发展，提升建筑业综合竞争力入手，核心在于增强自主创新能力，加强管理创新和技术创新，提高从业人员素质。建筑业可持续发展，从传统高消耗的粗放型增长方式向高效率的集约型方式转变，建造方式从劳动力密集型向技术密集型转变，绿色施工正是实现这一转变的重要途径之一。

绿色施工的提出，对企业管理和工程管理提出了更高要求，从而促使企业更加科学合理高效地组织工程建设各个环节，以创新管理方法、优化流程、提高效率的精细化管理，取代单纯依靠生产要素量的投入为特征的粗放式管理，摆脱原始落后的生产方式。绿色施工的提出，必然要求大力推广应用新型环保材料和节能型设备，应用先进成熟的施工技术，加强数字化工地等信息技术应用，并大力发展建筑标准件，加大建筑部品部件的工业化生产比重，从而有利于构建密切联系生产的企业技术创新机制和推广机制，增强企业原始创新、集成创新、引进消化吸收再创新能力，加快建筑业技术进步的步伐。绿色施工的提出，必然对施工现场一线工人素质提出更高要求，需要重视并加强工人的培训教育，尤其是对一线农民工的培训教育，保证绿色施工的实施，从而有利于提高整个行业从业人员的素质。

（二）加快推进建筑业绿色施工的措施

加快推进建筑业绿色施工的措施如下。

1.加强研究和积累，建立完善绿色施工的法规标准和制度

我国的绿色施工尚处于起步阶段，但是发展势头良好。住房和城乡建设部出台的《绿色施工导则》仅仅是一个开端，还属于导向性要求。相关绿色施工法规和标准都还没有跟上，尤其量化方面的指标，比如能耗指标。因此，

我们还有大量的基础工作要做。

一方面要在推进绿色施工的实践中，及时总结地区和企业经验，对绿色施工评价指标进一步量化，并逐步形成相关标准和规范，使绿色施工管理有标可依。比如《导则》中评价管理属于企业自我评估，有关评估指标和方法尚需要企业结合工程特点和自身情况自我掌握。随着社会进步和经济发展，我们将把一些企业的好经验及时总结和研究，条件成熟时上升为标准，有些还可以上升为强制性标准。

另一方面研究建立工程建设各方主体的绿色施工责任制及社会承诺保证制度，促进各方企业在绿色施工中自觉落实责任，形成有利于开展绿色施工的外部环境和管理机制。

2. 以绿色施工应用示范工程为切入点，建立完善激励机制

推行绿色施工应用示范工程能够以点带面，发挥典型示范作用。为此，《导则》专设"绿色施工应用示范工程"一章，鼓励各地区通过加快试点和示范工程，引导绿色施工的健康发展，同时制定引导企业实施绿色施工的激励机制。目前，要对绿色施工应用示范工程的技术内容和推广重点作进一步研究，逐步建立激励政策，以示范工程为平台，促进绿色施工技术和管理经验更多更快地应用于工程建设。此外，要在相关的工程评优中，加入绿色施工的内容要求，提升工程的绿色含量，强化激励作用，激发企业参与的积极性。

3. 加强绿色施工宣传和培训，创造良好的运行环境

要大力组织开展绿色施工宣传活动，引导建筑业企业和社会公众提高对绿色施工的认识，深刻理解绿色施工的重要意义，增强社会责任意识，加强开展绿色施工的统一性和协调性。要充分利用建筑业既有人力资源优势，通过加强技术和管理人员以及一线建筑工人分类培训，使广大工程建设者尽早熟练掌握绿色施工的要求、原则、方法，及时有效地运用于工程建设实践，保障绿色施工的实施效果。

（三）绿色施工主要方法

绿色施工并不是完全独立于传统施工的施工体系，它是在传统施工的基础上按科学发展观对传统施工体系进行创新和提升，其主要方法如下。

1. 系统化

施工体系是一个系统工程，它包括施工组织设计、施工准备（场地、机具、材料、后勤设施等准备）、施工运行、设备维修和竣工后施工场地的生态复原等。如前所述，传统施工也有节约资源和环保指标，但往往局限于选用环保型施工机具和实施降噪、降尘的环保型封闭施工等局部环节，而绿色施工要求从施工组织设计开始的施工全过程（全系统）都要贯彻绿色施工的原则。

2. 社会化

在传统施工中，设法节约资源和保护环境的主要是施工企业的现场施工人员，而绿色施工要求全社会（政府主管部门、施工企业、广大民众）达成

绿色施工的共识，支持和监督绿色施工的实施。按照绿色施工的要求，施工企业的全体人员（领导成员、现场人员、后勤服务人员等）都担负着绿色施工的相应任务，如中铁三局在青藏铁路工地举办青藏铁路环保培训班培训员工，除了在施工环节注重环保外，对生活垃圾和施工污水也进行无害化处理，以保护环境。

3. 信息化

在施工中工程量是动态变化的，随着施工的推进，工程量参数实时变化，传统施工是粗放型施工，施工机械的机种和机台数量往往采用定性方法选定，固定的机种和机台数量不能有效地适应动态变化的工程量，所以会造成机种不匹配、机台数量偏多或偏少、工序衔接不顺畅或脱节等弊病，很难实现高效、低耗、环保的目标。

发达国家绿色施工采取的有效方法之一是情报化（信息化）施工，这是一种依靠动态参数（作业机械和施工现场信息）实施定量、动态（实时）施工管理的绿色施工方式。它运用硬件（传感器、电视摄像机、GPS系统、遥控装置、微机……等）和计算软件进行施工运行管理、机械管理、劳务管理等，从而可以优选最适宜的匹配机种、机台数量并能实时调配，以最少的机种和机台数量高效完成工程任务，达到高效、低耗、环保的目标。

相对于传统的粗放型施工，日本将信息化施工誉为精密型施工。其优点具体表现在如下八个方面：①可按施工要求优选技术性、经济性、环保性达标的机种；②对机械实时进行预防维修，确保机械高效、安全运行，使机械运行费极小化；③实时监控机械运行，使之高效、低耗；④能监测和预防机械相撞和倾翻事故，提高作业安全性；⑤能实时掌握作业状况，通过作业量管理调配机种和机台数量，使工序衔接顺畅，提高整体施工效率；⑥若现场作业条件危险，可实施无人化遥控作业；⑦精确的劳务管理，实现省人化；⑧作业机械自动监测、操作性能好，操作方便，改善了司机的作业条件。

（四）发展绿色施工的新技术、新设备、新材料与新工艺

（1）施工方案应建立推广、限制、淘汰公布制度和管理办法。发展适合绿色施工的资源利用与环境保护技术，对落后的施工方案进行限制或淘汰，鼓励绿色施工技术的发展，推动绿色施工技术的创新。

（2）大力发展现场监测技术、低噪声的施工技术、现场环境参数检测技术、自密实混凝土施工技术、清水混凝土施工技术、建筑固体废弃物再生产品在墙体材料中的应用技术、新型模板及脚手架技术的研究与应用。

（3）加强信息技术应用，如绿色施工的虚拟现实技术、三维建筑模型的工程量自动统计、绿色施工组织设计数据库建立与应用系统、数字化工地、基于电子商务的建筑工程材料、设备与物流管理系统等。通过应用信息技术，进行精密规划、设计、精心建造和优化集成，实现与提高绿色施工的各项指标。

二、建筑施工过程中的环境保护

建筑施工过程中的环境保护措施主要有以下几个方面。

（一）扬尘控制

(1) 运送土方、垃圾、设备及建筑材料等，不污损场外道路。运输容易散落、飞扬、流漏物料的车辆，必须采取措施封闭严密，保证车辆清洁。施工现场出口应设置洗车槽。

(2) 土方作业阶段，采取洒水、覆盖等措施，达到作业区目测扬尘高度小于 1.5m，不扩散到场区外。

(3) 结构施工、安装装饰装修阶段，作业区目测扬尘高度小于 0.5m。对易产生扬尘的堆放材料应采取覆盖措施；对粉末状材料应封闭存放；场区内可能引起扬尘的材料及建筑垃圾搬运应有降尘措施，如覆盖、洒水等；浇筑混凝土前清理灰尘和垃圾时尽量使用吸尘器，避免使用吹风器等易产生扬尘的设备；机械剔凿作业时可用局部遮挡、掩盖、水淋等防护措施；高层或多层建筑清理垃圾应搭设封闭性临时专用道或采用容器吊运。

(4) 施工现场非作业区达到目测无扬尘的要求。对现场易飞扬物质采取有效措施，如洒水、地面硬化、围挡、密网覆盖、封闭等，防止扬尘产生。

(5) 构筑物机械拆除前，作好扬尘控制计划。可采取清理积尘、拆除体洒水、设置隔挡等措施。

(6) 构筑物爆破拆除前，作好扬尘控制计划。可采用清理积尘、淋湿地面、预湿墙体、屋面敷水袋、楼面蓄水、建筑外设高压喷雾状水系统、搭设防尘排栅和直升机投水弹等综合降尘。选择风力小的天气进行爆破作业。

(7) 在场界四周隔档高度位置测得的大气总悬浮颗粒物（TSP）月平均浓度与城市背景值的差值不大于 $0.08mg/m^3$。

（二）噪声与振动控制

(1) 现场噪声排放不得超过国家标准《建筑施工场界噪声限值》（GB 12523—1990）的规定。

(2) 在施工场界对噪声进行实时监测与控制。监测方法执行国家标准《建筑施工场界噪声测量方法》（GB 12524—1990）。

(3) 使用低噪声、低振动的机具，采取隔声与隔振措施，避免或减少施工噪声和振动。

（三）光污染控制

(1) 尽量避免或减少施工过程中的光污染。夜间室外照明灯加设灯罩，透光方向集中在施工范围。

(2) 电焊作业采取遮挡措施，避免电焊弧光外泄。

（四）水污染控制

(1) 施工现场污水排放应达到国家标准《皂素工业水污染物排放标准》（GB 20425—2006）、《煤炭工业污染物排放标准》（GB 20426—2006）的要求。

(2) 在施工现场应针对不同的污水，设置相应的处理设施，如沉淀池、隔油池、化粪池等。

（3）污水排放应委托有资质的单位进行废水水质检测，提供相应的污水检测报告。

（4）保护地下水环境。采用隔水性能好的边坡支护技术。在缺水地区或地下水位持续下降的地区，基坑降水尽可能少地抽取地下水；当基坑开挖抽水量大于 50 万 m^3 时，应进行地下水回灌，并避免地下水被污染。

（5）对于化学品等有毒材料、油料的储存地，应有严格的隔水层设计，作好渗漏液收集和处理。

（五）土壤保护

（1）保护地表环境，防止土壤侵蚀、流失。因施工造成的裸土，及时覆盖砂石或种植速生草种，以减少土壤侵蚀；因施工造成容易发生地表径流土壤流失的情况，应采取设置地表排水系统、稳定斜坡、植被覆盖等措施，减少土壤流失。

（2）沉淀池、隔油池、化粪池等不发生堵塞、渗漏、溢出等现象。及时清掏各类池内沉淀物，并委托有资质的单位清运。

（3）对于有毒有害废弃物如电池、墨盒、油漆、涂料等应回收后交有资质的单位处理，不能作为建筑垃圾外运，避免污染土壤和地下水。

（4）施工后应恢复施工活动破坏的植被（一般指临时占地内）。与当地园林、环保部门或当地植物研究机构进行合作，在先前开发地区种植当地或其他合适的植物，以恢复剩余空地地貌或科学绿化，补救施工活动中人为破坏植被和地貌造成的土壤侵蚀。

（六）建筑垃圾控制

（1）制定建筑垃圾减量化计划，如住宅建筑，每万平方米的建筑垃圾不宜超过 400t。

（2）加强建筑垃圾的回收再利用，力争建筑垃圾的再利用和回收率达到 30%，建筑物拆除产生的废弃物的再利用和回收率大于 40%。对于碎石类、土石方类建筑垃圾，可采用地基填埋、铺路等方式提高再利用率，力争再利用率大于 50%。

（3）施工现场生活区设置封闭式垃圾容器，施工场地生活垃圾实行袋装化，及时清运。对建筑垃圾进行分类，并收集到现场封闭式垃圾站，集中运出。

（七）地下设施、文物和资源保护

（1）施工前应调查清楚地下各种设施，作好保护计划，保证施工场地周边的各类管道、管线、建筑物、构筑物的安全运行。

（2）施工过程中一旦发现文物，立即停止施工，保护现场并通报文物部门并协助做好工作。

（3）避让、保护施工场区及周边的古树名木。

（4）逐步开展统计分析施工项目的 CO_2 排放量，以及各种不同植被和树种的 CO_2 固定量的工作。

三、建筑过程中资源节约

（一）节材

建筑节材的措施主要有以下七个方面：①图纸会审时，应审核节材与材料资源利用的相关内容，达到材料损耗率比定额损耗率降低30%。②根据施工进度、库存情况等合理安排材料的采购、进场时间和批次，减少库存。③现场材料堆放有序。储存环境适宜，措施得当。保管制度健全，责任落实。④材料运输工具适宜，装卸方法得当，防止损坏和遗漏。根据现场平面布置情况就近卸载，避免和减少二次搬运。⑤采取技术和管理措施提高模板、脚手架等的周转次数。⑥优化安装工程的预留、预埋、管线路径等方案。⑦应就地取材，施工现场500km以内生产的建筑材料用量占建筑材料总重量的70%以上。

在结构材料方面，应该提倡推广使用预拌混凝土和商品砂浆；准确计算采购数量、供应频率、施工速度等，在施工过程中动态控制。结构工程使用散装水泥；推广使用高强钢筋和高性能混凝土，减少资源消耗；推广钢筋专业化加工和配送；优化钢筋配料和钢构件下料方案；优化钢结构制作和安装方法，尤其大型钢结构宜采用工厂制作、现场拼装，宜采用分段吊装、整体提升、滑移、顶升等安装方法，减少方案的措施用材量；并且采取数字化技术，对大体积混凝土、大跨度结构等专项施工方案进行优化。

在围护材料方面，应该从以下几个方面着手：①门窗、屋面、外墙等围护结构选用耐候性及耐久性良好的材料，施工确保密封性、防水性和保温隔热性。②门窗采用密封性、保温隔热性、隔声性良好的型材和玻璃等材料。③屋面材料、外墙材料具有良好的防水性和保温隔热性。④当屋面或墙体等部位采用基层加设保温隔热系统的方式施工时，应选择高效节能、耐久性好的保温隔热材料，以减小保温隔热层的厚度及材料用量。⑤屋面或墙体等部位的保温隔热系统采用专用的配套材料，以加强各层次之间的粘结或连接强度，确保系统的安全性和耐久性。⑥根据建筑物的实际特点，优选屋面或外墙的保温隔热材料系统和施工方式，例如保温板粘贴、保温板干挂、聚氨酯硬泡喷涂、保温浆料涂抹等，以保证保温隔热效果，并减少材料浪费。⑦加强保温隔热系统与围护结构的节点处理，尽量降低热桥效应。针对建筑物不同部位的保温隔热特点，选用不同的保温隔热材料及系统，以做到经济适用。

装饰装修材料方面，应该把握：①贴面类材料在施工前，应进行总体排版策划，减少非整块材的数量。②采用非木质的新材料或人造板材代替木质板材。③防水卷材、壁纸、油漆及各类涂料基层必须符合要求，避免起皮、脱落，各类油漆及胶粘剂应随用随开启，不用时及时封闭。④幕墙及各类预留预埋应与结构施工同步。⑤木制品及木装饰用料、玻璃等各类板材等宜在工厂采购或定制。⑥采用自粘类片材，减少现场液态胶粘剂的使用量。

对于周转材料，应该注意：①应选用耐用、维护与拆卸方便的周转材料和机具。②优先选用制作、安装、拆除一体化的专业队伍进行模板工程施工。

③模板应以节约自然资源为原则，推广使用定型钢模、钢框竹模、竹胶板。④施工前应对模板工程的方案进行优化。多层、高层建筑使用可重复利用的模板体系，模板支撑宜采用工具式支撑。⑤优化高层建筑的外脚手架方案，采用整体提升、分段悬挑等方案。⑥推广采用外墙保温板替代混凝土施工模板的技术。⑦现场办公和生活用房采用周转式活动房。现场围挡应最大限度地利用已有围墙，或采用装配式可重复使用围挡封闭。力争工地临房、临时围挡材料的可重复使用率达到70%。

（二）节水

据有关方面统计，全国每年缺水量达60亿t，有1/6的城市严重缺水。我国年混凝土制成量达20亿m^3，配制这些混凝土所需的用水量约有3亿多立方米，再加上混凝土养护用水量（如果按照传统做法浇水养护，水的消耗量将超过搅拌用水），相当于每年60亿t缺水量的1/10。而且目前施工用水几乎都是自来水，造成不必要的浪费，因为混凝土搅拌和养护完全可以使用中水。尽管建筑施工水资源的消耗量相对于高水耗工业企业，单位产值耗水量比重较低，但是工程建设本身的流动性和临时性造成施工用水管理比较粗放，还有较大的水资源节约和再利用的空间。

1. 提高用水效率

提高用水效率的具体措施有：

（1）施工中采用先进的节水施工工艺。

（2）施工现场喷洒路面、绿化浇灌不宜使用市政自来水。现场搅拌用水、养护用水应采取有效的节水措施，严禁无措施浇水养护混凝土。

（3）施工现场供水管网应根据用水量设计布置，管径合理、管路简捷，采取有效措施减少管网和用水器具的漏损。

（4）现场机具、设备、车辆冲洗用水必须设立循环用水装置。施工现场办公区、生活区的生活用水采用节水系统和节水器具，提高节水器具配置比率。项目临时用水应使用节水型产品，安装计量装置，采取有针对性的节水措施。

（5）施工现场建立可再利用水的收集处理系统，使水资源得到梯级循环利用。

（6）施工现场分别对生活用水与工程用水确定用水定额指标，并分别计量管理。

（7）大型工程的不同单项工程、不同标段、不同分包生活区，凡具备条件的应分别计量用水量。在签订不同标段分包或劳务合同时，将节水定额指标纳入合同条款，进行计量考核。

（8）对混凝土搅拌站点等用水集中的区域和工艺点进行专项计量考核。施工现场建立雨水、中水或可再利用水的收集利用系统。

2. 非传统水源利用

在非传统水源利用方面，主要有以下五点：

（1）优先采用中水搅拌、中水养护，有条件的地区和工程应收集雨水养护。

(2) 处于基坑降水阶段的工地，宜优先采用地下水作为混凝土搅拌用水、养护用水、冲洗用水和部分生活用水。

(3) 现场机具、设备、车辆冲洗、喷洒路面、绿化浇灌等用水，优先采用非传统水源，尽量不使用市政自来水。

(4) 大型施工现场，尤其是雨量充沛地区的大型施工现场建立雨水收集利用系统，充分收集自然降水用于施工和生活中适宜的部位。

(5) 力争施工中非传统水源和循环水的再利用量大于30%。

3. 用水安全

在非传统水源和现场循环再利用水的使用过程中，应制定有效的水质检测与卫生保障措施，确保避免对人体健康、工程质量以及周围环境产生不良影响。

(三) 节能

1. 节能措施

(1) 制订合理的施工能耗指标，提高施工能源利用率。

(2) 优先使用国家、行业推荐的节能、高效、环保的施工设备和机具，如选用变频技术的节能施工设备等。

(3) 施工现场分别设定生产、生活、办公和施工设备的用电控制指标，定期进行计量、核算、对比分析，并有预防与纠正措施。

(4) 在施工组织设计中，合理安排施工顺序、工作面，以减少作业区域的机具数量，相邻作业区充分利用共有的机具资源。安排施工工艺时，应优先考虑耗用电能或其他能耗较少的施工工艺。避免设备额定功率远大于使用功率或超负荷使用设备的现象。

(5) 根据当地气候和自然资源条件，充分利用太阳能、地热等可再生能源。

2. 机械设备与机具

(1) 建立施工机械设备管理制度，开展用电、用油计量，完善设备档案，及时做好维修保养工作，使机械设备保持低耗、高效的状态。

(2) 选择功率与负载相匹配的施工机械设备，避免大功率施工机械设备低负载长时间运行。机电安装可采用节电型机械设备，如逆变式电焊机和能耗低、效率高的手持电动工具等，以利节电。机械设备宜使用节能型油料添加剂，在可能的情况下，考虑回收利用，节约油量。

(3) 合理安排工序，提高各种机械的使用率和满载率，降低各种设备的单位耗能。

3. 生产、生活及办公临时设施

(1) 利用场地自然条件，合理设计生产、生活及办公临时设施的体形、朝向、间距和窗墙面积比，使其获得良好的日照、通风和采光。南方地区可根据需要在其外墙窗设遮阳设施。

(2) 临时设施宜采用节能材料，墙体、屋面使用隔热性能好的材料，减少夏天空调、冬天取暖设备的使用时间及耗能量。

(3) 合理配置采暖、空调、风扇数量，规定使用时间，实行分段分时使用，节约用电。

4. 施工用电及照明

(1) 临时用电优先选用节能电线和节能灯具，临电线路合理设计、布置，临电设备宜采用自动控制装置。采用声控、光控等节能照明灯具。

(2) 照明设计以满足最低照度为原则，照度不应超过最低照度的20%。

(四) 节地

1. 临时用地指标

(1) 根据施工规模及现场条件等因素合理确定临时设施，如临时加工厂、现场作业棚及材料堆场、办公生活设施等的占地指标。临时设施的占地面积应按用地指标所需的最低面积设计。

(2) 要求平面布置合理、紧凑，在满足环境、职业健康与安全及文明施工要求的前提下尽可能减少废弃地和死角，临时设施占地面积有效利用率大于90%。

2. 临时用地保护

(1) 应对深基坑施工方案进行优化，减少土方开挖和回填量，最大限度地减少对土地的扰动，保护周边自然生态环境。

(2) 红线外临时占地应尽量使用荒地、废地，少占用农田和耕地。工程完工后，及时对红线外占地恢复原地形、地貌，使施工活动对周边环境的影响降至最低。

(3) 利用和保护施工用地范围内原有绿色植被。对于施工周期较长的现场，可按建筑永久绿化的要求，安排场地新建绿化。

3. 施工总平面布置

(1) 施工总平面布置应做到科学、合理，充分利用原有建筑物、构筑物、道路、管线为施工服务。

(2) 施工现场搅拌站、仓库、加工厂、作业棚、材料堆场等布置应尽量靠近已有交通线路或即将修建的正式或临时交通线路，缩短运输距离。

(3) 临时办公和生活用房应采用经济、美观、占地面积小、对周边地貌环境影响较小，且适合于施工平面布置动态调整的多层轻钢活动板房、钢骨架水泥活动板房等标准化装配式结构。生活区与生产区应分开布置，并设置标准的分隔设施。

(4) 施工现场围墙可采用连续封闭的轻钢结构预制装配式活动围挡，减少建筑垃圾，保护土地。

(5) 施工现场道路按照永久道路和临时道路相结合的原则布置。施工现场内形成环形通路，减少道路占用土地。

(6) 临时设施布置应注意远近结合（本期工程与下期工程），努力减少和避免大量临时建筑拆迁和场地搬迁。

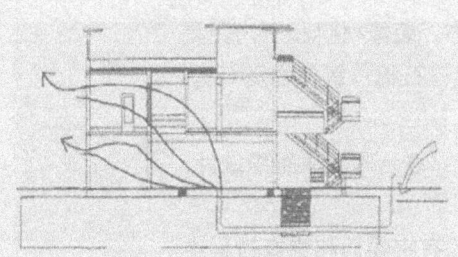

第十一章 生态建筑

第一节　生态建筑概述

一、生态建筑的定义

为了建筑、城市、景观环境的可持续，建筑学、城市规划学、景观建筑学学科开始了可持续人类聚居环境建设的思考。许多有识之士逐渐认识到人类本身是自然系统的一部分，它与其支撑的环境休戚相关。在城市发展和建设过程中，必须优先考虑生态问题，并将其置于与经济和社会发展同等重要的地位上；同时，还要进一步高瞻远瞩，通盘考虑有限资源的合理利用问题，即我们今天的发展应该是"满足当前的需要又不削弱子孙后代满足其需要能力的发展"。

近几年提出的生态建筑的建设理论，就是以自然生态原则为依据，探索人、建筑、自然三者之间的关系，为人类塑造一个最为舒适合理且可持续发展的环境的理论。生态建筑是 21 世纪建筑设计发展的方向。生态建筑所包含的生态观、有机结合观、地域与本土观、回归自然观等，都是可持续发展建筑的理论建构部分，也是环境价值观的重要组成部分，因此生态建筑其实也是绿色建筑，生态技术手段也属于绿色技术的范畴。

一般来说，生态建筑是根据当地的自然生态环境，运用生态学、建筑技术科学的基本原理和现代科学技术手段等，合理安排并组织建筑与其他相关因素之间的关系，使建筑和环境之间成为一个有机的结合体，同时具有良好的室内气候条件和较强的生物气候调节能力，以满足人们居住生活的环境舒适，使人、建筑与自然生态环境之间形成一个良性循环系统。

二、生态建筑特点

生态建筑将作为 21 世纪建筑业的主旋律，其特点体现在健康、节水、节地、节能、制污、循环利用等方面。

（一）健康

人们对于"健康建筑"的重视，主要是由于出现了"建筑综合症"。"建筑综合症"产生的原因有：

（1）建筑材料。尤其是现代名目繁多的室内装饰、装修材料和室内用具的存在，使新装修的房屋室内含有大量的甲醛、氡气、石棉、氧化物及 CO_2、CO 等，影响人体的健康。

（2）不恰当的节能措施。降低了室内空气的质量，联合国卫生组织统计，近 30% 的新建及改建的建筑是有病的。

（3）厨房及其他污染。燃料在灶具中燃烧产生的有害物质和烹饪过程中发生的油烟，主要成分为焦油、一氧化碳、氮氧化物等。焦油中的 3, 4-苯并芘有强烈的致癌作用，一氧化碳和氮氧化物易引发心血管和神经系统等多种疾病。另外，室内用的各种清新剂、除厕剂等散发的气味亦会影响到人体的健康。

（二）节地

近几年来，我国因建设用地平均每年占用 50 万 hm^2 耕地，由建国 50 年人均耕地面积超过 $0.2hm^2$ 减少到 $0.1hm^2$，所以有关节约土地的方针十分重要。

（1）积极推进墙体材料的改革，大力发展节能、节地、利废、保温、隔热的新型墙体材料，鼓励采用绿色建材。采用各种板材、空心砖砌块等来减少墙体厚度，并对墙体进行合理设计，以先进的建筑结构来增加使用面积，节约用地。

（2）旧城区改造要有新模式，以便节地，严格控制城乡居民建设用地是一项长期的措施。

（三）节水

全球淡水资源短缺。我国北方城市的资源性缺水，南方一些城市的水质性缺水已经到了影响经济和社会的程度。城乡居民用水是水资源平衡分配的重要环节，这既包含了水量问题，也包括水质问题。目前，住宅小区水系统问题有以下几个方面：

（1）在小区中要建立水的大循环概念，自来水、雨水、地下水、污水等，均要统一列入考虑范围，进行系统优化设计。

（2）由于资源性缺水和水质性缺水同样严重，应针对不同情况制定强制性措施。如实行分段，适当提高水价，对耗水量大的设备、器具要强制淘汰并强制推行节水设施等。

（3）随着居民生活水平的提高，管道直接饮用水已经进入小区，形成了第二水厂，它达到了提供优质直接饮用水和节约用水的双重目的。

（4）小区应建立水的回收和再利用系统，缺水地区应设立小区雨水收集和再利用系统。

（四）节能

我国是一个能源储量并不丰富的国家，又存在着能源利用低、浪费严重等问题，具体体现在以下几个方面：

（1）我国一些工业产品的能耗比发达国家要高 4 倍，单位国民生产总值的能耗为日本的 6 倍、美国的 3 倍、韩国的 4.5 倍。

（2）能源结构不合理，煤占 70%，由于清洁煤技术尚未普及，空气污染严重。

（3）我国建筑能耗占全国能耗的 25%，住宅每平方米能耗为相同气候国家能耗的 3 倍。

（4）我国石油储量仅占世界总量的 2.3%。

（五）治污

加强对污染物的排放及治理工作，达到利废、节约、环保的目的。

第二节 生态建筑体系

生态建筑所包含的理念其实并不是什么新鲜的东西，从原始的简单遮蔽物到现代的高楼大厦，都或多或少地蕴涵着朴素的生态思想，只不过人们对它的认识越来越理性越来越深化了。

自 20 世纪 60 年代美国兴起反消费运动开始，尤其是现在能源期货在国际金融炒家的"努力"下，过山车似的石油等能源的价格变化，让人们越来越感觉到"能源危机"。资源有限论得到了普遍认同，各种示范建设在世界上广泛展开，各个国家城市针对各自需要解决的问题和希望发展的方向，已取得了一定的经验和效果。同时在生态建设的很多细节上也做了大量工作，使居住舒适度达到了很高的水平。

总结国内外影响较大的建设案例，其成功的经验主要在于完善的目标体系、突出的重点领域、城市建设与生态建设的一体化、详细的分工实施体系、广泛的公众参与，加上具有明确法律地位和角色定位的推进和实施机构及完善的法律条例、市场化的管理体制等作为支撑条件。以此为依托处理好人、建筑和自然三者之间的关系，在为人创造一个舒适的空间小环境的同时，又着力保护好周围的自然环境。

生态建筑体系涉及的面很广，是多学科、多门类、多工种的交叉，可以说是一门综合性的系统工程。它需要全社会的重视和参与，绝不是仅靠几位建筑师就可以实现的，更不是一朝一夕能够完成的，但它应该是建筑师为之奋斗的目标。具体来说，建立生态建筑体系有以下几个方面的考虑。

一、利用地域气候，建立起自然空气循环的思想

通过设计，改善建筑周围的小气候，实现自然通风与采光，减少机械通风与人工照明。在减小能耗、降低污染的同时，有利于人的生理和心理健康。

这一点上，英国的 BRE 环境楼堪称典范。该大楼为三层框架结构，南面采用活动式外百叶窗，既减少阳光直射，控制眩光，又可根据需要调控日光进入；建筑物各系统运作均采用计算机最新集成技术自动控制，各灯分开控制，自动补偿照明到日光水平；南墙采用五个通风竖井构成自然通风及冷却系统，起到强化自然通风的烟囱效应。其新颖的设计，健康舒适的环境，不仅提供了低能耗舒适健康的办公场所，而且是评定各种新型建筑技术设施的试验场所。

二、从建筑物内外的水循环方面来考虑

采用非传统水源代替市政自来水或地下水供给景观、绿化、冲厕等杂用的水量以及形成对能源的转化效应。

位于东京都内的世田谷区特别老人之家，即设有一套完整的能源综合循环利用系统，地下设有 $120m^3$ 的蓄水池，储留收集的雨水，加上再制的中水，可保证卫生间冲厕用水的 70%，年节水 1200t。

而柏林国会大厦对地下蓄水层（地下湖）的循环利用更是引人注目，柏林夏日很热、冬季很冷，设计充分利用自然界的能源和地下蓄水层的存在，

把夏天的热能贮存在地下给冬天用，同时又把冬天的冷量贮存在地下给夏天用。国会大厦附近有深、浅两个蓄水层，浅层的蓄冷，深层的蓄热，设计中把它们充分利用为大型冷热交换器，形成积极的生态平衡。

三、从建筑物内外的各种物资循环系统利用方面来考虑

在建筑的使用寿命结束后用于建筑结构的材料自身应该能够再循环、再利用或重新回到环境中去。设计者可以从使用当地的材料资源，寻求在建成环境的相同物理状态下易于再利用的设计；寻求具有长期使用寿命和多用途的材料；寻求在同等状态下能在别处获得再利用等方面作为对应的设计对策。

在设计中对整个建筑生命循环的未来预先作出价值评判是非常重要的。例如：铝材的初始能量值要比钢材高，然而，当结束在建筑中的使用寿命时，如果要循环利用，铝材比钢材须消耗较少的能源。循环利用铝材比从头制造它要少消耗 90% 的能源，同时减少 95% 的空气污染。使用循环利用玻璃与重新生产玻璃相比能减少 32% 的能耗、20% 的空气污染和 50% 的水污染。

位于加拿大温哥华的不列颠哥伦比亚大学校内的亚洲研究院办公楼在整栋大楼中，就有 50% 左右的建筑材料是重复使用的，同时亦有 50% 左右的材料以后还可能被再利用。该楼的建筑师在施工投标时对施工单位明确要求要他们制订出针对建筑废料的管理计划，以此提高建筑废料的重复利用率。

四、从建立建筑物内外清洁能源合理利用系统的角度考虑

在科技飞速发展的今天，太阳能的巨大能源被人们重视并开发利用。太阳热能应用系统，用太阳辐射加热水，以供给建筑生活热水、取暖及制冷。太阳能光电（PV）系统，将太阳辐射直接转化为电能，为建筑提供清洁能源或者以建筑本身为太阳能收集器，从而达到屋内取暖、制冷的目的。

荷兰环境教育咨询中心的设计者在中心走廊的玻璃顶上安装了功率为 7.7kW 的光电 PV 板，将太阳能技术与建筑设计完美结合起来，夏天，PV 板可以充当遮阳装置，减少阳光直射；冬天，可以通过调整玻璃顶上的 PV 板间距获得相应的自然采光。这座建筑的太阳能 PV 板满足了 40% 的能源需求，减少了能源开支。

五、赋予建筑物以生态学的文化和艺术内涵

赖特、柯布西耶等现代主义大师的很多作品中都蕴涵着生态文化。赖特的建筑作品与当时当地环境融为一体的有机建筑设计原则实际就是体现了深层次生态学的设计原则。赖特将建筑视为"有生命的有机体"，因此赖特认为没有一座建筑是"已经完成了的设计"。建筑必须同所在的场所、建筑材料以及使用者的生活有机地融为一体。

对于单个建筑物来说，它屹立于一方土地，虽不能像一片绿色的森林那样为我们赖以生存的生态经济系统创造较大的改善或保护环境的生态效益，

但如果按生态经济的原理来进行建筑设计，则完全有可能实现自然能源的有效、充分利用，在合理的立体绿化及生态经济的开放式闭合循环的基础上达到无污无废、高效和谐的"生态"单体建筑的标准。

中国从20世纪80年代开始对生态建筑体系进行探索，并初见成效。我国约有20多座城市如广州、上海、昆明、成都等都先后对生态建筑体系进行了研究并提出了建设生态城市的目标，已经完成或正在编写各自的"生态城市建设发展规划"。近期，台北、天津两个城市对生态建筑体系的实践成绩较突出。台北市是台湾地区政治、经济、文化中心，也是台湾地区在生态城市规划理念与实践中最先进的城市，在生态建设发展政策、城市土地管理体系以及规划设计准则方面都有完善的设想以及详细和严谨的规定。

位于天津滨海新区的"中新"生态城是国内目前规模最大、涉及产业最多的整体生态城市开发项目。建设的目标在提出七个主要目标的基础上，细化具体的指标体系来控制生态建设的各个环节，这些都显示了我国在生态建筑体系的系统化及标准化方面所作的努力和取得的喜人成果。

为了达到发展可持续建筑体系，以生态建筑构造城区环境，用健康环保创造未来美好生活的目标，我们要在制定并实施节能减排和生态建筑技术完整的标准指标体系，延续城市文脉的同时，充分体现时代特征，展示先进的生态建筑理念和适宜的建筑新技术、新材料，在人与人、人与自然以及历史与未来之间创造和谐氛围，引领未来的城市发展。

第三节 生态建筑工程

生态建筑工程的实质就是要建筑物以尽可能小的物理空间容纳尽可能多的生态功能，以尽可能小的生态代价换取尽可能高的经济效益，以尽可能小的物理交通量换取尽可能大的自然和人文生态交流量。利用现有技术和材料，在保证建筑安全、耐久、舒适的前提条件下，使新能源、新材料（如太阳能、风能、地热能以及各种再生能源，绿色建材，可再生材料等）的利用达到一种合理的水平，排向环境中的各类污染物（如温室气体、废水、固体生活垃圾等）应控制在一个较低水平线上，以达到经济、社会、环境效益的协调统一。

一、生态建材产业工程

生态型建筑材料主要指建筑材料来源的可再生性、本土化、易得性，建筑材料生产及使用工程中对环境影响的最小化以及对人体健康的无害化，建筑材料对建筑本身的安全性、节能性、经济性、对内外环境设计的适应性等。

随着环保型消费逐步占据主流，住宅建筑的生产商和消费者都对建材提出了安全、健康、环保的要求。采用清洁卫生技术生产，减少对天然资源和能源的使用，大量使用无公害、无污染、无放射性、有利于环境保护和人体健康的环保型建筑材料，是住宅建筑发展的必然趋势。所谓环保型建材，即考虑了地球资源与环境的因素，在材料的生产与使用过程中，尽量节省资源和能源，对环境保护和生态平衡具有一定积极作用，并能为人类构造舒适环境的建筑材料。

环保型建材应具有以下特性：一是满足建筑物的力学性能、使用功能以及耐久性的要求。二是对自然环境具有亲和性、符合可持续发展的原则。即节省资源和能源，不产生或不排放污染环境、破坏生态的有害物质，减轻对地球和生态系统的负荷，实现非再生性资源的可循环使用。三是能够为人类构筑温馨、舒适、健康、便捷的生存环境。

作为现代建筑工程重要物质基础的新型建材，国际上称之为健康建材、绿色建材、环境建材、生态建材等。环保型建材及制品主要包括：新型墙体材料、新型防水密封材料、新型保温隔热材料、装饰装修材料和无机非金属新材料等。按照世界卫生组织的建议，健康住宅应能使居住者在身体上、精神上和社会上完全处于良好的状态，应达到的具体指标最重要的一条，就是尽可能不使用有毒、有害的建筑装饰材料，如含高挥发性有机物的涂料；含高甲醛等过敏性化学物质的胶合板、纤维板、胶粘剂；含放射性高的花岗石、大理石、陶瓷面砖、煤矸石砖；含微细石棉纤维的石棉纤维水泥制品等。

二、景观生态工程

建筑的外观标志性及生态空间的营造。如绿色空间和建筑绿化、动植物生境和生物多样性的营造、水景观和其他人工景观的特异性、外观的易维护性、公共空间的美化、对当地自然环境的亲和性、适应性等。充分体现地域特点，当地自然生态景观、建筑风貌和本土历史文化融为一体，独具特色。小区的绿化系统要满足居民的绿化要求。在建筑旁边进行植树、铺设草坪等绿化，可起到防风、隔热、防尘和美化环境的效果；另外亦可达到节能、净化空气、维持生态平衡的目的。社会正在不断发展，人们的住宅消费观念也随之发生了显著变化。如今的购房人已经开始走"先看环境地段，次看房型功能，再论房价高低"的三部曲，特别是住宅区的绿化率、人文环境、现代化功能设施配置状况等和谐因素已逐渐深入人心。

作为 21 世纪家园的康居住宅，小区内的环境要优美，设计应强调环境与生态的和谐统一，平面布局须本着节地、美观与舒适的原则，尽可能紧凑简化，立面应注重转折变化、高低错落，使整个住宅区形成各种曲线与几何图形相互交汇的美景；建筑物的排布与户外绿化、水系、游园、雕塑小品应巧妙搭配，形成别具一格的组团绿化与庭院绿化相融合，水景与绿化相辉映的布局，与形式丰富的空间和形态各异的内部结构相呼应；住宅区应传承地域文化、延续城市文脉，以绿为特色，以景为衬托，以家为感召力，以文化为底蕴，要具有浓厚的地方特色，并能体现出别具一格的建筑风格；园区内各种雕塑及装饰物应与周围环境和谐统一，能体现地方文化的韵味，同时也要具有标新立异的效果，以达到人—住宅—环境的完美融合；此外，小区内的功能设施一应齐全，建设配置供人休闲娱乐之用的会所和能够为业主分忧的幼儿园甚至学校等，并在户外安放各种健身娱乐设施，充分营造出一个完美和谐的人文环境，体现以人为本的建设理念。

三、居室生态工程

建筑内部的声、气、光、温、湿的控制，内部环境及设施的舒适性、无害性、方便性、经济性及生态合理性（内部的美化、绿化、自然性的体现、废弃物处理设施的优化设计）。

声环境系统：小区的声环境系统包括室外、室内和对小区以外噪声的隔阻措施。室外声环境系统设计应满足，日间噪声小于50dB，夜间小于40dB；建筑设计中要采用隔声降噪措施使室内声环境系统满足：日间噪声小于35dB，夜间小于30dB。

气环境系统：小区的气环境系统包括室内和室外两个方面。室外空气质量要求达到二级标准；居住室内达到自然通风，尽可能采用绿色建材，卫生间具备通风换气设备，厨房设有烟气集中排放系统，达到居室内的空气质量标准，保证居民的卫生健康。

光环境系统：小区的光环境一般着重强调满足日照要求，室内要尽量采用自然光。除此以外，还应注意居住区内防止光污染,如强光广告、玻璃幕墙等。在室外公共场所地采用节能灯具，提倡由新能源提供的绿色照明。

四、能源利用生态工程

充分利用太阳能、风能、生物质能、地热能等可再生能源作为建筑能源，降低对矿物能源的消耗。以太阳能供热、制冷及动力系统为主要目标，生物质能可考虑作为太阳能供热的辅助能源，采用保温隔热技术。

进入小区的能源在一般情况下有：电、燃气、煤。对这些能源要进行优化分析，采用最佳方案，对住宅的围护结构和供热、空调系统要进行节能设计，建筑节能至少要达到50%以上。有条件的地方，鼓励采用新能源和绿色能源(太阳能、风能、地热、潮汐能等其他再生资源)。

创建节约型住宅，目前我国正处于工业化和城镇化快速发展阶段，工业的增长、居民消费结构的升级，特别是中国城镇化进程的快速发展，对能源、经济资源的需求将更加迫切。而在我国430多亿平方米的建筑中，99%都属于高能耗建筑，每年的建筑能耗在能源总消耗量中所占的比例将近30%。为节约耕地和煤耗，工程建设中要全面淘汰各种黏土砖、黏土瓦，尽量采用框架结构，并选用质轻、保温、隔热、环保、利废的加气混凝土砌块和混凝土瓦；主要建筑物围护结构及屋面须添加符合当地气候条件的保温隔热材料，同时，建筑物外墙也须选择具有较强抗太阳辐射和反射能力的涂料，以达到节能保温的效果；房屋外墙面玻璃窗一般可选用密封性能好、保温隔热性能佳的双层中空玻璃窗；尽量选用能在门芯中充填复合保温材料的防盗门，以达到防盗和保温的双重功能；住宅内部可选用节能 20%~30% 的低温地板辐射采暖系统；楼梯间可设计选用有电子延时、红外线光控开关的太阳能灯，住宅区内的照明设施最好全面采用太阳能灯具；家居设备中，尽量选用节水型坐式大便器，陶瓷芯冷水龙头和双温单把陶瓷芯节水龙头等。总之，所有设备应尽可能选用节约型的，为国家节约能源作出贡献。

五、生态智能系统工程

主要指按自然生态和人类生态原理及信息技术设计的居住小区的通信系统、控制系统、安全系统及服务系统等智能化综合服务网络。可按不同消费水平设计不同档次的生态智能系统。

创建平安社区。人类进入 21 世纪以来，生活条件发生了显著的改变，对生活质量的要求也不断提高，越来越多的人开始把自身的安全放在了首先考虑的位置。

为了让业主每天都有充沛的精力，能够全身心地投入到正常的工作和生活中，不受外界的打扰，康居住宅区内应采用多种安全防范措施：封锁所有的周界设施，采用先进的双光束主动红外探测器监控；大门采用简易智能停车系统，可设计为一进一出模式，凭感应式智能 IC 卡进出；区内交通要精心组织，最好实行人车分流，机动车一律在外围行驶，不得进入住宅区内部；公共场所、主要通道、车库等安装闭路电视监控系统，实施全天候、全方位的实时监控；主要景观区实行无障碍设计，满足紧急情况下的特殊要求，也能为伤残人士提供方便；每户的进出主门可安装防盗门磁，客厅安装红外探测器和烟感报警器，主卧室安装紧急按钮，形成一个家庭安全联网报警系统，由小区保安控制中心实施 24h 监控；区内楼寓应安装防盗电控门和可视数码对讲访客系统进行安全防范。

楼宇自动化系统也叫建筑设备自动化系统，是智能建筑不可缺少的一部分，其任务是对建筑物内的能源使用、环境、交通及安全设施进行监测、控制等，以提供一个既安全可靠，又节约能源，而且舒适宜人的工作或居住环境。

楼宇自动化系统的组成与基本功能：

建筑设备自动化系统通常包括暖通空调、给水排水、供配电、照明、电梯、消防、安全防范等子系统。根据我国行业标准，BAS 又可分为设备运行管理与监控子系统和消防与安全防范子系统。一般情况下，这两个子系统宜一同纳入 BAS 考虑，如将消防与安全防范子系统独立设置，也应与 BAS 监控中心建立通信联系以便灾情发生时，能够按照约定实现操作权转移，进行一体化的协调控制。

建筑设备自动化系统的基本功能可以归纳如下：自动监视并控制各种机电设备的起、停，显示或打印当前运转状态；自动检测、显示、打印各种机电设备的运行参数及其变化趋势或历史数据；根据外界条件、环境因素、负载变化情况自动调节各种设备，使之始终运行于最佳状态；监测并及时处理各种意外、突发事件；实现对大楼内各种机电设备的统一管理、协调控制；能源管理方面，例如水、电、气等的计量收费、实现能源管理自动化；设备管理方面，例如设备档案、设备运行报表和设备维修管理等。

六、废弃物再生生态工程

小区的废弃物管理与处置系统，目的是使小区自然环境保持一种平衡状态。采用不同的处置方式对固体废物进行管理，无害化处理和综合利用，在国内采用物理化学法、固化法及高温焚烧法等，亦可采用动物处理垃圾。小区内可设置一个专门的垃圾处理用房，将生活垃圾全部袋装分类收集，充分回收后，通过生态垃圾处理系统进行分解，避免外运，而将有毒、有害垃圾收集起来交由相关部门进行特殊处理，可最大限度地将可再生资源循环利用，减少环境污染。

管理方面，政府部门需要在制定法规计划、改革管理机制、建立监督执法、抓好宣传教育等方面通盘考虑、综合治理，鼓励推行清洁生产、清洁生活方式、生活垃圾的收费制度等。

七、活水净水生态工程

对于小区的水系统要考虑水质和水量的问题。生活污水是水污染的一大源头，对环境有着巨大的破坏作用，但在康居住宅的建设中，可将其视为一种潜在的水源，采用无动力厌氧及耗氧结合的分散式污水处理。通过生态污水处理系统的处理，从住宅楼内所排出的污水便可回用于小区的道路清洗、绿化喷灌、夏季的喷水降温和人工湖内等。住宅内冷热水管道最好采用不溶于水、不产生有害物质且可以回收循环使用的PP-R管材、管件系列产品。用于水景工程的景观用水要进行专门设计并将其纳入中水系统一并考虑。小区供水设施宜采用节能节水型，要强调淘汰耗水型室内水器具，推行节水型器具。在必要的地方，同步规划设计管道直饮水系统，以便提供优质直饮水。采用卫生净水、分质供水系统，保障人饮用水卫生安全。设计雨水利用系统保证地下水的有效补充和水资源的充分利用，使水资源得到充分、合理地利用，变静水为动水、死水为活水、污水为净水、废水为利水。

第四节 生态建筑评估体系

一、生态建筑评估体系简介

生态建筑涉及环境、健康和经济等诸多方面，因此对其进行分析、评价有别于传统意义上的建筑。比如，为了逐步解决发展和环境保护所面临的问题，需要摒弃单纯以追求经济效益为中心的发展观，重视对自然资源的持续利用；在进行经济预测时，要讨论自然资源持续利用的价格问题，以一个较长的时期为考察对象，结合考虑生态环境的经济价值等多种因素来分析项目的成本和效益。对生态建筑的评价，需要建立多个评价因素或评价指标，是在多因素相互作用下的一种综合判断，仅从单个因素出发作出判断是不够的，而且容易带来片面性。这些因素往往包含不确定性因素，难以量化，如果过多地依赖主观经验，又可能使评价结果失真。因此，生态建筑的评价是一项复杂的工作。

国际生态建筑评价经过十多年的发展，至今已形成了若干有影响力的评价体系，包括英国的 BREEAM、美国的 LEED、加拿大的 GBTool、澳大利亚的 NABERS、德国的生态建筑导则 LNB、挪威的 ECO PROFILE、法国的 ESCALE、日本的 CASBEE 等。这些评价体系在实践中得到了较好的应用，对各个国家在城市建设中倡导绿色概念、引导建造者和使用者注重可持续发展起到了重要作用。

随着生态建筑研究与实践的不断扩展以及相关设计与监测方式的不断更新与完善，其评价工作也受到越来越多的重视。国际上，生态建筑评价体系的发展基本上经历了三个阶段：第一阶段是对建筑产品和单项指标的一般评价、介绍与展示；第二阶段是对建筑方案环境物理性能的模拟与评价；第三阶段是对建筑整体环境表现的综合审定和评价（刘煜，2003）。

二、我国现有生态建筑评估体系

我国在生态建筑评估体系方面的研究起步较晚，相关工作主体上仍以第一阶段产品技术的一般评价、介绍与展示为主，但后两阶段的评价方式已经开始在国内行业内积极推行，并形成了几套生态住宅建筑评价体系的框架。目前，国内较权威的生态建筑评估体系主要有《中国生态住宅技术评估手册》（2001 年发行第一版，2003 年完成第三次升级）和 2006 年 6 月实施的《绿色建筑评价标准》（试用版）。

（一）《中国生态住宅技术评估手册》

《中国生态住宅技术评估手册》以可持续发展战略为指导，以保护自然资源、创造健康、舒适的居住环境，与周围环境生态相协调为主题，旨在推进我国住宅产业的可持续发展。通过评价建筑环境全寿命周期每一阶段的综合品质，提高我国绿色生态住宅建设的总体水平，并带动相关产业发展。制定该体系的指导思想为：

(1) 以促进住宅小区节约资源及防止环境污染为基本目标；

(2) 以科技为先导，促进绿色生态住宅技术创新机制的形成，为科技成果转换提供依据；

(3) 指导适合绿色生态住宅的新技术、新工艺、新产品、新设备的开发与推广应用，逐步形成符合市场需求及产业化发展的绿色生态住宅体系，促进绿色生态住宅产品的系列化开发、集约化生产和商品化配套供应；

(4) 为绿色生态住宅技术的评估认定及相应产品的认证提供依据，规范绿色生态住宅建设市场；

（5）提高绿色生态住宅小区的规划设计、建筑设计及建设水平，做到有所创新、有所突破，实现社会、环境、经济效益的有机统一。

该评估体系由六个部分组成，即第1部分：前言；第2部分：评估指标体系，这部分在融合国际上发达国家制定的绿色生态建筑评估体系（如美国绿色建筑理事会颁布的《绿色建筑评估体系（第2版）》）和我国《国家康居示范工程技术要点》、《商品住宅性能评定方法和指标体系》有关内容的基础上，分五个子项：小区环境设计、能源与环境、室内环境质量、小区水环境、材料与资源，提出了中国生态住宅技术评估体系，每一个子项之后附有该子项体系的评分表，并确定了评价原则和计分方法；第3部分：术语及参考文献；第4部分：评估体系有关子项的评分标准及办法；第5部分：技术评估软件演示光盘；第6部分：附录。

（二）《绿色建筑评价标准》

我国政府从基本国情出发，从人与自然和谐发展、节约能源、有效利用资源和保护环境的角度，提出发展"节能省地型住宅和公共建筑"，主要内容是：节能、节地、节水、节材与环境保护，注重以人为本，强调可持续发展。

从这个意义上说，节能省地型住宅和公共建筑与绿色建筑、可持续建筑提法不同，内涵相通，具有某种一致性，是具有中国特色的生态建筑可持续建筑理念。为贯彻执行节约资源和保护环境的国家技术经济政策，推进可持续发展，规范绿色建筑的评价，建设部于2006年3月16日公布了《绿色建筑评价标准》（GB/T 50378—2006），并于2006年6月1日起实施。

该标准的编制原则为：

（1）借鉴国际先进经验，结合我国国情；

（2）重点突出"四节"与环保要求；

（3）体现过程控制；

（4）定量与定性相结合；

（5）系统性与灵活性相结合。

《绿色建筑评价标准》用于评价住宅建筑和公共建筑中的办公建筑、商场建筑和旅馆建筑。其主要评价指标体系包括以下六个方面：

（1）节地与室外环境；

（2）节能与能源利用；

（3）节水与水资源利用；

（4）节材与材料资源利用；

（5）室内环境质量；

（6）运营管理（住宅建筑）、全生命周期综合性能（公共建筑）。

各大指标中的具体指标分为控制项、一般项和优选项三类。其中，控制项为评为生态建筑的必备条款；优选项主要指实现难度较大、指标要求较高的项目。对同一对象，可根据需要和可能分别提出对应于控制项、一般项和优选项的指标要求。

(三) 国内外生态建筑评估体系比较分析

GBTool 和 LEED 是国际上公认的较为权威的生态建筑评价体系，表 11-1 就 LEED 和 GBTool 与《中国生态住宅技术评估手册》和《绿色建筑评价标准》进行了比较，希望能为我国生态建筑评估体系的研究和完善提供一些借鉴。

通过表 11-1 的对比分析发现：我国目前在生态建筑评估的研究上依然处于初始阶段；现有的评估体系很大程度上参考了美国的 LEED；现有的评估重点在于环境影响，而忽视了经济可行性的评价，并且定量不足。

生态建筑评估体系分析比较（范涌，2008） 表 11-1

	GBTool	LEED	中国生态住宅技术评估手册（2003版）	绿色建筑评价标准
	\multicolumn{4}{c}{A 可持续发展现场}			
评价内容	对现场和临近建筑物的影响	1. 开发现场选择 2. 可供选择的交通工具公共设施 3. 减少对现场的干扰	1. 小区区位选址 2. 小区交通 3. 规划有利于施工 4. 改善小区微观环境	1. 区位选址 2. 场地的环境 3. 场地的公共服务设施和公共交通
	\multicolumn{4}{c}{B 能源消耗}			
	全寿命周期能源使用	1. 最优能源绩效 2. 重复使用能源 3. 附加任命 4. 计量和证明 5. 绿色能源	1. 建筑主体节能 2. 常规能源系统的优化作用 3. 可再生能源 4. 能源对环境的影响	1. 建筑主体节能 2. 常规能源系统的优化利用 3. 可再生能源
	\multicolumn{4}{c}{C 材料和资源的消耗}			
	1. 土地使用和土地生态价值变化 2. 材料净使用	1. 建筑重新使用 2. 施工废物管理 3. 资源重新使用 4. 地方和地区材料 5. 迅速重复使用材料 6. 证明的木材	1. 使用绿色建材 2. 就地取材 3. 资源再利用 4. 住宅室内装修	1. 使用可再循环建筑材料 2. 建筑固体废弃物分类处理、回收、利用 3. 就地取材
	\multicolumn{4}{c}{D 水环境系统}			
	1. 水的净使用 2. 液体排放物	1. 景观用水效率 2. 创新废水技术 3. 减少用水	1. 用水规划 2. 给水排水系统 3. 污水处理与回收利用 4. 使用非传统水源 5. 节水器具与设施	1. 综合利用各种水资源 2. 避免管网漏损 3. 节水器具与设施 4. 使用非传统水源
	\multicolumn{4}{c}{E 气环境系统}			
	1. 建筑物气体排放 2. 使臭氧减少的物质排放 3. 导致酸雨的其他排放 4. 空气质量和通风	1. CO_2 检测 2. 增加通风有效性 3. 低放射材料 4. 室内化学和污染源控制 5. 系统可控性	1. 小区空气质量 2. 室内空气质量	1. 室内、外空气质量 2. 自然通风技术
	\multicolumn{4}{c}{F 声环境系统}			
	1. 噪声和声学	—	1. 降低噪声污染（小区规划） 2. 室内声环境	1. 降低噪声污染 2. 室内声环境 3. 建筑合理布局

续表

评价内容	G 光环境			
	日光照明和可视通道	采光和景观	1. 日照与采光（小区规划） 2. 室内光环境	1. 日照与采光 2. 室内光环境
	H 热环境系统			
	空气温度	—	室内热环境	室内热环境
	I 废弃物管理（固体）			
	固体废弃物	施工废物管理	垃圾处理	1. 施工废物管理 2. 垃圾处理
	J 绿化系统			
	—	—	小区绿化	小区绿化
	K 经济性能			
	1. 全寿命周期成本 2. 投资成本 3. 运行和维护费用	—	—	经济效益、社会效益和环境效益相统一
	L 创新			
	—	1. 设计创新 2. LEED 职业评估	—	—
特点	1. 指标繁多，过于细腻，难以操作 2. 具有国际性和地区性，评价准则灵活 3. 从全寿命周期角度来评价 4. 考虑了土地指标和经济指标	1. 具有透明性和可操作性 2. 指标要素考虑了可持续的要求 3. 对一些管理方面的规划、方案要求高	1. 更多关注整个小区环境质量 2. 对各系统的要点和技术提出了具体要求	1. 重点突出"四节"（节能、节地、节水、节材）和环境保护 2. 定性与定量相结合 3. 体现过程控制
评价对象	新建或改建的中等规模办公建筑、学校及住宅	评价新建和已建的商业住宅、公共住宅及高层住宅建筑	新建住宅小区	评价住宅建筑和公共建筑中的办公建筑、商场建筑和旅馆建筑
评分机制	所有性能标准和子标准的评价等级设定为：-2 分到 +5 分 8 个等级，低层次指标得分乘以权重后相加得到高层次指标分数。评价结果不分等级，仅用于和其他项目进行横向和纵向比较	共 69 个得分点，分 4 级： 通过：26~32 分 银奖：33~38 分 金奖：39~51 分 白金：52~69 分	分为 5 个指标体系，各体系满分为 100 分，5 个体系得分都在 60 分以上，可定为绿色生态住宅；80 分以上，可进行单项认定	绿色建筑必须满足控制项要求。按满足一般项和优选项的程度，绿色建筑划分为 3 个等级

建筑生态学

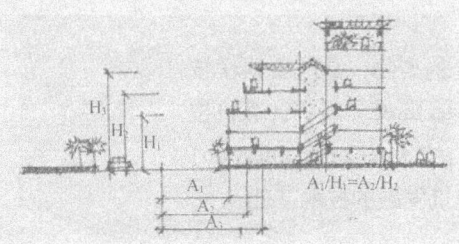

第十二章 建筑的生态管理——智能建筑

第一节　智能建筑

一、智能建筑概述

智能建筑的基本要求是，有完整的控制、管理、维护和通信设施，便于进行环境控制、安全管理、监视报警，并有利于提高工作效率，激发人们的创造性。智能建筑提供的环境应该是一种优越的生活环境和高效率的工作环境：

（1）舒适性。人们在智能建筑中生活和工作（包括公共区域），无论是心理上还是生理上均感到舒适，为此，空调、照明、噪声、绿化、自然光及其他环境条件应达到较佳或最佳状态。

（2）高效性。提高办公业务、通信、决策方面的工作效率，节省人力、时间、空间、资源、能耗、费用，以及建筑物所属设备系统使用管理的效率。

（3）方便性。除了集中管理，易于维护外，还应具有高效的信息服务功能。

（4）适应性。对办公组织机构、办公方法和程序的变更以及设备更新的适应性强，当网络功能发生变化和更新时，不妨碍原有系统的使用。

（5）安全性。除了要保证生命、财产、建筑物安全外，还要考虑信息的安全性，防止信息网中发生信息泄露和被干扰，特别是防止信息数据被破坏、被篡改，防止黑客入侵。

（6）可靠性。选用的设备硬件和软件技术成熟，运行良好，易于维护，当出现故障时能及时修复。

那么，什么样的建筑才算是智能建筑？国家标准《智能建筑设计标准》（GB/T 50314—2006）的定义为"以建筑为平台，兼备建筑自动化设备 BA、办公自动化 OA 及通信网络系统 CA，集结构、系统、服务、管理及它们之间的最优化组合，向人们提供一个安全、高效、舒适、便利的建筑环境"。智能建筑是在建筑这个平台上，由三大子系统所构成。建筑平台就是建筑物（包括环境）本身，如果没有这个平台，就无从谈起建筑的智能化。所谓三大系统，是指通信自动化系统（CA）、办公自动化系统（OA）、建筑设备自动化系统（BA），它们一起构成了整个智能建筑。

智能建筑的发展，是建筑技术与信息技术相结合的产物，是随着科学技术的进步而逐步发展和充实的。现代建筑技术（Architecture）、现代计算机技术（Computer）、现代控制技术（Control）、现代通信技术（Communication）和现代图像显示技术（CRT），即 A+4C 技术是智能建筑发展的技术基础。

二、智能建筑的实施

（一）智能建筑的实施步骤

智能建筑的实施步骤，是使智能建筑健康发展的一个重要措施。一般步骤如下：

(1) 需求的建立——用户需求可根据附件需求表的内容选择；
(2) 需求论证；
(3) 确立智能化方案；
(4) 可行性研究；
(5) 招标文件的编制；
(6) 系统设计和设备招标；
(7) 对招标书和设备配置进行评审；
(8) 详细设计；
(9) 整体性的确认；
(10) 施工计划、管理；
(11) 试调；
(12) 方式运行；
(13) 总结评估；
(14) 运行维护。

(二) 当前智能建筑建设中应注意哪些方面

1. 业主方面

(1) 在"智能建筑"热面前，贪多求全，期望太高，提出"世界一流"、"十五年不落后"等口号，提出大大超过建筑功能与规模的智能化要求。

(2) 既对自己的需求不清楚，也对信息化产品没有深入的了解，仓促上马，致使投资效果很不理想，投入使用后发现问题多多。

(3) 对智能化集成系统带来的增值效果有所怀疑或由于资金投入方向问题，以致不适当地压低在智能化系统上的投资，造成建筑物档次的下降。

(4) 没有总体集成的概念和系统发展的考虑，以致边招标、边设计、边施工、边修改、返工浪费严重。

(5) 缺少掌握智能化系统技术的人才。

(6) 智能化系统建成后，对日常管理和持续维护重视不够。

2. 厂商方面

智能建筑的兴起在呼唤智能化系统集成商。市场上集成公司为数众多，相当活跃，他们运用种种商业手段以谋取对智能化系统的承包。但从他们的技术水平，技术支持能力，施工、组织经验和内部质量保证体系等方面来考察，真正能称为系统集成商的公司不多。这方面出现的问题有：

(1) 自称的智能化系统集成商，实际上仅仅是某一个子系统的集成商，甚至只是产品销售商，他们对建筑，对现场安装，对施工组织了解不多，甚至毫无了解。因此，不能很好地组织指挥，甚至组织指挥不及系统的各个分包商。

(2) 商业利润考虑多，力图在智能化系统中分得尽可能大的份额，对业主造成误导。在系统建设中，各厂商各自为政，互相扯皮，贻误工程。

(3) 为争取项目，迎合业主低投资的企图，拼命压低报价。项目到手，为了利润，不顾质量，降低规格。

(4) 各厂商的产品都自称"开放性"好，而实际上为了市场利益，开放程度有限，造成集成系统难以实现或留下维护中的隐患。

3. 设计方面

(1) 面对飞速发展的信息技术设计部门对智能化产品和智能设计方法还很不熟悉，尤其在集成方面更弱些，还需要产品厂家和系统集成商的支持和通力合作。

(2) 目前对智能建筑设计的注意重点大都集中在智能化系统上，而在建筑平台方面注意不够，以致建筑结构的灵活性、适应性稍欠佳，对智能化系统设备的安装空间、管线、路由等考虑不周。

(3) 业主盲目相信境外设计单位。结果，由于这些单位并非智能建筑行家，图纸和设计水平也并不见得比国内设计部门高，加上文化背景、设计方法、施工习惯的不同，往往拿到境外图纸却无法全部实施。

4. 实施方面（施工、安装、调试和竣工）

(1) 施工队伍素质差，缺乏经过正规训练、有经验的施工人员，大量刚离开土地的农民担当施工安装，造成安装质量不高。

(2) 现场工程督导人员素质差。因为这是新兴业务，要求新且深的知识，要求丰富的现场实际经验、好的组织协调能力以及熟悉有关的法规、标准。所以，原来的督导需要重新培训，而刚出校门的大学生，一时胜任不了督导。

(3) 施工组织与管理不够健全，形成指挥不灵、协调不力，于是施工中相互扯皮，施工效率低。

(4) 对施工的全面质量管理重视不够，很少有制定明确的质管标准或规定：如施工前的设备品质检查，施工中每个阶段的控制停止点的设立，测试报告的内容和格式的规定，竣工验收的条件和相关文件。

(5) 其他：

①宣传上对智能建筑的误导。如，把 A 的多少说成是智能建筑的级别。又如，把搞了综合布线的建筑说是智能建筑等。

②过分强调了智能化系统的作用，而忽视了中国的现实、中国的文化背景、人的作用等。对信息化设备与人的关系的统一性考虑不够。

③智能建筑的咨询、总承包、总监理的作用尚未被正确认识，其体制未建立、运作尚未展开。

（三）加强对智能建筑的管理

由于智能化系统在国内隶属于建设、公安、邮电、广电、电业等行业，因而管理十分混乱。要使管理有序化，必须得到政府主管部门的支持，否则不可能具有权威性。学会、协会之类群众性学术团体是不可能像政府主管部门那样起到管理作用的。所以，由建设主管部门牵头，建立智能建筑管理部门势在必行。该机构代表政府主管部门执行如下任务。

1. 宣传

利用报纸、电视以及各种会议宣传信息技术与智能建筑的关系，宣传什么是智能建筑，什么是3A系统，什么是集成，以澄清当前许多由于宣传不当而造成的误区。

2. 培训

（1）对业主进行短期培训，使业主对智能建筑的概念、基本组成、实施方式、规范及标准等有一个完整的了解。从而能对自身的建筑提出需求，能对集成商的作用有所了解，能与专家一起拟订出智能建筑的规划和实施的初步方案等。

（2）对从业人员的专业资格培训，使他们确实具备专业上岗水平。对象为：技术监督人员等各方面的人员。内容为：技术方面的；施工安装方面的；规范与标准方面的。

3. 评审

（1）对信息化产品的评审：产品的技术规格先进性、质量；收集用户对产品以及厂家服务的评价；对用户投诉的判定，从而对产品厂家给予客观公正权威的评价。作为给业主选择厂家的依据。

（2）对设计的评审，包括设计的依据；对需求的满足性；技术的成熟性、可操作性和先进性；设计院的经济性和可扩性等的评审。

（3）对智能化系统的评审，包括：智能化系统实施过程中的各种文档、原始记录、竣工文件的书写标准化与完整性；智能化系统的总体质量、配置、功能、安装质量和运行结果。

（4）对智能建筑级别的评审，从结构、系统、管理和服务等建筑四要素，结合规范和标准以及业主需求的满足程度进行。

4. 咨询

为业主提供智能化系统整个生命周期任一阶段内的有关问题的咨询，以帮助业主决策。

5. 立法

结合本地实际，制定智能建筑的地方法规的补充性法规。

6. 管理

智能建筑的行业管理，对系统集成商、施工安装公司、监理公司等的资质认可，制定相应的管理规章，从而有章可循。

（1）各有关部门要加强协调，统一管理，使智能建筑行业有一个明确的主管部门，以实施对智能建筑市场的政策导向及管理。加强智能建筑专业施工队伍的归口管理并建立相应的资质审查、招投标、监理制度，维护国家及投资方的利益，促进智能化建筑在我国健康、有序的发展。

（2）尽快制定"智能建筑"设计、施工的国家规范、标准。

（3）应大力提倡支持引进、消化、吸收国外的先进技术和产品，走上国产化的道路，逐步缩小我国智能建筑技术与国际先进水平的差距，并扶植我国自己的专业化智能工程设计及施工队伍。

（4）加强各类院校"智能建筑"学科的建设。目前，上海交通大学、哈尔滨建筑大学和北京建筑工程学院计划招收"智能建筑"方向的研究生，南京建筑工程学院已开设了"建筑物智能化工程"本科专业，培养大量各种层次的技术人员和管理人员，以适应工程建设发展的需要。

（5）以主管部门牵头和相关行业部门联合组织"智能建筑学会"或"智能建筑协会"，以加强相关行业专家学者的联系，共同开展技术研究和学术交流，吸收国际先进技术，带动相关产业的发展。

（6）推广"智能建筑"技术到民用建筑中，以提高居民生活质量。比如实现小区物业管理自动化，实施抄表出户、计量收费、防火防盗、门禁、电梯、路灯等计算机管理和控制。

第二节　智能小区管理

近年来，中国大步跨入了信息化社会，人们的工作生活与通信、信息的关系日益紧密，信息化社会在改变我们生活方式与工作习惯的同时，也对传统的住宅提出了挑战。随着市民生活水平的提高，人们居住环境的要求不断升级，希望有一个安全、舒适、便捷的家，智能小区于是在中国各地蓬勃发展起来，并已成为21世纪建筑业的发展主流。

智能化小区是在智能大厦的基本含义中扩展和延伸出来的，有了智能大厦才令人联想出原来物业小区都可以智能化，所谓"智能化"，简单地说，就是安装并应用一整套网络系统将电话、电视信号和计算机数据在小区中、家庭中合并在一起传输的现代化的家庭设施。利用这网络，小区能够提高效率、舒适、温馨、便利及安全的居住环境，家庭可以将家用电器作为终端，以及家庭网络连接家用电器、设备、仪表和安防设施，实现安全保障、多表计量、电器遥控、灯光控制、环境设计、能源调配和家居管理，创造更优越的生活条件。

如果没有高质量的住宅小区智能化管理，就不可以充分发挥住宅小区的智能化效果，要真正地实现科学高效管理，就要有高级的智能化系统、完善的设备、统一的综合管理，才能称得上是智能化小区。其实，不能单是有良好的系统，还要有专业的管理人才，这样两者合作才会有优质的智能化小区。

一、智能化小区系统

（一）防盗系统

对于"防盗"这词，人们都非常重视，不能掉以轻心，在智能化小区中各种防盗设施尤为重要，必须有一系列的综合保安系统，其功能包括防盗报警和家居安全两方面，使用标准的传感器信号接口，可以驳接市面上大多数的防盗产品，如果系统再接到保安室，还可以发出报警信息，引发出闪耀的灯光、电话远程报警等。

由于现代小区的占地面积很大，它的四周边界总长一般在一公里以上。传统上对小区周边的防范，就是起高墙、勤加巡逻，但是到了现在，这种方法很落后，有时候加上天气问题、地形等环境因素的影响，百密一疏，很容易形成安防死角。用智能化的方法安装周边防范系统，运用主动红外线对射技术，放在小区边界形成一道电子幕墙，可以全天候、全方位、24h 地监测小区的周边情况，做到万无一失。而且它隐蔽性强，不容易被入侵者发现。周边防范系统的红外线器接到小区保安中心的报警接收机上。当有人非法跨越时，切断红外线路，即会触发报警，加上和闭路电视系统结合，可以立即显示出报警的位置和报警的原因，这样就可以减少时间和人力。

闭路电视系统也很重要，闭路电视系统是为保安中心提供实时视频图像的一套最直接的安防系统。可在出入口、车站等公共场所观察人员的流动情况，可以监控记录各种工作、生产、生活等情况。在智能小区中，闭路监控系统使管理人员在控制室内能观察到小区内所有重要场所的现场情况，为保安系统提供了远程视觉效果，为小区内各种人员的活动提供了监控的途径。闭路电视监控系统主要在通道、重要建设及周边设置，将图像传送到管理中心，由管理中心对整个小区进行实时监控记录，使中心管理员充分了解小区的动态。

（二）照明控制系统

照明系统中可以发挥出智能化的功效，在小区内所有的灯均可作亮度的调节，以满足小区中不同地方的需要，灯光会根据不同的情景，作出相应的调整，例如：花园里的照明灯可以暗一点，路灯亮一点，还有走廊灯和楼梯灯安装声控感应，有人走过时发出声音灯就会自然地亮起来，这样就可以更好地利用资源，不易浪费，又可以让业主减少负担，真是节源了不少。

（三）楼宇设备自控系统

当今世界，节能和环保是发展的普遍趋势。小区进行了信息采集和自动控制，所有信息采集和自动控制均由公用设备管理系统依靠计算机自动完成，起到了集中管理、分散控制、节能降耗的作用。小区的所有机电设备的工作状态均可以在小区中央控制系统室监测，出现任何异常情况均可以迅速发现，迅速得以解决，确保设备始终运行在最好状态，提高了设备的使用率及寿命。同时，还可以大大减少运行维护人员，降低物业管理的人力成本。

（四）公共广播系统

本系统在正常情况下，可按程序设定的时间自动播放有线广播、背景音乐，广播员可以随时插播讲话，如果有紧急事件就能马上通知，工作人员可以提高警惕，在控制中心可手动或自动开启和关闭小区内的部分广播设备而形成区域性或间隔广播。广播系统接到不同的事故背景信号而转入事先录制好的事故自动广播或人工事故广播。

（五）小区管线系统

地下管线是小区的重要基础设施，它的准确、完整与否，直接影响着小区的规划、建设维护和管理。以前小区地下管线由于资料不全，偏差过大，管理手段陈旧而导致维护和管理落后。建设科学、准确、完整、动态的综合性地下管线信息系统，实现了住宅小区各类管线的数字化，为小区物业管理和系统维护创造了良好有利的条件。

（六）停车场管理系统

机动车是现代社会的重要交通工具，随着人们生活水平的提高，私人拥有车辆在现代住宅已是很普遍的，因此停车管理越来越迫切地成为一个摆在小区管理者面前的问题。如果使用智能化系统就能轻松地解决这个问题了。将小区车辆按时间、顺序、内外单位、价格等不同因素分门别类地管理，给停车户提供停车的方便、车辆安全，也使小区车辆管理更加完善。智能小区一般是包含商场、娱乐及其他配套设施的综合性现代化住宅小区，其停车场惯例系统设一个收费亭，并与控制中心联网，所有前端设备都通过电缆先接线至收费厅，集中进行控制和操作。

（七）家庭智能化系统

很多已建或新建小区家庭中已安装了三表远程系统，可视对讲系统、防盗报警系统等，这些系统无疑提高了居室的安全及舒适程度。但也存在一些问题，由于系统繁多，给使用和维护带来很大麻烦，并且室外布线的数量很多，安装成本及设备成本较高，对于住户是不小的经济负担。在智能化的解决方案中，采用了在每户设置"家庭智能控制器"的方式，实现了住户的家庭智能化管理。它可以处理各种传感的信号，作出相应的处理，并具有联网功能。家庭控制器通过网络连接到小区管理中心，实现小区管理中心对每一户的安全监控。

智能小区在目前国内是一个较新的概念，要最大限度地实现功能降低成本，就必须实现现代化，采用先进的技术将过去分散的系统及设备集到一起，做到几个系统紧密结合，互为依托，不再是一个孤零零的系统，而是统一的整体，可以发挥更大的作用。利用技术手段减少人员，降低管理成本，在满足住户最大舒适度的同时，最大限度地减轻住户的经济负担。这样才能是真正的现代化智能小区。

二、智能物业管理

（一）智能建筑物业管理问题的提出

随着工业化的技术发展，建筑规模的扩大，以及对生存环境和生存条件的无限制扩展，建筑物内装置的机电设备越来越多，对建筑物的管理越来越复杂、越来越繁重。人们迫切希望改善传统的人工管理模式，减轻建筑管理的复杂程度。同时，日益严重的生态危机要求人类加强环境保护，确保生活质量和可持续发展。因而智能建筑物业管理应运而生。

目前，在智能建筑建设、运行过程中出现了片面追求技术指标，忽视系统与设施的管理，管理水平低下、管理方法失当而导致建筑物智能化系统功能下降、部分失灵甚至整体瘫痪的严重问题。因此，坚持智能化系统整体适应性的原则，加强智能建筑物业管理（缩写为 **IBFM**），注重实际运行效果，提高投资效益，已经引起人们广泛的关注。加速发展我国智能建筑物业管理已提到议事日程。

智能建筑的兴起，对传统的物业管理行业既是机遇，也是挑战。作为现代化城市管理的重要组成部分和房地产开发经营的延续与完善，物业管理本身是一个复杂、完善的系统，如何适应现代科技的发展将是物业管理发展面临的一个紧迫问题。随着人们认识的提高，物业管理必将向高科技、高智能化方向发展。

（二）发展我国智能建筑物业管理产业的必要性和迫切性

在全国各地已矗立起近两千幢各种类型智能建筑的大好形势下，人们开始了理性的思考和反思，发现不少智能建筑营造初期运行尚属正常，但不久就出现部分失效、关闭自动为手动操作、运行不正常、维修费用高等严重问题。这就带来了一个新问题：从某种意义讲智能化系统设施的管理将是比建设智能建筑更重要的问题，必须成为行业的焦点、热点与重点，否则智能建筑的建设将是劳民伤财、名存实亡的。

众所周知，智能建筑是指运用现代计算机技术、自动控制技术、通信技术、多媒体技术和现代建筑艺术相结合，通过对机电设备的自动控制，对信息资源的管理，向用户提供信息服务及安全、舒适、便利的环境服务，投资回报合理，适合当今信息技术高速发展的需求特点的现代化建筑。智能建筑的物业管理不但包括传统的物业管理中的服务内容，还应包括对智能化设备系统的操作、维护和功能提升，使其物业真正起到保值、增值的作用。智能建筑对物业管理提出的人员素质要求与传统物业管理的人员素质要求有相当的不同，这是因为智能建筑集合了高新技术的设备配置，它所需要的人力资源以知识型为主体，是一种保证实现知识型管理的具有鲜明特点的管理结构。传统物业管理的服务内容是基础，而智能建筑物业管理的内容是在传统物业管理的服务内容基础上的提升，更需要体现出管理科学规范、服务优质高效的特点。智能建筑本身是一个不断发展完善的高新技术的结果。近20年里，智能建筑的发展速度是迅速的，高新技术不断推出、应用，智能控制水平越来越高。据有关部门的初步调查统计，我国已建与在建的智能建筑工程在智能化设备上的费用一般占总投资的4%~8%。从智能建筑物用户分布的行业来看，目前主要用于金融业、行政机构、商业、公共建筑（医院、图书馆、博物馆、体育场馆等）、高级住宅、交通枢纽等。由此可见智能建筑的建设规模是相当惊人的。所以说，智能建筑在不断发展完善，对智能建筑的物业管理更须发展和完善，更须对智能建筑的物业管理队伍进行全面的人员素质、技能的提高，推进管理标准的建立和规范的速度，以赢得和缩短与智能建筑发展迅猛而形成的建设与管理的时间差。

通过对已建成与正建的智能建筑项目的调查与分析发现，目前智能建筑在建设以及物业管理中主要存在以下五个问题：设计质量低；施工规范、验收标准不全；系统集成商的技术水平与职业道德良莠不齐；业主重建设轻管理；专业技术人员配置欠缺，管理队伍的整体技能不高。

三、发展智能小区管理的对策

(一)智能建筑物业管理的优化

世界上没有不发生故障的系统,智能化系统同样不可避免地会产生故障和问题。如何结合智能化系统的技术特点和运行要求,事先预计到可能发生的各种内部、外界的问题,把故障消除在萌芽状态,减少运行中断,是智能建筑物业管理优化的主要目标。

1. 智能建筑物业管理思路

针对智能化系统精细化、持续性运行要求,优化智能化系统物业管理的思路是化被动为主动,变无序为有序。对智能化系统本身而言,在正常运行中最容易出现的智能建筑的问题是末端传感器、执行机构的老化。物业管理的主动性集中体现在如何把这些因老化产生的故障从事后维护转变成为事先保养。在一切可能出现、还没有出现故障的时候和地方及时给予维护和排除。这就需要有一个完备的维护计划和维护对策。通过对运行记录与趋势的科学分析,制定设备老化的处理与技术升级策略,包括备品备件的准备和更换对策。

2. 智能建筑物业管理操作规范化

操作的规范化是高效率的基本保证。等事件发生以后再讨论、考虑处理办法的话,结果往往会是一种缺乏严密性的无序的措施组合,很难取得高效、快速的效果。因此,物业管理优化的有效性集中地体现在管理的预见性上。对于所有可能出现的、会影响到智能化系统正常运行的内部因素和外界因素都要有足够的应急预案,制订缜密的操作内容和操作程序。譬如,在与建筑的协调方面,应当预计到失火、盗抢等突发事件的应急处理,明确关于通道、门禁、电梯、照明的应急预案。在灾害防预方面,应该考虑到暴风、暴雨、潮汛、地震、战争等非常事件发生的应急预案。在与能源的协调方面则需要预先准备一旦意外发生水、电、煤气供应问题时的应急预案。在与机电设备的协调上,更应该有一个冷热源、变配电、给水排水等机电设备发生严重故障时的应变措施预案。

3. 智能建筑物业管理的发展性

在不少的智能建筑物业管理中普遍存在着对应急预案缺乏足够的重视。特别是在智能建筑的安全管理方面,多数停留在以常人的正常思路来进行设防。这会留下许多隐患。

智能建筑物业管理的发展性有着两个意义。由于工作目标和工作内容的改变,人们必然需要对环境条件作出经常性的调整。因此智能建筑物业管理要具备建成以后按照使用者的要求随时对智能化系统进行调整的能力。另外,智能建筑物业管理的发展性在宏观上表现为智能化系统从整体上需要不断吸收各个相关专业的新技术、新设备,以此加强和扩展其信息处理能力、通信能力和监控能力。物业管理部门也就应该适应这种技术和应用的发展,具备技术扩展能力。

4. 智能建筑物业管理的全程管理

智能建筑物业管理应在全面质量管理的观点指导下进行全程管理。因此,虽然物业管理是智能建筑开发经营的最后环节，但要做到最优化的物业管理，不能够等到智能化系统最终开始运行时才去介入、到经营管理时才去注意质量。物业部门应该尽可能早地参与将要管理的智能建筑工程。最理想的是从最初项目设计阶段就开始参与到工程中，把系统的需求、功能同日后的管理模式充分结合起来，做到设计、施工、管理的一体化。如果迟到项目施工阶段才介入，那么还可以了解到智能化系统的全部布局和安装情况，来得及纠正一部分设计规划不周到所造成的前期后遗症，对于日后的维护保养也会带来许多方便。退而言之，物业管理部门必须在项目验收阶段之前进入智能化工程。

不言而喻，物业管理的优化，直接决定人员的素质和数量的配备。从行为科学的基本要求出发，智能建筑物业管理的技术人员需要相关专业学科门类及到自动控制、通信、电脑、仪表、力学和机电设备等诸方面，而且是多学科的综合性应用。

（二）智能建筑物业管理的关键

智能建筑物业管理中遇到的实际问题，在一定程度上阻碍了物业管理市场的健康发展。当然，这些问题的出现有多方面的原因，既有来自建设中所存在的隐患，也有来自因物业公司自身和物业管理未真正走上市场化、经营化、专业化的轨道，政府要加大管理力度，从智能建筑的建设、验收抓起，确实提供一个名副其实的智能化物业作为物业管理的依托。

在智能建筑工程建设中，迫切需要的是完整的标准与规范，尤其是设备验收的标准以及智能化系统施工的规范与智能化系统验收的标准。从智能建筑工程中通常参照执行的国内外标准与规范来看，有些规范与标准的内容起着补充的作用，有些反映了近年来的科学技术新成果，但有不少还是 20 世纪 80 年代制定的，内容陈旧落后。由于智能化系统涉及自动控制、通信、计算机网络、广播电视、卫星通信等高新技术领域，技术覆盖面广，涉及的行业多，在工程建设中，业主、设计师、承包商、供应商在工程实践中自然感到缺乏统一的语言进行交流，无法从一大堆标准与规范中正确地选用有效指导建设行为的法规。因此，建议政府主管部门应根据智能建筑的特点，系统地整理、修改及补充现行的标准与法规，使之有效地规范智能建筑的设计、智能化系统的功能定位和验收等阶段的运作。智能建筑的工程建设如能按照合理的程序与规范化的方式进行运作，可以有效地控制工程的建设质量、进度与投资，并便利建成后的建筑智能化系统得到充分有效的应用，反之则可能花费巨资而收效甚微。由此可见，要规范智能建筑建设的市场和建设质量，政府的参与是必要的。

同样，智能建筑的物业管理市场也存在不规范运作的问题。从物业管理公司自身来分析，突出的问题是停留在收支平衡测算表上做文章，有的公司由于管理智能建筑的经验不足，往往发生减员、一员多岗以及延长智能化系统的维护周期等措施来填补空洞。

(三) 智能建筑物业管理未来发展方向

综观当今世界 IBFM 的发展史，我们不难发现一个国家的 IBFM 的发展也是与本国的政治、经济、文化艺术、科技及生活习惯相关的。与世界发达国家的 IBFM 相比，我国的 IBFM 还有很大的差距。但是，社会的需要将会大大促进科技的发展，IB（包括大厦、小区）正处在蓬勃发展期，IBFM 将应运而生，必将有美好的前景。

IBFM 的未来发展从技术角度看，可以归纳为高性能化、高智能化及城市组网三方面。

1. 高性能化

众所周知 IB 包容了机械、电子、建筑及化工等各种行业的新技术，因此，可以说 IB 是聚宝盆、又是垃圾箱的比喻是十分确切的。人类的科学史就是一部创新史，科学发展永远不会停留在原有水平上。因此，IB 永远不存在技术顶峰。确切地说，IB 的性能是一个不断发展的过程。IB 技术永远是朝高性能化发展的。其中包括楼宇自动化、通信网络化、办公自动化等方向。高性能发展必然有 IB 的高性能化管理内容不断出现。

2. 高智能化

不论是智能建筑还是建筑智能都是指建筑与智能化系统的结合，说到智能化本身是动态的而不是静止的。智能化不会发展到顶峰，而是一个发展过程。严格来说应是智能化程度越来越高。IB 的智能化会促进 IBFM 的管理智能化。

20 世纪 90 年代初期，我们讨论智能建筑的主题是智能建筑究竟如何定义与要不要建智能建筑。今天，在积累了多年的教训和经验的基础上，我们应该讲的是如何规范智能建筑建设的动作方式与如何管理智能建筑设备系统，使之发挥应有的作用。因为，智能建筑的物业管理，它的基础是物业的智能化，从这个意义上说，智能建筑的物业管理是物业智能化发展的必然要求与结果，具有管理智能化物业的公司要有智能化的物业作为它的物质依托。

3. 城市化组网

众所周知，我国智能建筑发展不过短短十年历史，但是其发展速度在世界上名列前茅。根据不完全统计，到 20 世纪末，估计约有近 2000 幢智能大厦，上万个智能小区分布在我国经济发达地区，如上海、北京、广东、江苏、浙江等地区。以城市统计则有上海、北京、广州、深圳、南京、武汉等城市均超过了百幢。IBFM 首先是在某幢大楼或某个小区实现，但是不搞集群化、组网化管理显然是不经济的。

国外先进城市物业管理城市化组网是值得学习与借鉴的。例如新加坡，这个国家很小，人口只有 310 万，面积仅 $641km^2$，可是经济发达，20 世纪 80 年代号称亚洲四小龙之一，智能建筑与智能化小区的兴建与技术水平在世界上占有重要地位。新加坡在智能建筑系统集成领域软件及新技术开发在世界上也是名列前茅。新加坡捷讯宇博系统工程有限公司开发的集成智能管理系统（I2BMS）于 1994 年曾对新加坡电信局所属三幢建筑物的楼宇机电设备进行统一的监测和控制。用户可以在网络工作站上通过一定的安全措施（密码系统）直接处理楼宇设备各方面的业务，进行故障跟踪、设备保养和管理工作。JTC 公司是新加坡政府指导下承担新加坡工业产业开发和管理的物业公司，曾经负责进行了对 Jurong 工业园区和樟宜国际机场等工业项目的开发和升级改造，目前 JTC 在新加坡管理着包括数百幢多层厂房大楼的 30 家工业资产。为了改进物业管理，使用户运作更方便、更有效率，作为 JTC 的"IT2000 计划"的一部分，JTC 公司委托新加坡捷讯宇博系统工程有限公司设计和安装用于设备管理的中央监控指挥系统。这一个系统最终将扩展成为包含全部 JTC 所属的全部工业建筑。由这个系统监测和控制的设备包括：安全保卫系统、电梯系统、能源系统、公共事业系统。这一系统在 JTC 总部集成了对工业建筑全部机械和电子服务的管理，并且要求改进 JTC 维护保养队伍在操作运行方面的方便性。这一项目主要采用的技术要求是通信网络的配置。由于 JTC 管辖的工业房产遍布新加坡全岛，位于 JTC 总部的中央监控站和位于各工厂的远程电脑工作站之间的通信是通过公共电话网实现的，因而实施非常方便，而且大大降低了费用。

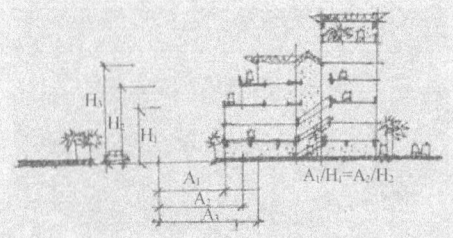

第十三章 建筑生态学的未来发展——健康住宅建设

建筑生态学

第一节　现代住宅

一、现代住宅的反思

我国住宅建设发展时间虽然很短，但先天不足，主要是计划经济时期分配制度影响下的一个"怪胎"。这个时期是解决基本的居住问题，虽然有计划性，但由于经济发展水平的限制，人口的快速增长等社会问题，实际上还是属于安居工程。

改革开放以后，房地产得到一定的发展，但还是出现这样和那样的问题，下面从社会生态学的角度分析住宅。

（一）资源的浪费

房地产商在住宅的开发过程中，都希望在开发的小区内，形成较好的环境以吸引买家。造成的局面是：城市的各住宅小区独成一体，相对封闭；居住小区不再是城市空间的延续，城市空间被居住小区瓜分得七零八落。在各居住小区均有独自的配套设施，设施设置重复，利用率参差不齐，资源严重浪费。

（二）过高的利润

中国房地产商在普通老百姓心中难以建立良好的信誉，除去其自身素质等因素外，是否还有别的原因？针对房地产开发，政府的干预过多，中国房地产长期投资的环境不够稳定，房地产商对其长期投资的效益没有把握，促使其追求短期利益，出现了房地产的暴利现象。另一方面，因政府部门插手太深，房地产商需要花大量的时间和成本，来处理与政府部门的关系，这方面的成本越大，促使其追求的利润越高。

（三）居住郊区化

曾几何时，"居住郊区化"又成为房产界一句时髦的口号。第二次世界大战以后，西方发达国家经历了集中化城市阶段，工业和人口在城市高度集中，城市中心产生了人口拥挤、交通堵塞、环境恶化等严重的城市问题。因此，出现了"居住郊区化"的现象，特别是美国，在振兴经济的背景下，政府通过政策和税收的优惠，鼓励人们到郊区买房，形成了大规模的居住郊区化的浪潮。

居住郊区化是要有一定条件的，它需要发达的公路交通和较高的私家车拥有率。居住郊区化作为城市化发展过程中的重要现象，在我国少数的几个主要大城市如北京、上海、广州等，有着一定的社会心理基础。到了周末，通往市郊的公路挤满了车子，都市的人们迫不及待地逃离市区，到郊外呼吸新鲜的空气，放松疲惫的心灵。

郊区是有良好的居住环境，但医疗、商业、娱乐、教育、交通等生活服务设施和市政配套设施是否齐全？另一方面，挤进青山绿水的自然，带来了什么？是凌乱的布局，随心所欲地占据资源，超常的能源消费。这种破坏环境的局面，不是人类追求的前景，西方发达国家，在经历了居住郊区化以后的再城市化进程，值得深思！

（四）居住在城市黄金地带

城市中心的黄金地段，由于土地价值的攀升，其物业开发是高密度的，而且是见缝插针式的。高密度的开发，破坏了生态，增加了环境的负担。城市中心区是喧闹的、拥挤的、污染严重的、不安定的。城市中心区的土地寸土寸金，它与其开发功能密切相关，当其用于商业和办公时，其土地的价值能充分体现出来，当其用于居住时，低劣的环境质量，使其土地价值不能很好地体现（林少洲、家园：梦想与现实之间），它不是居住的良好选择。

（五）同质人口聚居

相近的职业、相近的学历、相近的收入、相近的身份背景、相近的文化背景的人居住在一个社区，对于成熟社区文化的形成是有好处的。越来越多的房地产商，也正按照这种方式，来给自己开发的项目定位。不同阶层的人的生活态度和生活观念不同，不同阶层的人的自身修养与社会公德意识不同，很难维持理想的小区居住文化氛围，不同收入阶层的人开始疏远，这在商业社会是自然而然的。

人们都希望居住在一个舒心、放心，而且具有自信心的环境里。但是令人关注的是：早已经历了同质人口聚居的美国国家住房部明确表示，他们与北京、上海合作的两个住宅项目，希望能够成为不同阶层人的共同居住社区。

二、住宅文化

（一）欧陆风格

许多商品住宅的开发，自觉不自觉地走入了浮夸、盲目崇拜的误区，"欧陆风格"就是最为典型的现象。所谓"欧陆风格"，不外乎就是三段式立面、下沉式广场、山花式大门、罗马柱头装饰等。

泛滥的欧陆风把我国的城市面目变得平庸，难道中国的房地产，只会克隆欧洲小镇？具有讽刺意味的是：在上海某大厦进行国际招标时，欧洲的建筑师根本就不知道什么是欧陆风格。建筑往往代表着一座城市的文化背景，"建筑风格是一种文化的沉淀，如果对文化底蕴缺乏理解，就会形神俱伤"（罗小未．作为建筑师我们的责任）。从社会心理的层面来看，随处可见的欧陆风，也许表达了一部分先富起来的人对西方生活方式的向往。但发展商和建筑师是负有引导责任的。欧陆风是浮躁的，是文化的错位，我国要营造的是中国人的文化家园，不是带有殖民色彩的世界公园。

（二）户户朝南

住宅设计及居住区规划规范，要求住宅户户朝南向阳，"这导致了我们的城市就像个大兵营"（崔恺．市场推动着建筑师和他的住宅），行列式布局随处都是，行列式布局不可能营造出良好丰富的环境空间。计划经济的产物，是否有松动的可能；标准的执行，是否必须如此机械？对于住宅的评价：你的房子没有朝南，就不符合国家标准，就要扣分，参加设计竞赛，就可能因此而不能入围、获奖；如果长此以往，人们追求的城市空间，只能停留在很浅薄的层面，最终将失去城市空间。

在广州珠江南岸，向北的中海锦苑、汇美景台等，都不是追求户户朝南，而是为了实现户户有景。当然，在深、穗地区，由于地理、气候条件，日照充足，朝向并不重要。随着地理纬度越往北，朝向问题越受重视，尤其是北方，冬季寒冷且较长，朝向要求户户朝南，以求良好的日照。

第二节　建筑的未来——健康住宅

中国的住宅在经历了长期计划经济的束缚之后，开始十分重视居住区环境的建设，更重视内在"品质"的提高。山、水、土、石、绿地、阳光、空气组成的要素成为人们追求的目标。因此，绿色住宅、生态住宅、水景住宅、阳光住宅等应运而生，迎合了消费者某种居住心理要求。但大多常常流于某种单一特色的追求，而忽视了居住者切身利益全方位因素的审视，包括居住者生理和心理的健康追求。

健康住宅的主要基点在于：一切从居住者出发，满足居住者生理和心理健康的需求，生存在健康、安全、舒适和环保的室内和室外居住环境中。因此，健康住宅可以直接释义为：一种体现在住宅内和住区的居住环境的方面，它不仅可以包括与居住相关联的物理量值，诸如温度、湿度、通风换气、噪声、光和空气质量等，而且尚应包括主观性心理因素值：诸如平面空间布局、私密保护、视野景观、感官色彩、材料选择等，回归自然，关注健康、关注社会。制止因住宅而引发的疾病，营造健康，增进人际关系。

健康住宅有别于绿色生态住宅和可持续发展住宅的概念，绿色生态住宅强调的是资源和能源的利用，注重人与自然的和谐共生，关注环境保护和材料资源的回收和重复使用，减少废弃物，贯彻环境保护的原则。台湾的一批学者在"绿色建筑设计技术录编"中定义为"消耗最少的地球资源，消耗最少的能源，产生最少的废弃物的住宅和居住小区"。绿色生态住宅贯彻的是"节能、节水、节地和治理污染"的方针，强调的是可持续发展原则，是宏观的、长期的国策。

"健康住宅"围绕人居环境"健康"二字展开，是具体化和实用化的体现。对人类地球居住环境而言，它直接影响人类持续生存的必备条件；保护地球环境人人有责。但从地球环境一直到地域环境、都市环境以及居室内的环境，如何着手呢？不言而喻，从小到大，从身边到远处，从基本人体健康着手，以至于室外场地、城市地域以及向地球大环境不断地延伸与拓展。

第三节　健康住宅的设计理念

随着居住品质的不断提高，人们对住宅的设计更加讲究舒适、健康性。

健康住宅的规划设计，是健康住宅建设实施的重要平台条件，下面探讨如何从规划设计入手来提高住宅的居住品质。

一、户型设计多样性

商品住宅针对不同经济收入、结构类型、生活模式、职业、不同文化层次、社会地位的家庭提供相应的住宅套型。同时，从尊重人性出发，对某些家庭诸如老龄人和残疾人家庭还须提供特殊的套型，设计时应考虑无障碍设施。如入口设坡道加扶手、室内地坪无高差、门的宽度适当加大等；电气开关与门窗把手适当降低；厕所靠近卧室以方便使用、设置呼唤铃以能紧急报警等。当老龄人集居时还应提供医务、文化活动、就餐以及急救等服务设施。

两代居和多代居设计原则是既要分得开，又要临得近，能各自生活，又能相互照顾。单身贵族需要的是独立住宅套型，面积不需很大，一室一厅或一个大厅可再分隔为两个空间就能满足，但设备设施要齐全。

此外，因生活习俗和气候条件的差异，虽属同等面积标准的住宅套型，但需要有不同面积厅卧的组合、不同朝向厅卧的布置等以供市场的多种选择。

二、居住功能的适用性

首先，应将起居厅、餐厅、厨房集合在一起，形成公共活动区；将卧室与卫生间集中在一起，形成私用活动区，公用区靠近入口，私用区设在住宅内部，公私、动静分区明确，使用顺当。

其次，房间的面积和尺度要适当，现在有的住宅套型面积很大，实际是小面积平面布置的简单扩大。应增加不同功能的空间数量，如设置学习室、独立餐厅、工人用房、可入贮藏间等，有的还可设家庭团聚室等，从而使住宅套型与现代生活方式相适应。

再次，各房间的布置和相互联系要恰当。起居厅是家庭的核心部位，它的位置应起到组织家庭生活的中心作用，厅内不应有太多的门和洞口，否则就会因没有足够长度的延续墙面而使家具布置发生困难，还会因有人在厅内来回穿行而干扰会客、视听等公共性活动。厅又是一个家庭的集聚点，厅内需要有良好的光照、通风和视野。厨房由于有家人提着菜篮或拿着垃圾进出，应使其靠近入口，不致污染其他空间。厨房与餐厅要紧邻，以方便端上菜肴和撤除餐具。卫生间与卧室要相近，减少老人使用或晚间使用时的麻烦等。

三、室内空间的可改性

家庭规模和结构是变化的，生活水平和科学技术也在不断提高，因此住宅具有可改性是客观的需要，也是符合可持续发展的原则的；可改性首先应该提供一个大的空间,这样就需要合理的结构体系来保证。需要特别说明的是，厨房、卫生间是设备众多和管线集中的地方，可采用管束和设备管道墙，使之能达到灵活性和可改性的要求。

四、环境景观的均好性

环境的均好性是提高商品化住区的特征,新世纪住区要求尽可能使各家都能获得良好的居住环境。

首先,要强调住区环境资源的均好与共享。对于住区内清澈的水景、层叠的树景、秀丽的山景等,在规划设计时要尽可能让所有住户均匀地享受这些优美的自然资源环境。当处于不能均享的限制条件下,则应作出弥补措施,创造人工景观环境。

其次,要强调归属领域的均好。也就是每家都能分配到一个较贴近的领域空间,这个空间虽然不属于哪家私有,但却能很方便地享受和使用,而且也被大家所认可。因此,在规划设计时就要弱化庞大的中心绿地。那样,虽然气势宏伟,但实用性较差,领域性和归属性也弱,应该强化围合性强、环境要素丰富、安静安全的半私有的院落空间,供居民在景色宜人的环境中亲切交往。

第三,要强调的是居住物理环境的均好。要使每个家庭都能获得良好的日照、采光、通风、隔声和朝向,在规划设计时就要保证有效的日照间距,引导夏季主导风向的流通,阻挡冬季寒风的侵袭,隔绝外来噪声的干扰以及创造温馨、朴素和亲切的视觉环境。

五、住区配套设施的便捷性

完善的配套设施与相关的服务设施是满足居民方便与舒适生活的需要。住区配套的公建主要包括商业服务设施、文化教育设施、动静交通设施等内容。住区商业服务应呈多样化,即既有购物中心与超级市场,也有便民店与专业店,其布局应为集中与分散相结合的形式,方便居民。住区的文教设施的设置,应该考虑将中小学校的体育场地和设施在适当时段向居民开放,以满足居民健身活动的需要。住区内的交通虽然不应苛求绝对的人车分流,但应杜绝人行、车行的任意交叉,可采取外围车行、内部人行的办法解决。停车方式要从节地、防干扰、经济、适用综合进行分析,并根据住区的等级分别选择地面、室内和地下等不同的合理停车方式。

六、建筑风格的地方性

目前,市场上将欧陆风作为住宅卖点大为宣传,成为时尚。应该说适当且有条件地借鉴一些外国的建筑做法,也不能一概否定,但决不能把欧陆式作为时髦,东拼西凑,装在建筑外表上。更不能把欧式广场的做法引到小区中心绿地,并以此作为靓点,这样既浪费了资金,又使小区失去了宁静、安全的氛围感。

建筑风格乃是功能与艺术相结合的合作成果,需要充分考虑当地的文化传统、居民习俗、地理气象等因素,创造出具有时代精神、民族传统和地方特色的住宅建筑风格。

七、住宅设计结构的合理性

必须从住宅健康系统的整体去考虑安全卫生设计，从此种意义上讲，没有任何时候比现在更迫切地需要安全健康的住宅。本人认为，作为一种启示可提出如下技术对策：对于带有"天井"的住宅，要关紧"天井"的窗户；"堵"好所有地漏，严防下水管道形成的"空气倒流"；现在不少塔楼的消防通道（楼梯）从一层到顶屋都无对外窗，要尽量不走"黑"楼道，减少楼内因"拔风"作用形成纵向的污染；按住房和城乡建设部的设计规范要求所有楼顶平台出风口应在 1.8~2m，但事实上不少项目的出风口做得很低，且远离楼顶平台出风口；封闭空间中的循环式集中空调十分有害，要考虑新方案；虽然目前国家住宅设计标准铺设各种管道不穿楼板，但绝大多数住宅建筑沿用旧的做法，设计时必须考虑厨卫渗漏的问题。

过多地考虑了住宅的美观及流派，在居家安全健康上考虑不周，例如应急措施中要求自然通风应最大限度地开窗，但节能、节地、防噪却成为其制约因素；应急措施中要求空调具有最大的新风量，但这却与节能、保护大气环境的要求相矛盾；应急措施中要求消毒、停止中水利用，这又与节水、环保的要求不一致；最大限度的日照要求与节能、节地的要求也是相违背的。加速提高居住建筑建设标准的心情可以理解，但提高住宅性能质量必须遵循客观规律，采用长期可持续发展的综合措施。如用"安全健康观"去重审住宅规范很必要。必须承认过多地考虑了住宅的美观及流派，在居家安全健康上考虑不周。住宅发展需要预留可"呼吸"的清洁空间。城市要健康地生存与发展，特别要预留可"呼吸"的清洁空间，它正如同城市防灾需要公园及城市疏散空间一样。

阳光普照、空气流通是阻断传染源的最佳手段，但不少城市为了"有效"利用土地，竟然降低了日照标准。住区内提供足够的绿地与健身设施也是保障健康的措施之一，须注意树种的选择和水系的流动，否则花絮飞扬或污水滞留能造成病菌的传播或繁殖。追求过高的容积率和建筑密度与健康人居环境是不相容的。

第四节　健康住宅建设指标体系

一、健康住宅指标体系建立的原则

（一）指标量化

真正完美的住宅是可以量化的，可以用数据表述，要避免一味地停留在抽象概念的宣传上，要使健康住宅具有可操作性，有完整、完善、系统科学的量化指标体系，量化到开发商可以按照指标去建设，量化到普通百姓能够读懂，量化到社会各界易于监督。如对于空气、水等与健康密切相关的指标有具体数据规定，购房者可以根据这些标准查询；如各类建材的有害物质控制指标、室内空气污染物控制指标、声环境质量、饮用水及供水设备，甚至包括社区医疗、健身设施的配备等都有所涉及和要求，如卫生服务站不少于 $60m^2$、文化活动站不少于 $400m^2$ 等。

（二）指标要符合中国国情、有中国特色，具有可操作性

特别是有些指标的实现需要技术支持，目前在国内有些技术手段能够实现这些指标。健康住宅这一理念在发达国家和国际组织都有研究，并制定了相应的标准，但很多方面不符合我国国情。因此在制定我国健康住宅体系时强调了因地制宜，而不是盲从照搬国外的既有经验。

（三）指标是动态性的、发展的

1986 年 WHO 将健康定义为："健康不仅是没有疾病或虚弱，而是身体、精神和社会幸福的完美状态"。该定义表明健康并不是绝对的，它是指个体在不断适应内外环境变化过程中生理、心理、社会等方面的动态平衡状态；而疾病是指个体某方面功能失衡的状态。从健康到疾病是一个动态的连续过程。

健康危险因素是指使疾病或伤害发生率增高的因素，包括人体内、外环境中各种现存的或潜在的有害因素。人体内环境又称为生理、心理环境，两者相互作用并不断地与外环境进行物质和信息的交换，使机体不断适应外环境的改变，同时维持内环境的稳定。人体外环境是指人体赖以生存和发展的自然环境和社会环境，前者包括生物、化学和物理环境，后者包括经济、政治和文化环境。

外环境中的有害因素不断地作用于机体，当达到一定程度时，可破坏内环境的稳定引起疾病。外环境通过内环境起作用，且与内环境中相应危险因素的作用有叠加性。影响个体健康的危险因素可分为年龄因素、生物学因素、遗传因素、心理因素、生活方式、环境因素等。环境因素指自然环境中的各种有害因素，如不良居住条件、危险职业、噪声、空气或水的污染、环境中毒物或过敏源等。

环境中存在的健康危险因素大多是可以预防的，因此通过健康住宅的研究来了解认识环境中的危险因素不仅可以判断住宅本身的健康状态，也可为制定改善环境和促进居住健康的措施提供参考。

由于认知水平、技术水平的限制，对许多健康影响因素还不了解，特别是现有的指标通过实践检验可能还不合理，需要修改。现阶段的健康住宅建设中，现有的技术手段和居民可支付能力下并不能解决所有认识到的健康影响问题。随着经济水平的提高、住宅技术的发展，指标要与时俱进不断进行调整。健康是人类永恒的追求，健康住宅建设是一个动态的过程，健康住宅建设指标不是永远不变的，也非一蹴而就，指标需要发展，因素需要调查，理论需要深化，是个循序渐进的过程。

在制定这些指标时就已经充分考虑了在国内的现实可行性，很多指标在现有的基础上通过努力是可以达到的。标明是"要点"就是因为考虑到，将来通过健康住宅的理论研究与实践后，某些指标会进行修正，版本也会不断升级。

二、健康住宅建设指标体系

（一）住区健康要素的确定

从居住者的健康需求出发来探索住区健康的影响因素，是确定住区健康要素的基础，也是建立健康住宅建设指标体系的首要任务。从国内外住宅的发展看，居住环境越来越影响着人们的健康，可以概括为两类：一类是显性的，如装修选材、建筑选材、通风设备不当等造成甲醛等有害物质超标，隔声不良造成的声干扰以及光污染等；另一类是隐性的，对人体构成潜在危害的，如住宅选址不当、室内空间设计不合理等，这些将通过心理的影响再影响到人的生理健康。

1. 基本要素与健康要素

住宅建设具有四个基本要素，即适用性、安全性、舒适性和健康性。适用性和安全性属于第一层次，从适用和安全的角度提出问题、解决问题，现行的有关规范和标准由此而建立。随着国民经济的发展和人民生活水平的提高，对住宅建设提出更高层次的要求，即舒适性和健康性。如果仅提舒适性，说明对健康性认识不足。健康是发展生产力的第一要素，保障全体国民应有的健康水平是国家发展的基础。而且，健康性和舒适性是关联的。健康性是以舒适性为基础的，是舒适性的发展。

提升健康要素，在于推动从健康的角度研究住宅，以适应住宅转向舒适、健康型的发展需要。提升健康要素，也必然会促进其他要素的进步。提升健康要素将包括以下三个方面：①目前标准的空白。实际上健康住宅社会环境的大部分要素在目前的规范体系下还不能完整表达。②规范中的一般性的要求可能成为健康住宅的强制要求。如住宅室内隔声、楼板撞击声标准等。制定健康住宅指标时，在住宅建设中非强制执行。通过调查发现，20 世纪 80 年代前是实心砖 240mm 厚墙甚至更厚，楼板是预制的，必须找平加垫层。而现在随着墙体材料革新，隔墙重量、厚度减少，现浇楼板越来越薄，技术的发展带来新的居住健康问题。③很多标准指标在目前的技术和可支付能力下可以提高，国家标准必须考虑整个国家的经济、技术水平，而健康住宅的发展，可以从条件较好的地区启动，逐步发展。

2. 多层次需求与健康要素

住宅既在物质方面，也在精神方面反映出居住者对健康的需求。"健康"的概念过去只注重生理、心理方面，即人的躯体和器官健康，身体健壮、无病；精神与智力正常；1989 年 WHO 把"道德健康"纳入健康的范畴，强调一个人不仅要对自己的健康负责，而且要对他人的健康负责，道德观念和行为合乎社会规范，不以损害他人的利益来满足自己的需要，有良好的人际交往和社会适应能力。只有生理、心理、道德和社会适应等四个层次都健康，才算是完全的健康。

3. 可持续发展与健康要素

健康住宅建设必须满足可持续发展的要求，必须满足节约资源，有效利用资源；满足减少或合理处理废弃物以保护环境；确保居住者最广泛意义上的健康。强调在节约资源和保护环境的同时，要考虑健康要素，相互协调发展。

（二）指标体系的建立确定

《住宅设计规范》（GB 50096—1999）和《城市居住区规划设计规范》（GB 50180—1993）的指标项（2001年版）从人居环境的健康性、自然环境的亲和性、居住环境的保护、健康环境的保障四个方面，初步建立了中国健康住宅建设的技术指标体系。

健康住宅建设技术指标体系给健康住宅设计了三大类指标：

（1）针对显性的直接对人体构成影响的因素，对住宅的声、光、热、空气质量、水质等进行分析的基础上，结合我国住宅产品、材料相关行业发展的实际水平，考虑到居民身心健康的一些客观需求，制定了声、光、热、空气和水质等控制指标，利用这些指标严格控制住宅对人体造成的危害。

（2）针对对人体构成危害的隐性因素，通过分析那些对人体健康可能产生影响的不良潜在因素，如基地选址的基本条件、居住空间的布局、功能空间的分区、空间设置的面积等制定相应的标准。

（3）根据居民生活健康的实际需要设置的配套设施和服务资源等健康保障性指标，如小区医疗保健设施、体育运动场所、活动场所、老年人残疾人的服务设施等。

三、健康住宅建设指标体系的实施

（一）指标体系实施的保障

为保障指标体系实施，在制定《健康住宅试点建设暂行管理办法》与《健康住宅试点建设工作流程》中作了如下规定。

1. 健康住宅试点项目立项

项目建设方要有相应的技术人才并具备实施健康住宅技术的能力。在规划设计方案通过审查后，填报《健康住宅建设预评价报告书》并通过A项指标的审查。然后签订《健康住宅建设协议书》，并将通过审查的《健康住宅建设预评价报告书》转化为《健康住宅建设计划任务书》作为协议的重要文件。

2. 项目建设过程

每季度向中心健康住宅项目办公室汇报进展情况。同时采用"中期技术跟进与阶段评估"，这是指标体系实施的重要保障措施。

3. 项目竣工后严格按照《健康住宅建设项目验收管理办法》执行

首先用数据说话，对可量化的A项指标要委托国家相关部门认可的检查机构进行现场测试评估。其次强调业主的认可，对非量化的A项指标要通过对入住不少于一年的业主进行"业主入住体验问卷调查"，包括专家与业主面对面交流座谈。

4. 研究探索适合健康住宅建设的应用技术

为使健康住宅技术指标可操作、可实施，一般可规定每个健康住宅试点项目至少根据项目情况设置 2~3 个专项研究课题。同时,在 2004 年出版了《健康住宅建设应用技术指南》,具有鲜明的指导意义。

5. 组织经验交流

每 1~2 年召开"全国健康住宅建设理论与实践论坛",为各试点项目建设提供经验交流的平台。

(二) 指标体系的实施

为使指标体系能顺利实施,在健康住宅建设试点中重点把握了以下环节。

1. 健康住宅试点项目立项

首先,进行基地考察,评估基地环境,避免和有效控制环境污染。如北京三环新城试点项目地处铁路干线南侧,面临严重的铁路噪声和振动,经科学研究提出了由声源—传播—途径—接收点防护组成的噪声振动控制措施。其中包括声源管理、景观土山复合式声屏障、隔振沟、隔声窗等,以保证住宅室内噪声达到标准要求。又如山东文登市山川·文苑试点项目的地块原为化肥厂,虽经测试表明符合现行的环境质量标准,但为了有利于植物生长,仍对其土壤表面层作出处理,去除土壤表面层,利用开挖地下室的深层土壤回填,成本不大,效果明显。

其次,在项目所在区域开展居住健康社会调查,明确本项目重点追求的目标。北京奥林匹克花园 (一期) 试点项目,提出"运动就在家门口"的主题,通过"体育社区组织及运动设施配置的标准化研究",修建运动城,建立健康管家中心,以及青少年、成年人和老年人户外活动区,利用开展奥林匹克教育来促进社区文化建设的健康发展,营造出守望相助和健康向上的邻里关系与社区氛围。通过健康住宅试点建设,已将奥林匹克花园"运动就在家门口"的主题理念提升为"在运动中享受健康生活",大大提升了健康住宅体育社区组织及运动设施配置的指标要求。

再次,运用健康理念指导规划设计,为提升健康要素构筑良好平台。重庆阳光华庭 (三期、五期) 试点项目利用计算机软件对住区日照和通风进行模拟计算,使这一建筑形状复杂的山地建筑,通过风环境和光环境优化,都满足了建设指标的要求。南宁邕江湾别墅园试点项目利用原有地形进行局部改造、种植防噪林带、建起降噪屏障等措施,作好住区防噪规划,保证了住区内拥有安静的环境。

最后,填报《健康住宅建设预评价报告书》,基于维护健康出发,向增进和有益健康发展,将健康住宅技术指标分为 A 项 (必达项) 和 B 项 (可选项)。项目建设方考虑到地域、经济、项目地位,针对每项指标提出拟选用技术方案措施,供健康住宅建设专家委员会审查通过。

2. 健康住宅试点项目建设

中期技术跟进是健康住宅试点建设的主要特色,确保了试点项目能够按照计划任务书实施,并且能及时发现建设中存在的问题以及需要解决的技术问题。特别是专项研究课题技术实施方案的研究调整,重在过程落实。一般每个项目至少安排 1~2 次中期技术跟进,也可以根据项目需要增加。

(1) 依靠科技进步,落实技术措施

各试点项目建设单位围绕健康住宅建设技术指标要求,充分依靠科技进步,在建设过程中逐项落实技术措施。多数项目高度重视建筑节能,围护结构都采用了保温隔热措施,以达到本地区现行节能设计指标的要求。如兰州鸿运润园试点项目和山东胶州锦源·新街坊试点项目还分别成为西北地区和县级城市率先实施节能 65% 的单位。在围护结构高度密闭的情况下,为保证室内新风量满足指标的要求,深圳香蜜山试点项目开展了室内机械通风系统的研究,通过居室安装进风口、厨卫空间安装排风机和排风管道等配套设施,在空气压差的作用下达到通风换气的目的。南宁邕江湾别墅园试点项目结合南方地区高湿度的特点,开展了"除湿、换气、热回收新风系统的研究",采用制冷式除湿机与旋转式热回收换气机组合,不但减少了除湿机的负荷和能耗,而且大大地改善了室内空气质量:CO_2 可全年控制在零以下,可吸入颗粒浓度低于 $0.15mg/m^3$。

金华南国名城试点项目开展楼板隔声研究,运用多种隔声材料对楼板撞击声隔声性能进行多方案试验比较,在实践、测试和经济分析的基础上,总结出一套高性价比的楼板隔声应用技术。北京沿海·赛洛城试点项目还拟通过修建实验楼的方式来研究开发低能耗、高舒适度住宅。这些措施大大保证了健康住宅指标体系的实施。

(2) 强化住区社会功能,为邻里和谐相处创造物质与精神空间

中山朗晴轩试点项目提出以小区业主为基础搭建健康生活平台,使老年人老有所养、老有所学、老有所乐、老有所为、老有所教、老有所医,安心颐养天年,使儿童寓教于乐,保证住在这里的孩子不会"学坏"。北京三环新城建了大型社区医院,同时面向社会服务。苏州太湖胥香园试点项目开展住区社会参与性研究,在规划中将会所和幼儿园部分建筑及中央景观用于设立青少年书画园、生态农庄和趣味植物园,提供青少年文化科普教育的平台,同时营造出小区的亲地空间、亲子空间、亲水空间、亲和空间,使小区居民生活在和谐、友善、积极、上进、健康的人际氛围中。

首个开展健康住宅社会环境性专项研究与实践的健康住宅示范工程——北京金地格林小镇,在业主入住三年来通过健康物业管理、居民交往等健康行动创建成了被业主公认的健康和谐住区,引起了社会的极大关注,成为学习典范。2006 年下半年随着发生在金地格林小镇许多感人的事迹在社会上传播,人们对小镇给予了更大的关注,2006 年底中央电视台《社会记录》栏目连续两晚以题为《小镇新生活》的专题深入报道,向社会介绍、宣传了金地格林小镇——健康住宅社会环境健康建设的主旨:发挥社会潜能、创造和谐住区。

(3) 用科技数据说话,得到业主认可

应用计算机模拟技术和先进测试手段,以掌握居住环境质量的基本数据;

采用评价方法对环境质量作出客观评价；采用业主满意率和抱怨度的调查，验证是否取得业主的认可。此项工作在已通过验收的九个健康住宅示范工程中得到全面实施。

　　建筑生态学之所以越来越多地引起关注并迅速发展，很大程度上来说是因为人类社会、经济、文化等各方面的发展，使人们不只是满足于有房住、有地方办公、有场地生产这些简单的基本需要，而是需要提供更高质量的建筑体系来适应不同层次的人们优质生活、工作、生产的需要，这也确定了建筑学和建筑生态学的发展方向。我们需要将建筑学、环境科学、设计学、生态学、建筑材料科学、规划科学、社会生态学、历史文化等各个方面的科学技术成果，及时应用到建筑领域。这些成果应用的最终目的是既能满足生活、生产、工作的需要，更重要的是要满足人类健康的生理、心理、社会和文化等方面的需求，这就赋予了建筑生态学更多的发展机会，建筑生态学将以应用于人类、服务于人类为宗旨，得到不断的完善和发展。

参考文献

[1] 刘燕辉，赵旭.健康住宅建设指标体系的建立与实施.住宅科技，2009（5）：5-10.

[2] 王崇杰，薛一冰，岳勇.生态建筑设计理念在别墅中的体现.山东建筑工程学院学报，2003，18（1）：35-39.

[3] 刘桂凤,王卫华.现代居住小区的人居环境.山东理工大学学报（社会科学版），2004,20(4)：75-77.

[4] 王韧.用风水学理论来探讨园林植物在造景中的应用.现代农业科学，2009，16（4）：132-133.

[5] 吴立群.居住文化.苏州大学学报（工科版），2002，22（6）：93-94.

[6] 李保峰.仿生学的启示.建筑学报，2002（9）：24-26.

[7] 郑重.超高层建筑——仿生建筑.全球科技经济瞭望，2001（9）：59.

[8] 覃琳.单一与多元——浅谈建筑设计的几种技术趋向.重庆建筑大学学报（社科版），2001，2（2）：12-16.

[9] 亢智勇.当代高层建筑设计中的生态高技倾向.山西建筑，2002，28（7）：9-10.

[10] 李刚.仿生建筑设想.河北建筑工程学院学报，2000，18（2）：65-66.

[11] 李建斌,陈明川.建筑仿生现象中的创造思维研究.河北建筑工程学院学报,2004,22（3）：65-67.

[12] 张金升，龚红宇.智能材料的应用综述.山东大学学报（工学版），2002，128（3）：294-300.

[13] 林宣益.憎水保洁的微结构外墙乳胶漆——仿生学在建筑涂料中的应用.新型建筑材料，2000（5）：7-8.

[14] 吴正光.贵州民族文化中的仿生学.贵州民族研究，1997（2）：103-106.

[15] 郭立群.徽派古民居建筑艺术对现代设计的启示.武汉化工学院学报，2003（9）：32-34.

[16] 李阎魁.城市标志新建筑布局探研——以上海为例.华中建筑，2002，24（4）：53-58.

[17] 俞孔坚.理想景观探源——风水的文化意义.北京：商务印书馆，1998：6-8.

[18] 车武，李俊奇，章北平.生态住宅小区雨水利用与水景观系统案例分析.城市环境与城市生态，2002，15（5）：34-36.

[19] 俞孔坚，李迪华.城乡与区域规划的景观生态模式.国外城市规划，1997（3）：27-30.

[20] 王浩，李咏华.现代居住环境景观生态设计探析—从空间结构要素着手.中国园林，2003（4）：40-43.

[21] 洪波.生态水景住宅小区水环境生态规划及问题探讨.建筑给排水，2006（4）：23-24.

[22] 仲伟权.浅析节能住宅存在的问题与思考.住宅科技，2005（12）：32-34.

[23] 姜曙光，江煜.严寒地区节能住宅外墙保温构造对比分析.新型建筑材料，2005（1）：59-61.

[24] 宋德萱.生态住宅设计的节能新技术.时代建筑，2002（2）：31-32.

[25] 王鹏，谭刚.生态建筑中的自然通风.世界建筑，2000（4）：40-41.

[26] 黄晓莺.试论建筑设计与建筑节能.工业建筑，2003（10）：1-4.

[27] 叶宇丰.基于生态理念的住宅节能设计研究.上海：同济大学硕士学位论文，2006.

[28] 王建华.建筑外窗节能的问题与技术措施.工业建筑，2006（1）：8-11.

[29] 宋菁菁.节约型建筑设计策略研究.上海：同济大学硕士学位论文，2006.
[30] 李效军，陈翔.可持续的生态建筑设计.建筑学报，2001（5）：20-24.
[31] 袁镔，朱全成.寻求适合国情的生态建筑发展途径.建筑学报，2001（5）：46-48.
[32] 汤振兴，周嵘，范明涛.北京市碧桂园环境景观规划设计.西北林学院学报，2008，23（1）：199-202.
[33] 杨震.建筑创作中的生态构思.重庆：重庆大学硕士论文，2003.
[34] 刘先觉.生态建筑学.北京：中国建筑工业出版社，2009：1-3.
[35] 刘伯英，林霄.建筑生态学新论.城市建筑，2005（2）：28-29.
[36] 刘云胜.高技术生态建筑发展历程——从高技派建筑到高技生态的演进.北京：中国建筑工业出版社，2008：1-3.
[37] 李焕.论建筑生态学的结构体系.沈阳建筑工程学院学报（社会科学版），2007（1）：123-124.
[38] 李焕.促进建筑学与生态学的结合.沈阳建筑工程学院学报（社会科学版），2001（2）：53-54.
[39] 彼得·格雷汉姆.建筑生态学.北京：中国建筑工业出版社，2008：1.
[40] 徐刚，孙凤岐.建筑室外空间设计若干问题的思考.建筑学报，2002（3）：46-48.
[41] 翁有志，茹雷鸣.浅析城市公共建筑室外空间的功能与设计.山西建筑，2008（2）：56-57.
[42] 韩冬青，冯金龙.城市·建筑一体化.南京：东南大学出版社，1999：75-80.
[43] 韦恩·奥图，唐·洛干.美国都市建筑——城市设计的触媒.王劭方译.台湾：创兴出版社，1993：82-85.
[44] 于华涛.小议环境对建筑室外空间生活的影响.建筑设计管理，2009（4）：33-34.
[45] 芦原义信.外部空间设计.尹培桐译.北京：中国建筑工业出版社，1985.
[46] 李道增.环境行为学概论.北京：清华大学出版社，1999.
[47] 张文忠.论商业建筑室内环境的共享空间.建筑学报，2002（4）：2-6.
[48] 黄凯.浅释建筑室内空间设计的内涵.淮南师范学院学报，2001（4）：93-94.
[49] 孙昕，雷亚芳.论建筑室内空间的模糊性与精确化.山西建筑，2005（16）：37-38.
[50] 马韵玉.应变型住宅初探.建筑学报，1999（11）：11-15.
[51] 林福厚.室内设计.西安：陕西人民美术出版社，2000.
[52] 胡群.对建筑室内空间设计评价体系的思考.山东广播电视大学学报，2008（2）：53-55.
[53] 庄蕾，杨青.生态建筑体系之探讨.山西建筑，2009，35（22）：9-10.
[54] 范涌，胡昊.我国生态建筑评估体系应用现状与展望.四川建筑科学研究，2008，34（2）：231-234.